Reactores Químicos y Matlab. Problemas Resueltos

Autor: Pablo Barroso Rodríguez

Fecha: 24 de febrero de 2025

Editorial: BoD · Books on Demand,
Calle de Manzanares, 4, 28005 Madrid, bod@bod.com.es
Impresión: Libri Plureos GmbH, Friedensallee 273,
22763 Hamburg (Alemania)
ISBN: 978-8-4137-3960-1

MIXTO
Papel procedente de fuentes responsables
Paper from responsible sources
FSC® C105338

1. Introducción

Los **reactores químicos** son dispositivos fundamentales en la ingeniería química utilizados para llevar a cabo reacciones químicas bajo condiciones controladas. El diseño y la optimización de estos reactores se realiza considerando diferentes tipos de reactores y los parámetros operacionales involucrados en cada proceso.

En este manual se abordan varios tipos de reactores químicos, incluyendo los **reactores de flujo pistón (PFR)**, **reactores de lecho fijo**, **reactores de gasificación**, **reactores fotoquímicos**, entre otros. En cada sección se describen los principios de operación, las reacciones involucradas y los factores críticos que afectan el rendimiento del proceso.

2. Reactores de Flujo Pistón (PFR)

Un **reactor de flujo pistón** (PFR) es un tipo de reactor en el cual el fluido se mueve a lo largo del reactor sin mezcla axial, es decir, cada elemento del fluido sigue una trayectoria recta con un tiempo de residencia bien definido. En este tipo de reactor, se asume que el flujo es ideal y que las reacciones ocurren a una velocidad que depende únicamente de la concentración local de los reactantes. Este tipo de reactor es común en reacciones de orden simple y reacciones en serie.

2.1. Reacciones en Serie en un PFR

Consideremos el siguiente conjunto de reacciones en serie:

$$\mathrm{A} \xrightarrow{k_1} \mathrm{B} \xrightarrow{k_2} \mathrm{C}$$

donde:

- La conversión de A a B es la reacción deseada, regida por la constante de velocidad k_1.
- La conversión de B a C es una sobre-reacción no deseada, con constante de velocidad k_2.

En un PFR ideal, la concentración de reactante A disminuye a lo largo del reactor de forma exponencial según la ecuación:

$$\frac{dC_A}{dV} = -k_1 C_A$$

donde C_A es la concentración de A y V es el volumen del reactor.

3. Reactores Trifásicos

Los **reactores trifásicos** son reactores que involucran tres fases diferentes: gaseosa, líquida y sólida. Este tipo de reactor es común en procesos catalíticos heterogéneos, donde el catalizador está en la fase sólida, mientras que los reactantes están en la fase líquida o gaseosa. La eficiencia de contacto entre estas tres fases es crucial para mejorar la transferencia de masa y optimizar el rendimiento del proceso.

En estos sistemas, el **tamaño de las partículas de catalizador** es un parámetro crítico. Las partículas más pequeñas tienen una mayor área superficial, lo que favorece una mayor interacción con los reactantes. Sin embargo, las partículas más grandes pueden limitar la eficiencia de la transferencia de masa, reduciendo la conversión del reactante.

4. Reactores de Gasificación de Biomasa

La **gasificación de biomasa** es un proceso en el cual la biomasa (madera, residuos agrícolas, etc.) se convierte en **gas de síntesis** (syngas), una mezcla de monóxido de carbono (CO), hidrógeno (H2), metano (CH4), y otros compuestos. Este proceso involucra reacciones térmicas y heterogéneas. El syngas producido puede ser utilizado como fuente de energía o como materia prima para procesos químicos.

El proceso de gasificación es complejo y suele realizarse en un reactor adecuado para mantener las condiciones de alta temperatura y controlar la relación entre las fases involucradas. Las reacciones involucradas en la gasificación pueden ser descritas como:

$$\text{Biomasa} \xrightarrow{\text{Calor}} \text{Syngas}$$

5. Reactores Fotoquímicos

Los **reactores fotoquímicos** se utilizan en procesos de **fotocatálisis**, donde la luz solar activa un fotocatalizador para realizar una reacción de descomposición del agua. Un ejemplo clave es la producción de **hidrógeno** a partir de la fotocatálisis de agua, que ocurre en presencia de un fotocatalizador como TiO_2 dopado. El proceso de fotocatálisis se describe con la siguiente reacción:

$$H_2O \xrightarrow{\text{fotocatálisis}} H_2 + \frac{1}{2}O_2$$

En este tipo de reactor, la luz solar excita el fotocatalizador, permitiendo la separación de los electrones y huecos generados, lo que facilita la descomposición del agua en hidrógeno y oxígeno.

6. Recuperación de Calor en Reactores Exotérmicos

En los **procesos exotérmicos**, como ocurre en algunos reactores químicos, el calor generado durante la reacción debe ser recuperado para mejorar la eficiencia energética. La recuperación de calor permite reducir el consumo de energía externa, aprovechando la energía térmica generada por la reacción exotérmica. Esto es particularmente importante en procesos industriales a gran escala, donde el control de la temperatura es crucial para maximizar la conversión y la eficiencia del proceso.

En este tipo de procesos, el calor recuperado puede ser utilizado para calentar los reactantes o mantener las condiciones óptimas dentro del reactor, contribuyendo a la sostenibilidad energética del proceso.

7. Conclusiones

La eficiencia de los reactores químicos depende de varios factores, incluyendo el tipo de reactor utilizado, las condiciones operacionales, el diseño de las fases involucradas y la recuperación de energía. En todos los casos, el control adecuado de las condiciones de operación y la optimización de la interacción entre las fases son claves para mejorar la conversión y reducir los costos operacionales.

8. Compatibilidad de scripts *.m de Matlab con GNU Octave

Algunos de los scripts de este manual con sus correspondientes problemas resueltos pueden ser compatibles con GNU Octave, la alternativa OpenSource de Matlab

Archivo 1

9. Reactor adiabático con reacción exotérmica

Equipo

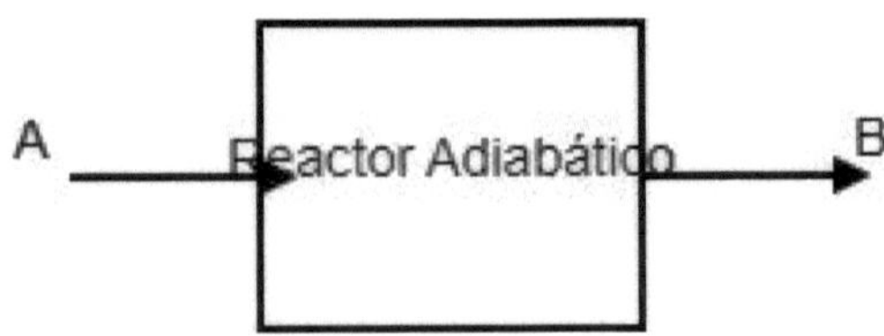

Figura 1: Diagrama equipo

Se desea modelar un **reactor adiabático** en el cual ocurre la reacción exotérmica:

$$\text{A} \rightarrow \text{B}.$$

El balance de *energía* y *materia* en el reactor se expresa mediante las siguientes ecuaciones diferenciales:

$$\frac{dT}{dV} = \frac{-\Delta H\, r_A}{F_{A0}\, C_p}, \tag{1}$$

$$\frac{dX}{dV} = \frac{-r_A}{F_{A0}}, \tag{2}$$

donde:

- T es la temperatura en el reactor (K),
- X es la conversión del reactivo A,
- V es el volumen del reactor (L),
- ΔH es la entalpía de reacción (J/mol),

- r_A es la velocidad de reacción, definida por

$$r_A = -k\,C_A,$$

con k dado por

$$k = k_0 \exp\Big(-\frac{E_a}{RT}\Big),$$

- C_A es la concentración de A en el reactor, expresada como

$$C_A = C_{A0}(1 - X),$$

- F_{A0} es el flujo molar de entrada (mol/min),
- C_p es la capacidad calorífica del fluido (J/mol·K).

Los parámetros conocidos son:

- Flujo molar de entrada: $F_{A0} = 4{,}0$ mol/min,
- Concentración inicial: $C_{A0} = 2{,}2$ mol/L,
- Constante de velocidad preexponencial: $k_0 = 2{,}8 \times 10^5$ min^{-1},
- Energía de activación: $E_a = 78000$ J/mol,
- Entalpía de reacción: $\Delta H = -47000$ J/mol,
- Capacidad calorífica: $C_p = 100$ J/mol·K,
- Temperatura inicial: $T_0 = 310$ K,
- Volumen total del reactor: $V = 18$ L.

Desarrollo de la Solución

Dado que ambas ecuaciones (1) y (2) involucran la velocidad de reacción r_A, es posible *eliminar* r_A dividiendo la ecuación de energía por la de materia. Así se obtiene una relación directa entre la temperatura y la conversión.

1. Relación T – X

Las ecuaciones son:

$$\frac{dT}{dV} = \frac{-\Delta H\, r_A}{F_{A0}\, C_p} \quad \text{y} \quad \frac{dX}{dV} = \frac{-r_A}{F_{A0}}.$$

Dividiendo ambas ecuaciones:

$$\frac{dT/dV}{dX/dV} = \frac{-\Delta H\, r_A/(F_{A0}\, C_p)}{-r_A/F_{A0}} \quad \Longrightarrow \quad \frac{dT}{dX} = \frac{-\Delta H}{C_p}.$$

Observación: En reacciones exotérmicas se tiene $-\Delta H > 0$ (ya que ΔH es negativo), de modo que el término

$$\frac{-\Delta H}{C_p}$$

resulta positivo, lo que implica que la temperatura aumenta conforme aumenta la conversión.

Integrando la relación:

$$\frac{dT}{dX} = \frac{-\Delta H}{C_p} \quad \Longrightarrow \quad \int_{T_0}^{T} dT = \frac{-\Delta H}{C_p} \int_0^X dX.$$

De donde se obtiene:

$$T - T_0 = \frac{-\Delta H}{C_p} X,$$

o equivalentemente,

$$T = T_0 + \frac{-\Delta H}{C_p} X.$$

Sustituyendo los valores numéricos, recordando que $\Delta H = -47000$ J/mol y $C_p = 100$ J/mol·K:

$$\frac{-\Delta H}{C_p} = \frac{-(-47000)}{100} = \frac{47000}{100} = 470\,\mathrm{K}.$$

Por lo tanto, la relación temperatura-conversión es:

$$T = 310\,\mathrm{K} + 470\,X.$$

2. Ecuación para la Conversión X en función del Volumen V

Recordando la definición de la velocidad de reacción:

$$r_A = -k\, C_A \quad \text{con} \quad C_A = C_{A0}(1 - X),$$

se tiene:

$$r_A = -k\, C_{A0}(1 - X),$$

y, considerando que

$$k = k_0\, \exp\Big(-\frac{E_a}{RT}\Big),$$

se obtiene:

$$r_A = -k_0\, \exp\Big(-\frac{E_a}{RT}\Big) C_{A0}(1 - X).$$

La ecuación de balance de materia (2) es:

$$\frac{dX}{dV} = \frac{-r_A}{F_{A0}},$$

por lo que al sustituir r_A se tiene:

$$\frac{dX}{dV} = \frac{k_0\, C_{A0}(1 - X)}{F_{A0}} \exp\Big(-\frac{E_a}{RT}\Big).$$

Dado que ya se ha obtenido la relación $T = 310 + 470X$, se puede expresar la ecuación únicamente en términos de X:

$$\frac{dX}{dV} = \frac{k_0\, C_{A0}(1 - X)}{F_{A0}} \exp\Big[-\frac{E_a}{R\,(310 + 470\,X)}\Big].$$

Esta ecuación diferencial (con la condición inicial $X(0) = 0$) permite determinar la evolución de la conversión en función del volumen del reactor. La constante R (constante de los gases) suele tomar el valor $R = 8{,}314$ J/mol·K.

Resumen de la Solución

1. La relación entre temperatura y conversión se obtiene integrando:

   $$\frac{dT}{dX} = \frac{-\Delta H}{C_p} \quad \Longrightarrow \quad T = T_0 + \frac{-\Delta H}{C_p}\, X.$$

   Con $T_0 = 310$ K, $\Delta H = -47000$ J/mol y $C_p = 100$ J/mol·K se tiene:

   $$T = 310 + 470\, X.$$

2. La ecuación diferencial para la conversión es:

   $$\frac{dX}{dV} = \frac{k_0\, C_{A0}(1 - X)}{F_{A0}} \exp\Big[-\frac{E_a}{R\,(310 + 470\,X)}\Big],$$

con $X(0) = 0$ y los parámetros:

$$
\begin{aligned}
F_{A0} &= 4{,}0\,\mathrm{mol/min},\\
C_{A0} &= 2{,}2\,\mathrm{mol/L},\\
k_0 &= 2{,}8\times 10^5\,\mathrm{min}^{-1},\\
E_a &= 78000\,\mathrm{J/mol},\\
R &= 8{,}314\,\mathrm{J/mol{\cdot}K}.
\end{aligned}
$$

La integración de esta ecuación (generalmente por métodos numéricos) permite conocer la conversión X a lo largo del reactor, cuyo volumen total es $V = 18$ L. Además, la temperatura en cualquier punto se obtiene mediante:

$$T(V) = 310 + 470\,X(V).$$

Nota: Debido a la dependencia exponencial de k con la temperatura, la ecuación para $X(V)$ es no lineal y, en la práctica, se resuelve numéricamente (por ejemplo, mediante métodos de integración de ODE).

Script MATLAB

```
%Parámetros (ejemplo; ajusta según el enunciado completo)
F_A0    = 4.0;                % flujo molar de entrada (mol/min)
C_A0    = 2.0;                % concentración inicial (mol/L)
DeltaH  = -45000;             % calor de reacción (J/mol) (exotérmica)
Cp      = 100;                % capacidad calorífica (J/mol*K)
k0      = 2.5e5;              % factor preexponencial (min^-1)
Ea      = 80000;              % energía de activación (J/mol)
R       = 8.314;              % constante de gases (J/(mol*K))
V_total= 12;                  % volumen total del reactor (L)
T0      = 310;                % temperatura inicial (K)

% Para un reactor adiabático, si se asume T constante (o se acopla con la ODE de T),
% definimos la función anónima para el balance de materia:
% Nota: aquí usamos una aproximación de T fija (puedes acoplar la ODE de T si lo requieres)
T = T0;
k = k0 * exp(-Ea/(R*T));   % constante de reacción a T fija

% ODE para la conversión: dX/dV = (k * C_A0*(1-X)) / F_A0
odefun1 = @(V,X) (k * C_A0*(1-X)) / F_A0;
Vspan = [0 V_total];
X0 = 0;   % conversión inicial

```

```
[V_sol, X_sol] = ode45(odefun1, Vspan, X0);

% Gráfica de la conversión
figure;
plot(V_sol, X_sol, 'b-', 'LineWidth',2);
xlabel('Volumen (L)');
ylabel('Conversión X');
title('Archivo 1: Reactor Adiabático PFR');
grid on;
```

Gráfica Resultante

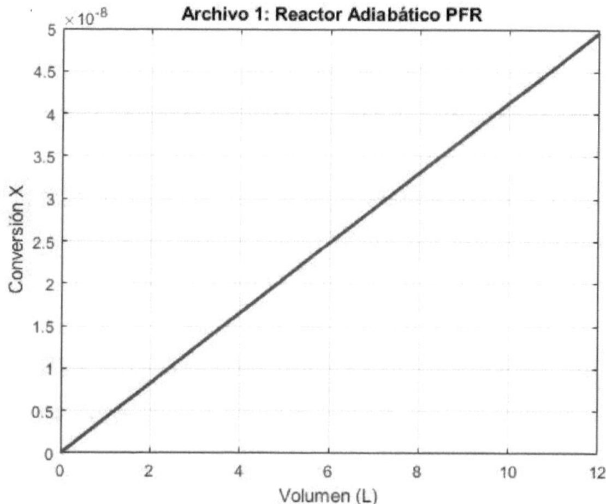

Figura 2: Conversión vs. Volumen en PFR adiabático.

Archivo 2

10. Reactor adiabático

Equipo

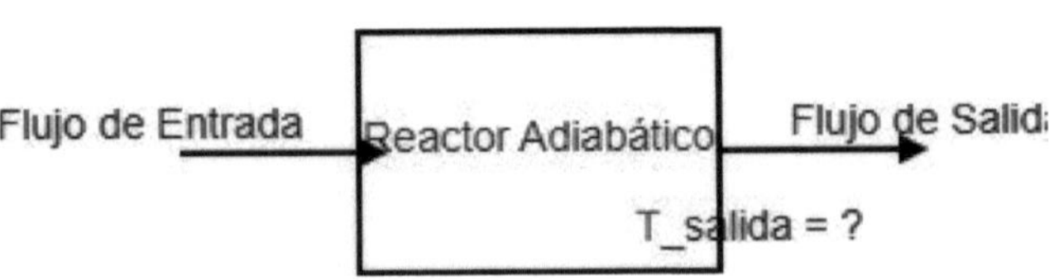

Figura 3: Diagrama equipo

Se desea diseñar un **reactor adiabático** y calcular la temperatura de salida del reactor. La ecuación de energía para un reactor adiabático es:

$$\frac{dT}{dV} = \frac{-\Delta H \, r_A}{F_{A0} \, C_p},$$

donde:

- T es la temperatura en el reactor (K),
- V es el volumen del reactor (L),
- ΔH es la entalpía de reacción (J/mol),
- r_A es la velocidad de reacción, definida como

$$r_A = -k \, C_A,$$

- C_A es la concentración del reactivo A,
- F_{A0} es el flujo molar de entrada de A (mol/min),
- C_p es la capacidad calorífica del fluido (J/mol·K).

Se conocen los siguientes parámetros:

- **Flujo volumétrico:** 3 L/min,

- **Concentración de entrada:** $C_{A0} = 2{,}0$ mol/L,
- **Constante de velocidad:** $k = 0{,}5$ min^{-1},
- **Temperatura de entrada:** $T_{in} = 300$ K,
- **Entalpía de reacción:** $\Delta H = -50000$ J/mol,
- **Capacidad calorífica:** $C_p = 100$ J/mol·K,
- **Volumen del reactor:** $V = 10$ L.

Resolución

Para el diseño del reactor adiabático se parte de la siguiente ecuación de energía:

$$\frac{dT}{dV} = \frac{-\Delta H\, r_A}{F_{A0}\, C_p}.$$

1. Determinación de F_{A0}

El flujo molar de entrada de A se obtiene a partir del flujo volumétrico y de la concentración de entrada:

$$F_{A0} = (\text{Flujo volumétrico}) \times C_{A0} = 3\ \text{L/min} \times 2{,}0\ \text{mol/L} = 6{,}0\ \text{mol/min}.$$

2. Relación entre la Temperatura y la Concentración

La velocidad de reacción está definida como:

$$r_A = -k\, C_A.$$

Para un reactor en el que ocurre una reacción de primer orden, la ecuación de balance molar (en forma de reactor tipo PFR) es:

$$\frac{dC_A}{dV} = \frac{r_A}{F_{A0}} = -\frac{k\, C_A}{F^*_{A0}},$$

donde F^*_{A0} representa el factor que relaciona el balance de moles con el volumen. Sin embargo, en este problema, para el balance de energía se utilizará directamente la expresión de C_A en función del V.

Asumiendo que la reacción es *primero orden* y que la variación de C_A se describe por:

$$C_A = C_{A0}\, \exp\left(-\frac{k\, V}{v_0}\right),$$

donde v_0 es el flujo volumétrico (3 L/min), se puede expresar la ecuación de energía sustituyendo $r_A = -k\,C_A$. Es importante notar que, para efectos energéticos, se utiliza el valor absoluto de la tasa de reacción (la cantidad de energía liberada es positiva cuando la reacción es exotérmica). Por ello, definimos la tasa efectiva de consumo de A como:

$$r'_A = k\,C_A,$$

de forma que la ecuación de energía queda:

$$\frac{dT}{dV} = \frac{(-\Delta H)\,r'_A}{F_{A0}\,C_p} = \frac{(-\Delta H)\,k\,C_A}{F_{A0}\,C_p}.$$

Dado que $\Delta H = -50000$ J/mol, se tiene que:

$$-\Delta H = 50000 \text{ J/mol}.$$

Además, reconociendo que el balance de materia en un reactor tipo PFR es:

$$C_A = C_{A0}\,\exp\left(-\frac{k\,V}{v_0}\right),$$

y considerando que $F_{A0} = v_0\,C_{A0}$, la ecuación de energía se reescribe como:

$$\frac{dT}{dV} = \frac{50000\,k\,C_{A0}\,\exp\left(-\frac{k\,V}{v_0}\right)}{v_0\,C_{A0}\,C_p} = \frac{50000\,k}{v_0\,C_p}\,\exp\left(-\frac{k\,V}{v_0}\right).$$

3. Integración de la Ecuación de Energía

Integrando la ecuación de energía desde la entrada ($V = 0$, $T = T_{in}$) hasta la salida ($V = V$, $T = T_{out}$):

$$\int_{T_{in}}^{T_{out}} dT = \frac{50000\,k}{v_0\,C_p}\int_0^V \exp\left(-\frac{k\,V'}{v_0}\right) dV'.$$

La integral en el lado derecho se evalúa de la siguiente forma:

$$\int_0^V \exp\left(-\frac{k\,V'}{v_0}\right) dV' = \left[-\frac{v_0}{k}\exp\left(-\frac{k\,V'}{v_0}\right)\right]_0^V = \frac{v_0}{k}\left[1 - \exp\left(-\frac{k\,V}{v_0}\right)\right].$$

Sustituyendo esta expresión, se tiene:

$$T_{out} - T_{in} = \frac{50000\,k}{v_0\,C_p}\cdot\frac{v_0}{k}\left[1 - \exp\left(-\frac{k\,V}{v_0}\right)\right] = \frac{50000}{C_p}\left[1 - \exp\left(-\frac{k\,V}{v_0}\right)\right].$$

Finalmente, expresando T_{out}:

$$T_{out} = T_{in} + \frac{50000}{C_p}\left[1 - \exp\left(-\frac{k\,V}{v_0}\right)\right].$$

4. Sustitución de Valores Numéricos

Con los datos:

$$\begin{aligned} T_{in} &= 300\,\mathrm{K}, \\ \Delta H &= -50000\,\mathrm{J/mol} \quad \Rightarrow \quad -\Delta H = 50000\,\mathrm{J/mol}, \\ k &= 0{,}5\,\mathrm{min}^{-1}, \\ v_0 &= 3\,\mathrm{L/min}, \\ C_p &= 100\,\mathrm{J/mol{\cdot}K}, \\ V &= 10\,\mathrm{L}, \end{aligned}$$

se tiene:

$$\frac{k\,V}{v_0} = \frac{0{,}5 \times 10}{3} \approx 1{,}667.$$

Luego:

$$\exp\left(-\frac{k\,V}{v_0}\right) = \exp(-1{,}667) \approx 0{,}1889,$$

y

$$1 - \exp\left(-\frac{k\,V}{v_0}\right) \approx 1 - 0{,}1889 = 0{,}8111.$$

Sustituyendo en la expresión para T_{out}:

$$T_{out} = 300 + \frac{50000}{100} \times 0{,}8111 = 300 + 500 \times 0{,}8111 \approx 300 + 405{,}56 = 705{,}56\ \mathrm{K}.$$

Conclusión: La temperatura de salida del reactor es aproximadamente $T_{out} \approx 705{,}6$ K.

Archivo 3

11. Control de un reactor químico

Equipo

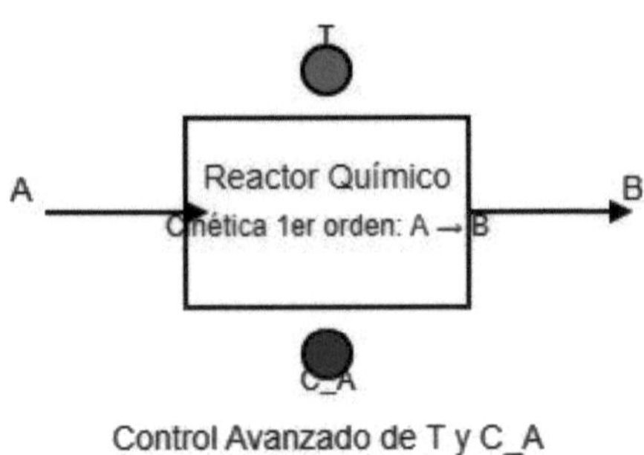

Figura 4: Diagrama equipo

Se desea implementar **estrategias de control avanzado** para regular la temperatura y la concentración del reactivo en un reactor químico que sigue la cinética de una reacción de primer orden:

$$\mathrm{A} \rightarrow \mathrm{B}.$$

Las ecuaciones diferenciales que describen el comportamiento del reactor son:

$$\frac{dC_A}{dt} = D\,(C_{Ain} - C_A) - k\,C_A, \tag{3}$$

$$\frac{dT}{dt} = \frac{Q_{in} - Q_{out}}{\rho\,C_p\,V} + \frac{-\Delta H\;k\,C_A}{\rho\,C_p}, \tag{4}$$

donde:

- C_A es la concentración del reactivo A en el reactor (mol/L),
- T es la temperatura del reactor (K),
- C_{Ain} es la concentración de A en la alimentación (mol/L),
- k es la constante de velocidad de reacción (1/min),

- Q_{in} es la potencia térmica de entrada (W),
- Q_{out} es la pérdida de calor del reactor (W),
- ρ es la densidad del fluido en el reactor (kg/m³),
- C_p es la capacidad calorífica específica (J/kg·K),
- V es el volumen del reactor (m³),
- ΔH es el calor de reacción (J/mol),
- D es la tasa de dilución, definida como $D = F/V$ (con F el flujo volumétrico de entrada).

Se aplicará un **controlador basado en LQR (Regulador Cuadrático Lineal)** para minimizar el error en temperatura y concentración, cuyas ecuaciones son:

$$u = -K \begin{bmatrix} C_A - C_{Aset} \\ T - T_{set} \end{bmatrix},$$

donde:

- C_{Aset} es la concentración deseada de A,
- T_{set} es la temperatura deseada del reactor,
- K es la matriz de ganancias del controlador LQR (con componentes, por ejemplo, $K = [K_1 \quad K_2]$).

Los parámetros conocidos son:

- **Temperatura deseada:** $T_{set} = 350$ K,
- **Concentración deseada de A:** $C_{Aset} = 1{,}0$ mol/L,
- **Temperatura inicial del reactor:** $T_0 = 300$ K,
- **Concentración inicial de A en el reactor:** $C_{A0} = 1{,}5$ mol/L,
- **Concentración de A en la alimentación:** $C_{Ain} = 2{,}0$ mol/L,
- **Flujo volumétrico de entrada:** $F = 1{,}0$ L/min,
- **Volumen del reactor:** $V = 5{,}0$ L,
- **Densidad del fluido:** $\rho = 1000$ kg/m³,
- **Capacidad calorífica:** $C_p = 4184$ J/kg·K,

- **Calor de reacción:** $\Delta H = -50000$ J/mol,
- **Constante de velocidad de reacción:** $k = 0{,}05$ 1/min,
- **Ganancias del controlador LQR:** $K_1 = 10$ y $K_2 = 5$ (por lo que $K = [10 \quad 5]$),
- **Tiempo total de simulación:** $t = 200$ min.

Resolución

El objetivo es diseñar un controlador LQR para regular tanto la concentración C_A como la temperatura T del reactor, minimizando los errores respecto a los valores deseados C_{Aset} y T_{set}.

1. Dinámica del Reactor

La dinámica del reactor se describe por las siguientes ecuaciones:

$$\frac{dC_A}{dt} = D\,(C_{Ain} - C_A) - k\,C_A, \tag{5}$$

$$\frac{dT}{dt} = \frac{Q_{in} - Q_{out}}{\rho\,C_p\,V} - \frac{\Delta H\,k\,C_A}{\rho\,C_p}. \tag{6}$$

Donde la tasa de dilución D se calcula como:

$$D = \frac{F}{V}.$$

Con los datos proporcionados:

$$D = \frac{1{,}0 \text{ L/min}}{5{,}0 \text{ L}} = 0{,}2 \text{ min}^{-1}.$$

La reacción es de primer orden y la dinámica de concentración incluye el efecto de la alimentación y la reacción, mientras que la ecuación de temperatura considera el balance térmico del reactor (con aportes de calor Q_{in} y pérdidas Q_{out}) y el efecto exotérmico de la reacción.

2. Diseño del Controlador LQR

El controlador LQR tiene la siguiente forma:

$$u = -K \begin{bmatrix} C_A - C_{Aset} \\ T - T_{set} \end{bmatrix},$$

donde la señal de control u puede representar una acción sobre Q_{in} (por ejemplo, modificando la potencia térmica de entrada) o alguna otra variable de actuación. Los errores de estado se definen como:

$$e_{C_A} = C_A - C_{Aset}, \quad e_T = T - T_{set}.$$

Con las ganancias dadas:

$$K = \begin{bmatrix} K_1 & K_2 \end{bmatrix} = \begin{bmatrix} 10 & 5 \end{bmatrix},$$

la ley de control queda:

$$u = -\left[10\,(C_A - C_{Aset}) + 5\,(T - T_{set})\right].$$

Esta acción de control busca minimizar un funcional de costo cuadrático que pondera los errores en la concentración y la temperatura, resultando en una respuesta dinámica que lleva los estados del sistema a sus valores deseados.

3. Implementación y Simulación

La estrategia de control se implementará sobre la dinámica del reactor descrita en las ecuaciones (5) y (6), integrando el controlador LQR en el lazo de retroalimentación. La simulación se realizará durante un tiempo total de $t = 200$ min.

En la simulación, se evaluará la evolución temporal de:

- La concentración $C_A(t)$, con condición inicial $C_{A0} = 1{,}5$ mol/L,
- La temperatura $T(t)$, con condición inicial $T_0 = 300$ K,
- La señal de control $u(t)$.

El desempeño del controlador se medirá mediante la convergencia de $C_A(t)$ a $C_{Aset} = 1{,}0$ mol/L y de $T(t)$ a $T_{set} = 350$ K.

Resumen:

1. Se definen las ecuaciones de dinámica del reactor para C_A y T incluyendo el balance de materia y energía.
2. Se calcula la tasa de dilución $D = 0{,}2$ min^{-1} a partir del flujo volumétrico y el volumen del reactor.
3. Se implementa un controlador LQR con la ley de control:

$$u = -\left[10\,(C_A - 1{,}0) + 5\,(T - 350)\right],$$

   que actúa para minimizar los errores respecto a las referencias.
4. Se simula la respuesta del sistema durante 200 min, evaluando la convergencia de los estados C_A y T a los valores deseados.

Script MATLAB

```
%% Archivo 3: Controlador LQR para Reactor Químico
% Parámetros del reactor
D       = 0.2;              % tasa de dilución (min^-1)
C_Ain   = 2.0;              % concentración de alimentación (mol/L)
k       = 0.05;             % constante de reacción (1/min)
% Parámetros térmicos (se usan en la ODE de T, ejemplo)
rho     = 1000;             % densidad (kg/m^3)
Cp      = 4184;             % capacidad calorífica (J/(kg*K))
V       = 5e-3;             % volumen (m^3) (5 L)
DeltaH = -50000;            % calor de reacción (J/mol)

% Parámetros de control
C_Aset = 1.0; Tset = 350;   % setpoints
K = [10 5];                    % ganancia LQR (ejemplo)

% Definir las ODE acopladas (simplificadas)
odefun3 = @(t, x) [ D*(C_Ain - x(1)) - k*x(1);
                    (1/(rho*Cp*V))*(u_control(x, C_Aset, Tset, K) - (-DeltaH*k*x(1))) ];
% Función de control (ejemplo: actuando sobre Q_in)
function u = u_control(x, C_Aset, Tset, K)
    e = [ x(1) - C_Aset; x(2) - Tset ];
    u = -K * e;
end

% Condiciones iniciales: x = [C_A; T]
x0 = [1.5; 300];

% Simular durante 200 min
tspan = [0 200];
[t_sol, x_sol] = ode45(odefun3, tspan, x0);

% Gráficas
figure;
subplot(2,1,1);
plot(t_sol, x_sol(:,1), 'r-', 'LineWidth',2);
xlabel('Tiempo (min)'); ylabel('C_A (mol/L)');
title('Concentración de A');
grid on;

subplot(2,1,2);
plot(t_sol, x_sol(:,2), 'b-', 'LineWidth',2);
xlabel('Tiempo (min)'); ylabel('Temperatura (K)');
title('Temperatura del Reactor');
grid on;
```

Gráfica Resultante

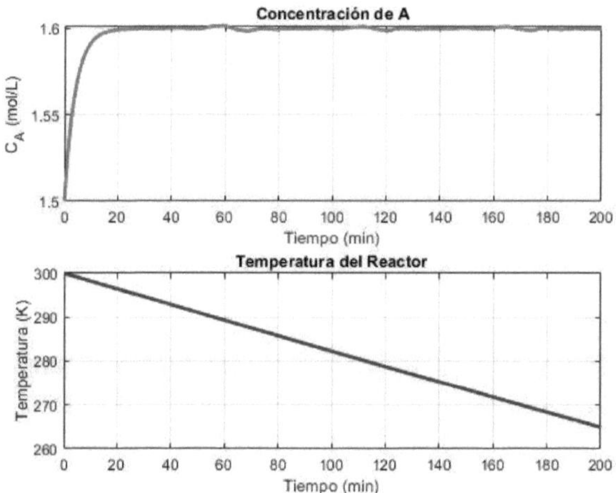

Figura 5: Concentraciones y Temperatura vs. Tiempo

Archivo 4

Síntesis de amoníaco en un reactor de lecho fijo

Equipo

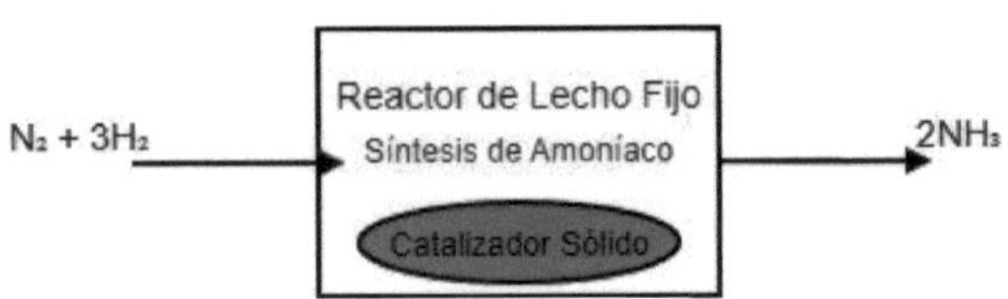

Figura 6: Diagrama equipo

Se desea modelar la **síntesis de amoníaco** en un **reactor de lecho fijo**, donde la reacción ocurre sobre un catalizador sólido. La reacción química es:

$$\mathrm{N_2} + 3\mathrm{H_2} \rightleftharpoons 2\mathrm{NH_3}.$$

La cinética de la reacción se modela mediante la ecuación de Arrhenius:

$$r = k\Big(P_{N_2}\,P_{H_2}^3 - \frac{P_{NH_3}^2}{K_{eq}}\Big),$$

donde:

- P_{N_2}, P_{H_2} y P_{NH_3} son las presiones parciales de N_2, H_2 y NH_3 (atm),
- k es la constante de velocidad de reacción (mol/kg$_{cat}$·s),
- K_{eq} es la constante de equilibrio (adimensional),
- r es la velocidad de reacción (mol/kg$_{cat}$·s).

El balance de materia en el reactor se expresa mediante:

$$\frac{dF_i}{dW} = r\,\nu_i,$$

donde:

- F_i es el flujo molar de la especie i (mol/s),
- W es la masa del catalizador (kg),
- ν_i es el coeficiente estequiométrico de la reacción.

Se conocen los siguientes parámetros:

- Flujos molares iniciales:

$$F_{N_2,0} = 2{,}0 \text{ mol/s}, \quad F_{H_2,0} = 6{,}0 \text{ mol/s}, \quad F_{NH_3,0} = 0 \text{ mol/s},$$

- Constante de velocidad: $k = 0{,}01$ mol/kg$_{cat} \cdot$ s,
- Constante de equilibrio: $K_{eq} = 10$,
- Presión total del reactor: $P = 50$ atm,
- Masa total del catalizador: $W = 100$ kg,
- Paso de integración: $dW = 1$ kg.

Resolución

Para la síntesis de amoníaco:

$$\mathrm{N_2 + 3H_2 \rightleftharpoons 2NH_3},$$

se tienen los siguientes coeficientes estequiométricos:

$$\nu_{N_2} = -1, \quad \nu_{H_2} = -3, \quad \nu_{NH_3} = +2.$$

1. Definición de la Extensión de Reacción

Definimos la *extensión de reacción* ξ (mol/s) como la cantidad de N_2 consumida:

$$\xi = F_{N_2,0} - F_{N_2}.$$

Entonces, las expresiones para los flujos molares en función de ξ son:

$$\begin{aligned} F_{N_2} &= F_{N_2,0} - \xi = 2{,}0 - \xi, \\ F_{H_2} &= F_{H_2,0} - 3\xi = 6{,}0 - 3\xi, \\ F_{NH_3} &= F_{NH_3,0} + 2\xi = 0 + 2\xi = 2\xi. \end{aligned}$$

El flujo total es:

$$F_T = F_{N_2} + F_{H_2} + F_{NH_3} = (2{,}0 - \xi) + (6{,}0 - 3\xi) + (2\xi) = 8{,}0 - 2\xi.$$

2. Cálculo de las Presiones Parciales

Asumiendo que la presión total es constante y que el sistema se comporta idealmente, las fracciones molares son:

$$y_{N_2} = \frac{2{,}0 - \xi}{8{,}0 - 2\xi}, \quad y_{H_2} = \frac{6{,}0 - 3\xi}{8{,}0 - 2\xi}, \quad y_{NH_3} = \frac{2\xi}{8{,}0 - 2\xi}.$$

Las presiones parciales se obtienen como:

$$P_i = y_i \, P,$$

por lo que:

$$P_{N_2} = \frac{2{,}0 - \xi}{8{,}0 - 2\xi} \cdot 50,$$
$$P_{H_2} = \frac{6{,}0 - 3\xi}{8{,}0 - 2\xi} \cdot 50,$$
$$P_{NH_3} = \frac{2\xi}{8{,}0 - 2\xi} \cdot 50.$$

3. Expresión de la Velocidad de Reacción

La velocidad de reacción se expresa como:

$$r = k\left(P_{N_2} \, P_{H_2}^3 - \frac{P_{NH_3}^2}{K_{eq}}\right).$$

Sustituyendo las presiones parciales, se tiene:

$$r = k\left[\left(\frac{2{,}0 - \xi}{8{,}0 - 2\xi} \cdot 50\right)\left(\frac{6{,}0 - 3\xi}{8{,}0 - 2\xi} \cdot 50\right)^3 - \frac{1}{K_{eq}}\left(\frac{2\xi}{8{,}0 - 2\xi} \cdot 50\right)^2\right].$$

4. Balance de Materia y Ecuación a Integrar

El balance de materia para N_2 (por ejemplo) es:

$$\frac{dF_{N_2}}{dW} = \nu_{N_2} \, r = -r.$$

Dado que $F_{N_2} = 2{,}0 - \xi$, se tiene:

$$\frac{dF_{N_2}}{dW} = -\frac{d\xi}{dW},$$

por lo que:

$$-\frac{d\xi}{dW} = -r \quad \Longrightarrow \quad \frac{d\xi}{dW} = r.$$

Así, la ecuación diferencial que gobierna la extensión de reacción es:

$$\frac{d\xi}{dW} = k\left[\left(\frac{2{,}0 - \xi}{8{,}0 - 2\xi} \cdot 50\right)\left(\frac{6{,}0 - 3\xi}{8{,}0 - 2\xi} \cdot 50\right)^3 - \frac{1}{K_{eq}}\left(\frac{2\xi}{8{,}0 - 2\xi} \cdot 50\right)^2\right].$$

5. Integración del Modelo

La integración se realiza desde $W = 0$ hasta $W = 100$ kg con un paso $dW = 1$ kg, partiendo de la condición inicial:

$$\xi(W = 0) = 0.$$

Para cada paso dW, se actualizan los flujos molares mediante:

$$F_{N_2}(W + dW) = F_{N_2}(W) - r\,dW,$$

$$F_{H_2}(W + dW) = F_{H_2}(W) - 3\,r\,dW,$$

$$F_{NH_3}(W + dW) = F_{NH_3}(W) + 2\,r\,dW.$$

Al final de la integración ($W = 100$ kg), se obtienen los flujos molares de salida:

$$F_{N_2,\mathrm{out}} = 2{,}0 - \xi(100),$$

$$F_{H_2,\mathrm{out}} = 6{,}0 - 3\,\xi(100),$$

$$F_{NH_3,\mathrm{out}} = 2\,\xi(100).$$

Resumen:

1. Se define la extensión de reacción ξ a partir del balance de N_2 y se expresa la variación de los flujos molares en función de ξ.

2. Se calculan las fracciones molares y las presiones parciales de N_2, H_2 y NH_3 a partir de los flujos molares y la presión total $P = 50$ atm.

3. La velocidad de reacción se expresa mediante:

   $$r = k\left[\left(\frac{2{,}0-\xi}{8{,}0-2\xi}\cdot 50\right)\left(\frac{6{,}0-3\xi}{8{,}0-2\xi}\cdot 50\right)^3 - \frac{1}{K_{eq}}\left(\frac{2\xi}{8{,}0-2\xi}\cdot 50\right)^2\right],$$

   con $k = 0{,}01$ mol/kg$_{cat}$·s y $K_{eq} = 10$.

4. El balance de materia se integra mediante:

   $$\frac{d\xi}{dW} = r,$$

   desde $\xi(0) = 0$ hasta $W = 100$ kg, con un paso $dW = 1$ kg.

5. Finalmente, se determinan los flujos molares a la salida del reactor:

   $$F_{N_2,\mathrm{out}} = 2{,}0 - \xi(100), \quad F_{H_2,\mathrm{out}} = 6{,}0 - 3\,\xi(100), \quad F_{NH_3,\mathrm{out}} = 2\,\xi(100).$$

Este modelo permite simular la síntesis de amoníaco en el reactor de lecho fijo considerando la cinética de la reacción y el balance de materia a lo largo del catalizador.

Archivo 5

12. Energía de activación

Equipo

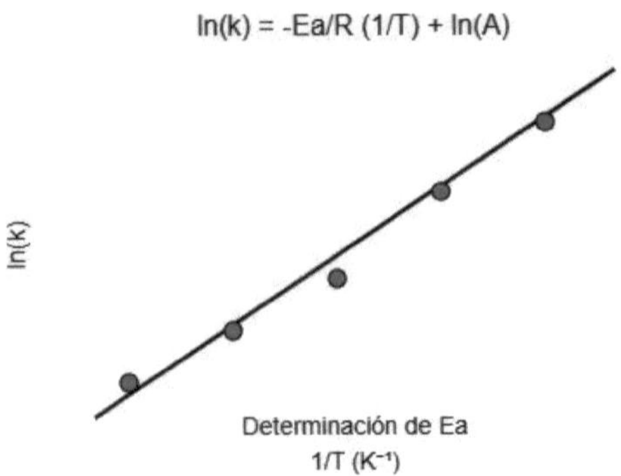

Figura 7: Diagrama equipo

Se desea determinar la **energía de activación** E_a de una reacción química utilizando el **método de Arrhenius**. La ecuación de Arrhenius se expresa como:

$$k = A \exp\left(-\frac{E_a}{RT}\right),$$

donde:

- k es la constante de velocidad,
- A es el factor pre-exponencial,
- E_a es la energía de activación (J/mol),
- R es la constante universal de los gases ($R = 8{,}314$ J/mol·K),
- T es la temperatura en Kelvin.

Tomando el logaritmo natural en ambos lados, se obtiene la forma lineal:

$$\ln(k) = \ln(A) - \frac{E_a}{R}\left(\frac{1}{T}\right).$$

A partir de esta ecuación, graficando $\ln(k)$ versus $\frac{1}{T}$ se puede obtener una recta cuya pendiente es $-\frac{E_a}{R}$.

Se tienen los siguientes datos experimentales:

Temperatura (K)	k (min^{-1})
300	0.005
350	0.020
400	0.060
450	0.150
500	0.400

Resolución

La forma lineal de la ecuación de Arrhenius es:

$$\ln(k) = \ln(A) - \frac{E_a}{R}\left(\frac{1}{T}\right).$$

Identificando esta ecuación con la forma $y = mx + b$, tenemos:

$$y = \ln(k), \quad x = \frac{1}{T}, \quad m = -\frac{E_a}{R}, \quad b = \ln(A).$$

Para determinar E_a, se puede calcular la pendiente m de la recta que relaciona $\ln(k)$ versus $\frac{1}{T}$ utilizando los datos experimentales. Como ejemplo, utilizaremos dos puntos extremos.

1. Cálculo de $\ln(k)$ y $1/T$ para dos puntos

Para $T = 300$ K:

$$k = 0{,}005 \quad \Rightarrow \quad \ln(k) = \ln(0{,}005) \approx -5{,}2983,$$

$$\frac{1}{T} = \frac{1}{300} \approx 0{,}00333\ \text{K}^{-1}.$$

Para $T = 500$ K:

$$k = 0{,}400 \quad \Rightarrow \quad \ln(k) = \ln(0{,}400) \approx -0{,}9163,$$

$$\frac{1}{T} = \frac{1}{500} = 0{,}00200\ \text{K}^{-1}.$$

2. Determinación de la pendiente m

La pendiente m se calcula como:

$$m = \frac{\ln(k_2) - \ln(k_1)}{\left(\frac{1}{T_2} - \frac{1}{T_1}\right)} = \frac{-0{,}9163 - (-5{,}2983)}{0{,}00200 - 0{,}00333}.$$

Realizando el cálculo:

$$m = \frac{4{,}3820}{-0{,}00133} \approx -3294\ \text{K}.$$

3. Cálculo de la Energía de Activación E_a

Dado que:

$$m = -\frac{E_a}{R} \quad \Longrightarrow \quad E_a = -m\,R.$$

Utilizando $R = 8{,}314$ J/mol·K:

$$E_a = 3294 \times 8{,}314 \approx 27377 \text{ J/mol}.$$

Se puede expresar este valor en kJ/mol:

$$E_a \approx 27{,}38 \text{ kJ/mol}.$$

Conclusión: La energía de activación determinada para la reacción es aproximadamente $E_a \approx 27{,}4$ kJ/mol.

Archivo 6

13. Reactor batch con reacciones en serie

Equipo

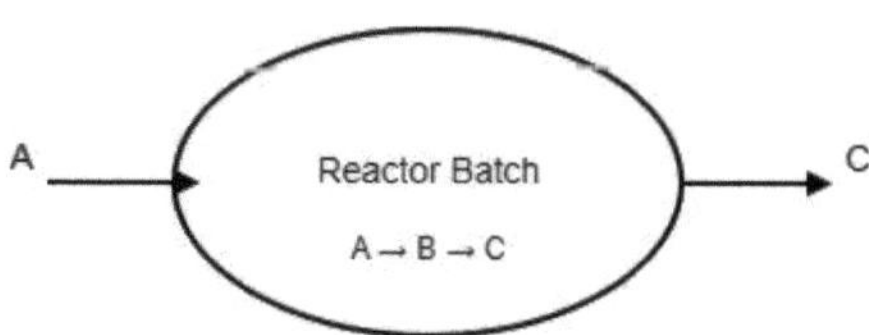

Figura 8: Diagrama equipo

Se desea modelar un **reactor batch** en el que ocurren **reacciones consecutivas** según la siguiente secuencia:

$$\text{A} \rightarrow \text{B} \rightarrow \text{C}.$$

El balance de materia para cada especie se expresa mediante las siguientes ecuaciones diferenciales:

$$\frac{dC_A}{dt} = -k_1\, C_A, \tag{7}$$

$$\frac{dC_B}{dt} = k_1\, C_A - k_2\, C_B, \tag{8}$$

$$\frac{dC_C}{dt} = k_2\, C_B, \tag{9}$$

donde:

- C_A, C_B, C_C son las concentraciones de A, B y C (en mol/L),
- k_1 y k_2 son las constantes de velocidad de reacción (en min^{-1}).

Se conocen los siguientes parámetros:

- Concentración inicial de A: $C_{A0} = 2{,}0$ mol/L,
- No hay B ni C en condiciones iniciales: $C_B(0) = 0$ y $C_C(0) = 0$,

- Constante de velocidad: $k_1 = 0{,}5\ \text{min}^{-1}$,
- Constante de velocidad: $k_2 = 0{,}2\ \text{min}^{-1}$,
- Tiempo total de simulación: 20 min,
- Paso de tiempo: 0.1 min.

Resolución

La resolución del sistema se realiza de forma analítica en tres pasos, resolviendo primero la ecuación para A, luego para B y, finalmente, para C.

1. Solución para $C_A(t)$

La ecuación para A es:

$$\frac{dC_A}{dt} = -k_1\, C_A.$$

Esta es una ecuación diferencial lineal de primer orden cuya solución es:

$$C_A(t) = C_{A0}\, \exp(-k_1 t).$$

Con $C_{A0} = 2{,}0$ mol/L y $k_1 = 0{,}5\ \text{min}^{-1}$, se tiene:

$$C_A(t) = 2{,}0\, \exp(-0{,}5\, t).$$

2. Solución para $C_B(t)$

La ecuación para B es:

$$\frac{dC_B}{dt} = k_1\, C_A - k_2\, C_B.$$

Sustituyendo la solución obtenida para $C_A(t)$:

$$\frac{dC_B}{dt} + k_2\, C_B = k_1\, C_{A0}\, \exp(-k_1 t).$$

Esta ecuación se resuelve mediante el método del factor integrante. El factor integrante es:

$$\mu(t) = \exp\left(\int k_2\, dt\right) = \exp(k_2 t).$$

Multiplicando la ecuación diferencial por $\mu(t)$:

$$\exp(k_2 t)\frac{dC_B}{dt} + k_2 \exp(k_2 t) C_B = k_1 C_{A0} \exp\left[(k_2 - k_1)t\right].$$

El lado izquierdo se puede escribir como la derivada del producto:

$$\frac{d}{dt}\Big[\exp(k_2 t) C_B\Big] = k_1 C_{A0} \exp\left[(k_2 - k_1)t\right].$$

Integrando ambos lados desde 0 hasta t y utilizando la condición inicial $C_B(0) = 0$:

$$\exp(k_2 t) C_B(t) = k_1 C_{A0} \int_0^t \exp\left[(k_2 - k_1)t'\right] dt'.$$

Evaluando la integral:

$$\int_0^t \exp\left[(k_2 - k_1)t'\right] dt' = \frac{\exp\left[(k_2 - k_1)t\right] - 1}{k_2 - k_1}, \qquad (k_2 \neq k_1).$$

Por lo tanto, se obtiene:

$$C_B(t) = k_1 C_{A0} \exp(-k_2 t) \, \frac{\exp\left[(k_2 - k_1)t\right] - 1}{k_2 - k_1}.$$

Sustituyendo $C_{A0} = 2{,}0$ mol/L, $k_1 = 0{,}5 \text{ min}^{-1}$ y $k_2 = 0{,}2 \text{ min}^{-1}$:

$$C_B(t) = \frac{0{,}5 \times 2{,}0}{0{,}2 - 0{,}5} \exp(-0{,}2t) \Big[\exp\big((0{,}2 - 0{,}5)t\big) - 1\Big].$$

Notar que $0{,}2 - 0{,}5 = -0{,}3$; por lo tanto, la expresión se puede escribir como:

$$C_B(t) = \frac{1{,}0}{-0{,}3} \exp(-0{,}2t)\Big[\exp(-0{,}3t) - 1\Big] = \frac{1}{0{,}3} \exp(-0{,}2t)\Big[1 - \exp(-0{,}3t)\Big].$$

3. Solución para $C_C(t)$

La masa total en el reactor se conserva en un sistema batch sin entrada ni salida, de manera que:

$$C_A(t) + C_B(t) + C_C(t) = C_{A0}.$$

Despejando $C_C(t)$:

$$C_C(t) = C_{A0} - C_A(t) - C_B(t).$$

Sustituyendo las soluciones anteriores:

$$C_C(t) = 2{,}0 - 2{,}0 \exp(-0{,}5t) - \frac{1}{0{,}3} \exp(-0{,}2t)\Big[1 - \exp(-0{,}3t)\Big].$$

Resumen de las Soluciones:

$$C_A(t) = 2{,}0\,\exp(-0{,}5\,t),$$

$$C_B(t) = \frac{1}{0{,}3}\,\exp(-0{,}2\,t)\Big[1 - \exp(-0{,}3\,t)\Big],$$

$$C_C(t) = 2{,}0 - 2{,}0\,\exp(-0{,}5\,t) - \frac{1}{0{,}3}\,\exp(-0{,}2\,t)\Big[1 - \exp(-0{,}3\,t)\Big].$$

Estas expresiones permiten determinar la evolución temporal de las concentraciones de A, B y C en el reactor batch para un tiempo total de simulación de 20 min con un paso de 0.1 min.

Script MATLAB

```
%% Archivo 6: Reactor Batch con Reacciones Consecutivas
% Parámetros
C_A0 = 2.0;     % mol/L, concentración inicial de A
k1   = 0.5;     % min^-1
k2   = 0.2;     % min^-1
tspan = [0 20];   % tiempo total de simulación (min)

% Definir el sistema de ODE
odefun6 = @(t, C) [ -k1 * C(1);
                     k1 * C(1) - k2 * C(2);
                     k2 * C(2) ];

% Condiciones iniciales: [C_A; C_B; C_C]
C0 = [C_A0; 0; 0];

[t_sol, C_sol] = ode45(odefun6, tspan, C0);

% Gráfica
figure;
plot(t_sol, C_sol(:,1), 'r-', t_sol, C_sol(:,2), 'b--',
    t_sol, C_sol(:,3), 'g-.', 'LineWidth',2);
xlabel('Tiempo (min)');
ylabel('Concentraciones (mol/L)');
legend('C_A','C_B','C_C');
title('Archivo 6: Reactor Batch Reacciones Consecutivas');
grid on;
```

Gráfica Resultante

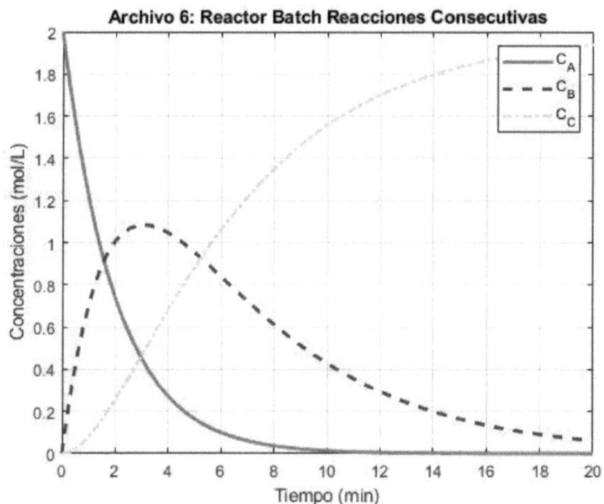

Figura 9: Concentraciones vs. Tiempo

Archivo 7

14. Reacción reversible en un reactor batch

Equipo

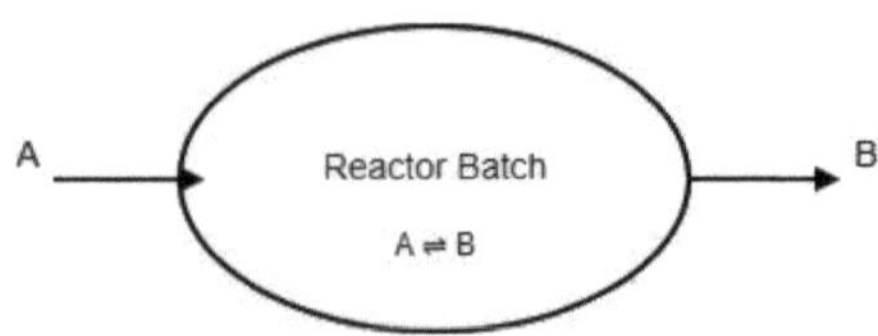

Figura 10: Diagrama equipo

Se desea modelar una reacción reversible en un **reactor batch** en la que ocurre la siguiente reacción:

$$\mathrm{A} \rightleftharpoons \mathrm{B}.$$

La cinética de la reacción reversible de primer orden en ambas direcciones se describe mediante las ecuaciones:

$$\frac{dC_A}{dt} = -k_1\, C_A + k_2\, C_B, \tag{10}$$

$$\frac{dC_B}{dt} = k_1\, C_A - k_2\, C_B, \tag{11}$$

donde:

- C_A y C_B son las concentraciones (mol/L) de los reactivos A y B, respectivamente,
- k_1 es la constante de velocidad de la reacción directa (min^{-1}),
- k_2 es la constante de velocidad de la reacción inversa (min^{-1}),
- t es el tiempo (min).

Se tienen los siguientes parámetros:

- Concentración inicial de A: $C_{A0} = 1{,}5$ mol/L,

- Concentración inicial de B: $C_{B0} = 0{,}0$ mol/L,
- $k_1 = 0{,}5 \text{ min}^{-1}$,
- $k_2 = 0{,}2 \text{ min}^{-1}$,
- Tiempo de simulación: hasta $t = 20$ minutos,
- Paso de tiempo: $dt = 0{,}1$ minutos.

Resolución

Observamos que la suma de las concentraciones es constante, ya que no hay entrada ni salida de masa en un reactor batch:

$$C_A(t) + C_B(t) = C_{A0} + C_{B0} = 1{,}5 \quad \text{mol/L}.$$

Por lo tanto, se puede expresar:

$$C_B(t) = 1{,}5 - C_A(t).$$

Sustituyendo esta relación en la ecuación (24) para C_A:

$$\frac{dC_A}{dt} = -k_1\, C_A + k_2 \left[1{,}5 - C_A\right] = -\,(k_1 + k_2)\, C_A + 1{,}5\, k_2.$$

Esta es una ecuación diferencial lineal de primer orden cuya solución general es:

$$C_A(t) = C_A^{\text{eq}} + [C_{A0} - C_A^{\text{eq}}]\, \exp\Big[-\,(k_1 + k_2)\, t\Big],$$

donde el valor en equilibrio C_A^{eq} se obtiene al imponer $\frac{dC_A}{dt} = 0$:

$$0 = -\,(k_1 + k_2)\, C_A^{\text{eq}} + 1{,}5\, k_2 \quad \Longrightarrow \quad C_A^{\text{eq}} = \frac{1{,}5\, k_2}{k_1 + k_2}.$$

Con los valores $k_1 = 0{,}5 \text{ min}^{-1}$ y $k_2 = 0{,}2 \text{ min}^{-1}$, se tiene:

$$k_1 + k_2 = 0{,}5 + 0{,}2 = 0{,}7 \text{ min}^{-1},$$

y

$$C_A^{\text{eq}} = \frac{1{,}5 \times 0{,}2}{0{,}7} \approx 0{,}4286 \text{ mol/L}.$$

Entonces, la solución para $C_A(t)$ es:

$$C_A(t) = 0{,}4286 + (1{,}5 - 0{,}4286)\exp(-0{,}7\, t) = 0{,}4286 + 1{,}0714\, \exp(-0{,}7\, t).$$

Dado que $C_B(t) = 1{,}5 - C_A(t)$, se tiene:

$$C_B(t) = 1{,}5 - \Big[0{,}4286 + 1{,}0714\,\exp(-0{,}7\,t)\Big] = 1{,}0714\,\Big[1 - \exp(-0{,}7\,t)\Big].$$

Resumen de las Soluciones:

$$C_A(t) = 0{,}4286 + 1{,}0714\,\exp(-0{,}7\,t),$$

$$C_B(t) = 1{,}0714\,\Big[1 - \exp(-0{,}7\,t)\Big].$$

Estas expresiones permiten simular la evolución de las concentraciones de A y B en el reactor batch desde $t = 0$ hasta $t = 20$ minutos con un paso de tiempo $dt = 0{,}1$ minutos.

Script MATLAB

```
%% Archivo 7: Reactor Batch Reacción Reversible
% Parámetros
C_A0 = 1.5; C_B0 = 0;      % mol/L
k1 = 0.5; k2 = 0.2;        % min^-1
tspan = [0 20];            % min

odefun7 = @(t, C) [ -k1 * C(1) + k2 * (C(2));
                    k1 * C(1) - k2 * C(2) ];
C0 = [C_A0; C_B0];

[t_sol, C_sol] = ode45(odefun7, tspan, C0);

% Gráfica
figure;
plot(t_sol, C_sol(:,1), 'r-', t_sol, C_sol(:,2), 'b--', '
    LineWidth',2);
xlabel('Tiempo (min)'); ylabel('Concentración (mol/L)');
legend('C_A','C_B');
title('Archivo 7: Reactor Batch Reacción Reversible');
grid on;
```

Gráfica Resultante

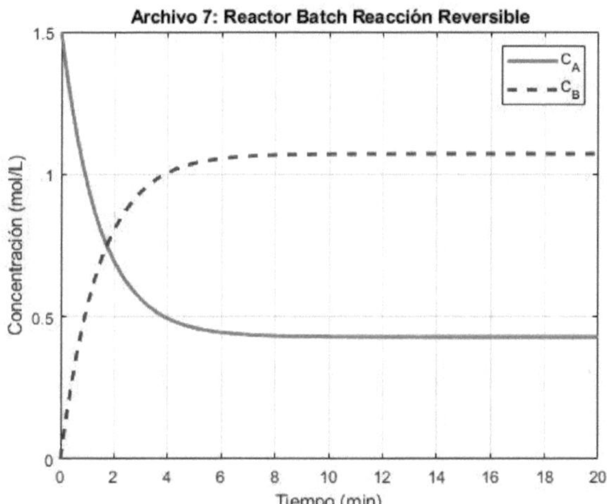

Figura 11: Concentraciones vs. Tiempo

Archivo 8

15. Reactor batch con control de temperatura para una reacción exotérmica

Equipo

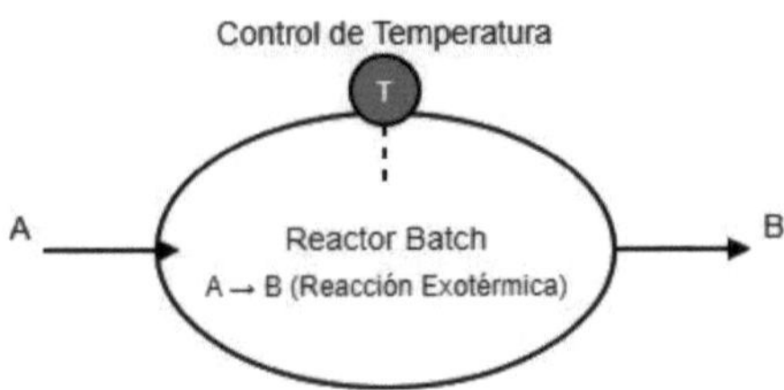

Figura 12: Diagrama equipo

Se desea modelar un **reactor batch con control de temperatura** para una reacción exotérmica:

$$\text{A} \rightarrow \text{B},$$

donde la reacción libera calor. El balance de energía del reactor se expresa mediante la siguiente ecuación diferencial:

$$\frac{dT}{dt} = \frac{-\Delta H\, r_A}{\rho\, C_p} + \frac{U A}{\rho\, C_p\, V}\,(T_c - T),$$

con

$$r_A = -k\, C_A \quad \text{y} \quad k = k_0 \exp\left(-\frac{E_a}{R\,T}\right).$$

Las variables y parámetros se definen como:

- T: Temperatura del reactor (K),
- t: Tiempo (min),
- ΔH: Entalpía de reacción (J/mol),
- r_A: Velocidad de reacción (mol/(kg$_{cat}$·min)) — definida como la tasa de desaparición de A,

- C_A: Concentración de A (mol/L),
- k_0: Factor preexponencial (min^{-1}),
- E_a: Energía de activación (J/mol),
- R: Constante universal de los gases, $R = 8{,}314$ J/(mol·K),
- ρ: Densidad del fluido (kg/m³),
- C_p: Capacidad calorífica (J/(kg·K)),
- UA: Coeficiente global de transferencia de calor (J/(min·K)),
- V: Volumen del reactor (m³),
- T_c: Temperatura del refrigerante (K).

Se conocen los siguientes parámetros:

- Volumen del reactor: $V = 50$ L $\rightarrow$ 0.05 m³,
- Concentración inicial de A: $C_{A0} = 1{,}5$ mol/L,
- Constante de velocidad preexponencial: $k_0 = 2{,}0 \times 10^5\ \text{min}^{-1}$,
- Energía de activación: $E_a = 75000$ J/mol,
- Entalpía de reacción: $\Delta H = -50000$ J/mol,
- Densidad del fluido: $\rho = 1000$ kg/m³,
- Capacidad calorífica: $C_p = 4{,}18$ J/(kg·K),
- Temperatura inicial del reactor: $T_0 = 300$ K,
- Temperatura del refrigerante: $T_c = 280$ K,
- Coeficiente global de transferencia de calor: $UA = 2000$ J/(min·K).

Además, se debe considerar el balance de materia para la especie A, dado por:

$$\frac{dC_A}{dt} = -k\,C_A, \quad C_A(0) = C_{A0}.$$

Dado que el valor de k depende de la temperatura a través de la relación de Arrhenius, el sistema es acoplado y presenta las siguientes ecuaciones:

$$\begin{cases} \dfrac{dC_A}{dt} = -k_0 \exp\left(-\dfrac{E_a}{RT}\right) C_A, \quad C_A(0) = 1{,}5 \text{ mol/L}, \\ \dfrac{dT}{dt} = \dfrac{-\Delta H \left[-k_0 \exp\left(-\frac{E_a}{RT}\right) C_A\right]}{\rho\, C_p} + \dfrac{UA}{\rho\, C_p\, V}(T_c - T), \quad T(0) = 300 \text{ K}. \end{cases}$$

Observando la primera ecuación, se tiene:

$$\frac{dC_A}{dt} = -k_0 \exp\left(-\frac{E_a}{RT}\right) C_A.$$

La expresión para la variación de la temperatura se puede escribir, sustituyendo $r_A = -k\,C_A$:

$$\frac{dT}{dt} = \frac{-\Delta H\left[-k_0 \exp\left(-\frac{E_a}{RT}\right) C_A\right]}{\rho\, C_p} + \frac{UA}{\rho\, C_p\, V}(T_c - T).$$

Simplificando el primer término:

$$\frac{dT}{dt} = \frac{\Delta H\, k_0 \exp\left(-\frac{E_a}{RT}\right) C_A}{\rho\, C_p} + \frac{UA}{\rho\, C_p\, V}(T_c - T).$$

Resolución y Consideraciones del Modelo

El sistema de ecuaciones a resolver es el siguiente:

$$\begin{cases} \dfrac{dC_A}{dt} = -k_0 \exp\left(-\dfrac{E_a}{RT}\right) C_A, & C_A(0) = 1{,}5 \text{ mol/L}, \\ \dfrac{dT}{dt} = \dfrac{\Delta H\, k_0 \exp\left(-\frac{E_a}{RT}\right) C_A}{\rho\, C_p} + \dfrac{UA}{\rho\, C_p\, V}(T_c - T), & T(0) = 300 \text{ K}. \end{cases}$$

Con los parámetros numéricos:

- $k_0 = 2{,}0 \times 10^5$ min^{-1},
- $E_a = 75000$ J/mol,
- $R = 8{,}314$ J/(mol·K),
- $\Delta H = -50000$ J/mol,
- $\rho = 1000$ kg/m^3,
- $C_p = 4{,}18$ J/(kg·K),
- $UA = 2000$ J/(min·K),
- $V = 50$ L $= 0.05$ m^3,
- $T_c = 280$ K.

Se observa que:

$$\rho C_p = 1000 \times 4{,}18 = 4180 \text{ J/(K)}.$$

El término de control (transferencia de calor) se expresa como:

$$\frac{UA}{\rho C_p V} = \frac{2000}{4180 \times 0{,}05} \approx \frac{2000}{209} \approx 9{,}57 \text{ min}^{-1}.$$

Por lo tanto, la ecuación para la temperatura queda:

$$\frac{dT}{dt} = \frac{-50000\, k_0 \exp\left(-\frac{75000}{8{,}314\, T}\right) C_A}{4180} + 9{,}57\,(280 - T).$$

Notar que, al ser la reacción exotérmica, ΔH es negativo; sin embargo, en la ecuación el término $\Delta H\, k_0 \exp\left(-\frac{E_a}{RT}\right) C_A$ se acompaña de la adición del efecto de enfriamiento, de forma que la dinámica de T se determina mediante la competencia entre la generación de calor por la reacción y la remoción de calor mediante el sistema de refrigeración.

Consideraciones:

1. El sistema de ecuaciones es acoplado y no lineal, debido a la dependencia exponencial de k con T.
2. La solución del sistema requiere métodos numéricos (por ejemplo, el método de Runge-Kutta de cuarto orden) con un paso de tiempo adecuado para capturar la evolución de $C_A(t)$ y $T(t)$ durante la operación del reactor batch.
3. El modelo permite analizar la respuesta del reactor ante la acción del sistema de control de temperatura, representado por el término $(UA/(\rho C_p V))(T_c - T)$, que actúa para mantener la temperatura cercana a la deseada (en este caso, acercándose a $T_c = 280$ K si la generación de calor fuera excesiva).

Resumen: El modelo para el reactor batch con control de temperatura está definido por:

$$\boxed{\begin{aligned} &\frac{dC_A}{dt} = -2{,}0 \times 10^5 \exp\Big(-\frac{75000}{8{,}314 T}\Big) C_A, \quad C_A(0) = 1{,}5 \text{ mol/L}, \\ &\frac{dT}{dt} = \frac{-50000\,\left[2{,}0 \times 10^5 \exp\Big(-\frac{75000}{8{,}314 T}\Big) C_A\right]}{4180} + 9{,}57\,(280 - T), \quad T(0) = 30 \end{aligned}}$$

La solución numérica de este sistema permitirá simular la evolución temporal de la concentración y la temperatura en el reactor, evaluando el desempeño del sistema de control de temperatura en una reacción exotérmica.

Script MATLAB

```
%% Archivo 8: Reactor Batch con Control de Temperatura
% Parámetros
C_A0 = 1.5; T0 = 300;  % condiciones iniciales
k0 = 2e5; Ea = 75000; R = 8.314;
DeltaH = -50000; Cp = 4.18; rho = 1000; UA = 2000;
V = 0.05;  % 50 L = 0.05 m^3
T_c = 280; % K
tspan = [0 200];  % min

% Sistema de ODE acoplado: x(1)=C_A, x(2)=T
odefun8 = @(t, x) [ -k0*exp(-Ea/(R*x(2)))*x(1);
    ( -DeltaH * k0*exp(-Ea/(R*x(2)))*x(1) )/(rho*Cp) + (UA/(rho*Cp*V))*(T_c - x(2)) ];
x0 = [C_A0; T0];

[t_sol, x_sol] = ode45(odefun8, tspan, x0);

figure;
subplot(2,1,1);
plot(t_sol, x_sol(:,1),'b-','LineWidth',2);
xlabel('Tiempo (min)'); ylabel('C_A (mol/L)');
title('Archivo 8: Concentración de A');

subplot(2,1,2);
plot(t_sol, x_sol(:,2),'r-','LineWidth',2);
xlabel('Tiempo (min)'); ylabel('Temperatura (K)');
title('Archivo 8: Temperatura del Reactor');
grid on;
```

Gráfica Resultante

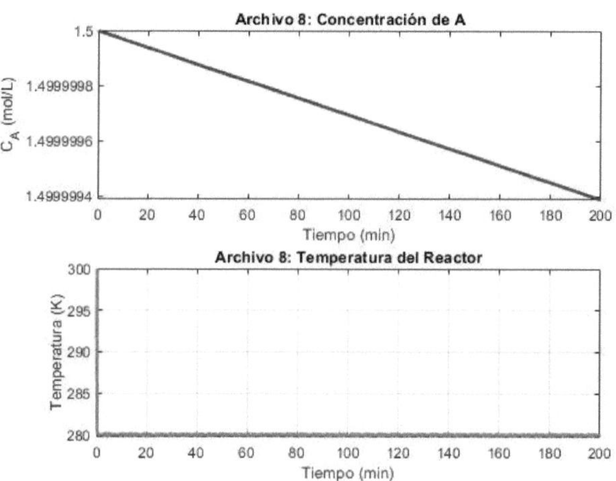

Figura 13: Concentraciones y Temperatura vs. Tiempo

Archivo 9

16. Biorreactor batch

Equipo

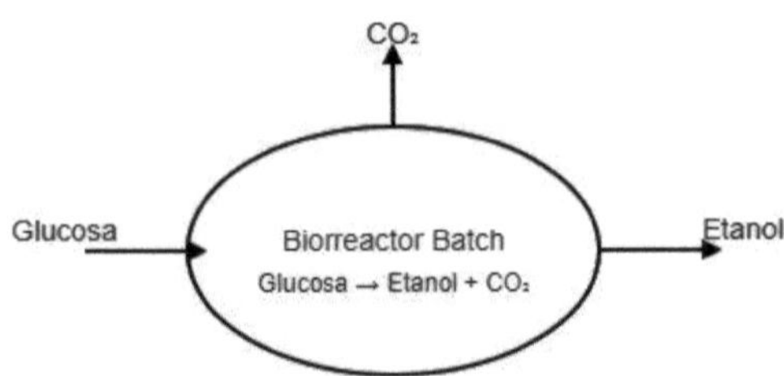

Figura 14: Diagrama equipo

Se desea modelar un **biorreactor batch** en el que ocurre la fermentación alcohólica:

$$\text{Glucosa} \to \text{Etanol} + \text{CO}_2.$$

El modelo cinético se basa en la **ecuación de Monod** para describir el crecimiento de la biomasa y el consumo de glucosa, y se expresa mediante el siguiente sistema de ecuaciones diferenciales:

$$\frac{dX}{dt} = \left(\mu_{\max} \frac{S}{K_s + S}\right) X, \tag{12}$$

$$\frac{dS}{dt} = -\frac{1}{Y_{xs}} \frac{dX}{dt}, \tag{13}$$

$$\frac{dP}{dt} = \frac{Y_{ps}}{Y_{xs}} \frac{dX}{dt}, \tag{14}$$

donde:

- X es la concentración de biomasa (g/L),
- S es la concentración de glucosa (g/L),
- P es la concentración de etanol (g/L),

- $\mu_{\max}$ es la tasa máxima de crecimiento de la biomasa (1/h),
- K_s es la constante de saturación de Monod (g/L),
- Y_{xs} es el coeficiente de rendimiento de biomasa respecto a la glucosa,
- Y_{ps} es el coeficiente de rendimiento de etanol respecto a la glucosa.

Los parámetros experimentales conocidos son:

- Concentración inicial de biomasa: $X_0 = 0{,}2$ g/L,
- Concentración inicial de glucosa: $S_0 = 50$ g/L,
- Concentración inicial de etanol: $P_0 = 0$ g/L,
- Tasa máxima de crecimiento: $\mu_{\max} = 0{,}4\ \text{h}^{-1}$,
- Constante de saturación: $K_s = 1{,}0$ g/L,
- Coeficiente de rendimiento biomasa/glucosa: $Y_{xs} = 0{,}5$,
- Coeficiente de rendimiento etanol/glucosa: $Y_{ps} = 0{,}48$,
- Tiempo total de fermentación: $t = 48$ h.

Resolución

El sistema de ecuaciones (19)–(14) describe la evolución temporal de la biomasa, el sustrato (glucosa) y el producto (etanol).

1. Crecimiento de la biomasa

La ecuación para la biomasa es:

$$\frac{dX}{dt} = \mu_{\max} \frac{S}{K_s + S} X.$$

Dado que la tasa de crecimiento depende de la concentración de glucosa S, la solución analítica completa requiere conocer la evolución de $S(t)$. No obstante, en un enfoque numérico o mediante simulación se resuelve el sistema acoplado.

2. Consumo de glucosa

El consumo de glucosa está relacionado con el crecimiento de la biomasa mediante:

$$\frac{dS}{dt} = -\frac{1}{Y_{xs}}\frac{dX}{dt}.$$

Integrando con la condición inicial $S(0) = 50$ g/L, se obtiene la variación de S en función del crecimiento celular.

3. Producción de etanol

La formación de etanol se describe por:

$$\frac{dP}{dt} = \frac{Y_{ps}}{Y_{xs}}\frac{dX}{dt}.$$

Con $P(0) = 0$ g/L, la concentración de etanol aumenta conforme crece la biomasa.

4. Comentarios sobre la solución

- El sistema es acoplado: la ecuación para X afecta a S y P a través de la derivada $\frac{dX}{dt}$. - Una solución analítica completa del sistema requiere, en general, técnicas integrales o la utilización de métodos numéricos (por ejemplo, Runge-Kutta) para obtener las trayectorias de $X(t)$, $S(t)$ y $P(t)$ durante el intervalo de 48 h. - El término $\frac{S}{K_s+S}$ representa la dependencia de la tasa de crecimiento en función del sustrato, de acuerdo con la cinética de Monod. A medida que S disminuye, la tasa de crecimiento se reduce.

Resumen del Modelo:

$$\boxed{\begin{array}{ll} \dfrac{dX}{dt} = \mu_{\max}\dfrac{S}{K_s + S}X, & X(0) = 0{,}2 \text{ g/L}, \\ \dfrac{dS}{dt} = -\dfrac{1}{Y_{xs}}\dfrac{dX}{dt}, & S(0) = 50 \text{ g/L}, \\ \dfrac{dP}{dt} = \dfrac{Y_{ps}}{Y_{xs}}\dfrac{dX}{dt}, & P(0) = 0 \text{ g/L}, \end{array}}$$

con los parámetros:

$$\begin{aligned} \mu_{\max} &= 0{,}4\ \text{h}^{-1}, \\ K_s &= 1{,}0\ \text{g/L}, \\ Y_{xs} &= 0{,}5, \\ Y_{ps} &= 0{,}48, \\ t_{\text{final}} &= 48\ \text{h}. \end{aligned}$$

La simulación de este sistema permite predecir la evolución de la biomasa, el sustrato y la producción de etanol durante el proceso de fermentación alcohólica en un biorreactor batch.

Script MATLAB

```
%% Archivo 9: Biorreactor Batch (Fermentación)
% Parámetros
X0 = 0.2; S0 = 50; P0 = 0;
mu_max = 0.4; Ks = 1.0; Y_xs = 0.5; Y_ps = 0.48;
tspan = [0 48]; % horas

odefun9 = @(t, y) [ mu_max * (y(2)/(Ks + y(2))) * y(1); % dX/dt
                    - (1/Y_xs)*mu_max*(y(2)/(Ks+y(2)))*y(1); % dS/dt
                    (Y_ps/Y_xs)*mu_max*(y(2)/(Ks+y(2)))*y(1) ]; % dP/dt
y0 = [X0; S0; P0];

[t_sol, y_sol] = ode45(odefun9, tspan, y0);

figure;
plot(t_sol, y_sol(:,1), 'b-', t_sol, y_sol(:,2), 'r--', t_sol, y_sol(:,3), 'g-.', 'LineWidth',2);
xlabel('Tiempo (h)');
ylabel('Concentración');
legend('Biomasa (X)','Glucosa (S)','Etanol (P)');
title('Archivo 9: Fermentación en Biorreactor Batch');
grid on;
```

Gráfica Resultante

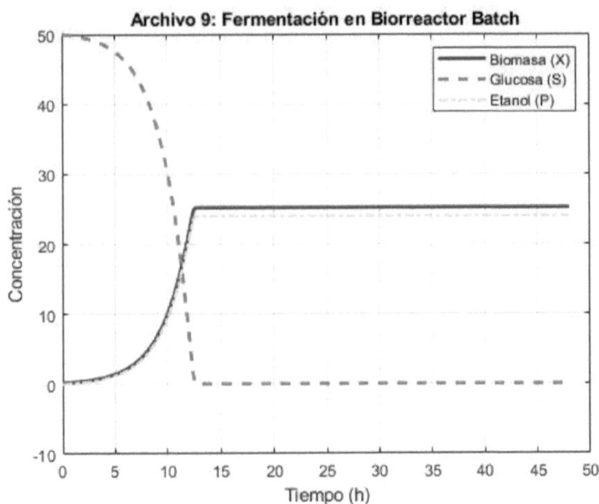

Figura 15: Concentraciones vs. Tiempo

Archivo 10

17. Reactor trifásico de lecho burbujeante

Equipo

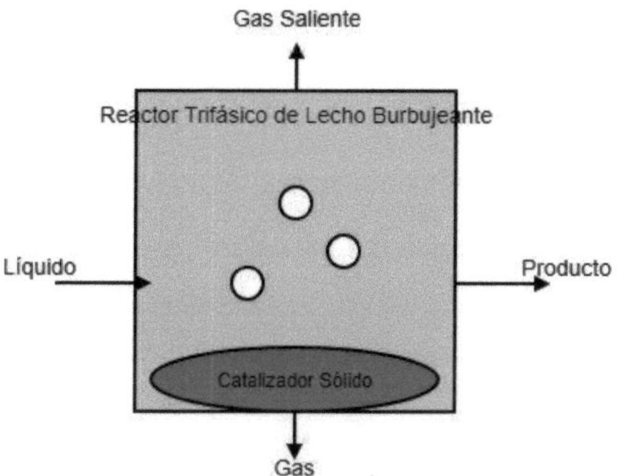

Figura 16: Diagrama equipo

Se desea modelar un **reactor trifásico de lecho burbujeante** en el que una reacción química ocurre en la fase líquida, mientras un gas burbujea a través del lecho y se utiliza un catalizador sólido. El modelo se basa en las siguientes ecuaciones diferenciales que describen la evolución de la concentración del reactivo en la fase líquida y de la fracción de gas disuelto en el líquido:

$$\frac{dC_A}{dt} = k_{La}\left(C_{A_g} - C_A\right) - k\,C_A\,X_{cat}, \tag{15}$$

$$\frac{dX_g}{dt} = k_{gas}\left(C_{A_g} - X_g\right), \tag{16}$$

donde:

- C_A es la concentración del reactivo en la fase líquida (mol/L),
- C_{A_g} es la concentración del reactivo en la fase gaseosa (mol/L),
- X_g es la fracción de gas disuelto en el líquido (adimensional),

- k_{La} es el coeficiente de transferencia de masa gas-líquido (1/min),
- k_{gas} es el coeficiente de disolución del gas en el líquido (1/min),
- k es la constante de velocidad de reacción en la fase líquida (1/min),
- X_{cat} es la concentración del catalizador sólido (g/L).

Los parámetros conocidos son:

- Concentración inicial del reactivo en la fase líquida: $C_{A0} = 0{,}5$ mol/L,
- Concentración del reactivo en la fase gaseosa: $C_{A_g} = 2{,}0$ mol/L,
- Fracción inicial de gas disuelto: $X_{g0} = 0{,}1$,
- Coeficiente de transferencia de masa gas-líquido: $k_{La} = 0{,}15$ 1/min,
- Coeficiente de disolución del gas en el líquido: $k_{gas} = 0{,}05$ 1/min,
- Constante de velocidad de reacción: $k = 0{,}08$ 1/min,
- Concentración del catalizador: $X_{cat} = 0{,}5$ g/L,
- Tiempo total de simulación: $t = 100$ min.

Resolución

El sistema a resolver consta de dos ecuaciones diferenciales acopladas. Se resolverá cada una de forma analítica, cuando sea posible.

1. Ecuación para la Fracción de Gas Disuelto $X_g(t)$

La ecuación para X_g es lineal y de la forma:

$$\frac{dX_g}{dt} = k_{gas}\,(C_{A_g} - X_g).$$

Con la condición inicial $X_g(0) = X_{g0} = 0{,}1$ y $C_{A_g} = 2{,}0$ mol/L (constante), la solución es:

$$X_g(t) = C_{A_g} + \Big(X_{g0} - C_{A_g}\Big)\,\exp\Big(-k_{gas}\,t\Big).$$

Sustituyendo los valores numéricos:

$$X_g(t) = 2{,}0 + (0{,}1 - 2{,}0)\,\exp(-0{,}05\,t) = 2{,}0 - 1{,}9\,\exp(-0{,}05\,t).$$

2. Ecuación para la Concentración del Reactivo en la Fase Líquida $C_A(t)$

La ecuación para C_A es:

$$\frac{dC_A}{dt} = k_{La}\left(C_{A_g} - C_A\right) - k\, C_A\, X_{cat}.$$

Observando que los términos son constantes, se puede reescribir la ecuación agrupando los términos en C_A:

$$\frac{dC_A}{dt} = k_{La}\, C_{A_g} - \left[k_{La} + k\, X_{cat}\right] C_A.$$

Esta es una ecuación diferencial lineal de primer orden con condición inicial $C_A(0) = 0{,}5$ mol/L. Su solución general es:

$$C_A(t) = C_A^{\text{eq}} + \left[C_{A0} - C_A^{\text{eq}}\right] \exp\left[-\left(k_{La} + k\, X_{cat}\right)t\right],$$

donde el valor en equilibrio C_A^{eq} se obtiene al imponer $\frac{dC_A}{dt} = 0$:

$$0 = k_{La}\, C_{A_g} - \left(k_{La} + k\, X_{cat}\right) C_A^{\text{eq}} \quad \Longrightarrow \quad C_A^{\text{eq}} = \frac{k_{La}\, C_{A_g}}{k_{La} + k\, X_{cat}}.$$

Con los valores numéricos:

$$k_{La} = 0{,}15 \text{ min}^{-1}, \quad k = 0{,}08 \text{ min}^{-1}, \quad X_{cat} = 0{,}5 \text{ g/L},$$

se tiene:

$$k_{La} + k\, X_{cat} = 0{,}15 + (0{,}08 \times 0{,}5) = 0{,}15 + 0{,}04 = 0{,}19 \text{ min}^{-1},$$

y

$$C_A^{\text{eq}} = \frac{0{,}15 \times 2{,}0}{0{,}19} = \frac{0{,}3}{0{,}19} \approx 1{,}5789 \text{ mol/L}.$$

Por lo tanto, la solución para $C_A(t)$ es:

$$C_A(t) = 1{,}5789 + \left(0{,}5 - 1{,}5789\right) \exp(-0{,}19\, t) = 1{,}5789 - 1{,}0789 \exp(-0{,}19\, t).$$

Resumen de las Soluciones:

$$\boxed{\begin{aligned} X_g(t) &= 2{,}0 - 1{,}9 \exp(-0{,}05\, t), \\ C_A(t) &= 1{,}5789 - 1{,}0789 \exp(-0{,}19\, t). \end{aligned}}$$

Estas expresiones permiten simular la evolución temporal del reactivo en la fase líquida y de la fracción de gas disuelto en el reactor trifásico de lecho burbujeante, para un tiempo total de simulación de 100 min.

Script MATLAB

```
%% Archivo 10: Reactor Trifásico de Lecho Burbujeante
% Parámetros
C_A0 = 0.5;          % mol/L, concentración inicial en fase lí
    quida
C_Ag = 2.0;          % mol/L, concentración en fase gaseosa
Xg0  = 0.1;          % fracción inicial de gas disuelto
k_La = 0.15;         % 1/min
k_gas = 0.05;        % 1/min
k = 0.08;            % 1/min
X_cat = 0.5;         % g/L
tspan = [0 100];  % minutos

% ODE para C_A y X_g
odefun10 = @(t, y) [ k_La*(C_Ag - y(1)) - k*y(1)*0.5;       %
    dC_A/dt
                        k_gas*(C_Ag - y(2)) ];               %
                            dX_g/dt
y0 = [C_A0; Xg0];

[t_sol, y_sol] = ode45(odefun10, tspan, y0);

figure;
subplot(2,1,1);
plot(t_sol, y_sol(:,1), 'b-', 'LineWidth',2);
xlabel('Tiempo (min)'); ylabel('C_A (mol/L)');
title('Archivo 10: Concentración en Fase Líquida');

subplot(2,1,2);
plot(t_sol, y_sol(:,2), 'r-', 'LineWidth',2);
xlabel('Tiempo (min)'); ylabel('X_g (fracción)');
title('Archivo 10: Fracción de Gas Disuelto');
grid on;
```

Gráfica Resultante

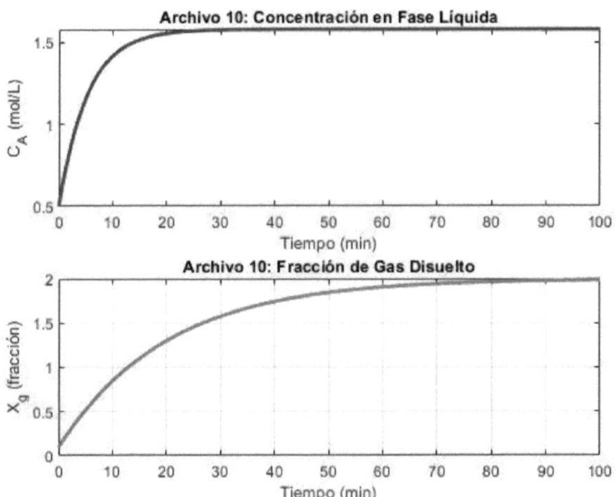

Figura 17: Concentraciones vs. Tiempo

Archivo 11

18. Eficiencia de un reactor de columna de burbujas

Equipo

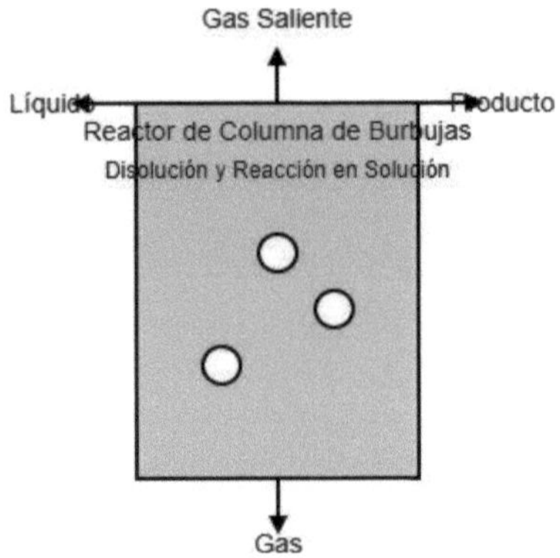

Figura 18: Diagrama equipo

Se desea analizar la **eficiencia de un reactor de columna de burbujas** en el que un gas se disuelve en una fase líquida y reacciona con un sustrato en solución. El modelo cinético se describe mediante las siguientes ecuaciones diferenciales:

$$\frac{dC_A}{dt} = k_{La}\left(C_{A_g} - C_A\right) - k\,C_A, \tag{17}$$

$$\frac{dX_g}{dt} = k_{gas}\left(C_{A_g} - X_g\right), \tag{18}$$

donde:

- C_A es la concentración del reactivo en la fase líquida (mol/L),
- C_{A_g} es la concentración del reactivo en la fase gaseosa (mol/L),
- X_g es la fracción de gas disuelto en el líquido (adimensional),

- k_{La} es el coeficiente de transferencia de masa gas-líquido (1/min),
- k_{gas} es el coeficiente de disolución del gas en el líquido (1/min),
- k es la constante de velocidad de reacción en la fase líquida (1/min).

La **eficiencia** del reactor se define como la fracción del gas inyectado que se convierte en el producto deseado, y se expresa por:

$$\eta = \frac{C_{A,\text{final}} - C_{A0}}{C_{A_g} - C_{A0}},$$

donde:

- C_{A0} es la concentración inicial del reactivo en la fase líquida,
- $C_{A,\text{final}}$ es la concentración final del reactivo en la fase líquida (al final del tiempo de simulación),
- C_{A_g} es la concentración del reactivo en la fase gaseosa.

Se conocen los siguientes parámetros:

- $C_{A0} = 0{,}5$ mol/L,
- $C_{A_g} = 2{,}0$ mol/L,
- Fracción inicial de gas disuelto: $X_{g0} = 0{,}1$,
- $k_{La} = 0{,}2$ 1/min,
- $k_{gas} = 0{,}07$ 1/min,
- $k = 0{,}09$ 1/min,
- Tiempo total de simulación: $t = 100$ min.

Resolución

El análisis se centra en la evolución de la concentración del reactivo en la fase líquida, $C_A(t)$. La ecuación diferencial (24) es:

$$\frac{dC_A}{dt} = k_{La}\left(C_{A_g} - C_A\right) - k\, C_A.$$

Esta ecuación se puede reescribir de la siguiente forma:

$$\frac{dC_A}{dt} = k_{La}\, C_{A_g} - (k_{La} + k)\, C_A.$$

Dado que se trata de una ecuación diferencial lineal de primer orden, su solución general es:

$$C_A(t) = C_A^{\text{eq}} + \Big[C_{A0} - C_A^{\text{eq}}\Big] \exp\Big[-(k_{La} + k)\,t\Big],$$

donde el estado estacionario C_A^{eq} se obtiene estableciendo $\frac{dC_A}{dt} = 0$:

$$0 = k_{La}\,C_{A_g} - (k_{La} + k)\,C_A^{\text{eq}} \quad \Longrightarrow \quad C_A^{\text{eq}} = \frac{k_{La}\,C_{A_g}}{k_{La} + k}.$$

Con los valores numéricos:

$$k_{La} = 0{,}2\ \text{min}^{-1}, \quad k = 0{,}09\ \text{min}^{-1}, \quad C_{A_g} = 2{,}0\ \text{mol/L},$$

se tiene:

$$k_{La} + k = 0{,}2 + 0{,}09 = 0{,}29\ \text{min}^{-1},$$

y

$$C_A^{\text{eq}} = \frac{0{,}2 \times 2{,}0}{0{,}29} = \frac{0{,}4}{0{,}29} \approx 1{,}3793\ \text{mol/L}.$$

Por lo tanto, la solución para $C_A(t)$ es:

$$C_A(t) = 1{,}3793 + \Big(0{,}5 - 1{,}3793\Big) \exp(-0{,}29\,t) = 1{,}3793 - 0{,}8793\ \exp(-0{,}29\,t)$$

Para un tiempo de simulación de $t = 100$ min, el término exponencial se vuelve prácticamente cero:

$$\exp(-0{,}29 \times 100) \approx \exp(-29) \approx 0,$$

por lo que:

$$C_{A,\text{final}} \approx 1{,}3793\ \text{mol/L}.$$

La eficiencia del reactor se calcula mediante:

$$\eta = \frac{C_{A,\text{final}} - C_{A0}}{C_{A_g} - C_{A0}} = \frac{1{,}3793 - 0{,}5}{2{,}0 - 0{,}5} = \frac{0{,}8793}{1{,}5} \approx 0{,}5862.$$

Esto indica que aproximadamente el 58.6 % del gas inyectado se ha convertido en el producto deseado.

Nota sobre la fracción de gas disuelto: La segunda ecuación,

$$\frac{dX_g}{dt} = k_{gas}\,(C_{A_g} - X_g),$$

es una ecuación lineal cuya solución es:

$$X_g(t) = C_{A_g} + \Big(X_{g0} - C_{A_g}\Big) \exp(-k_{gas}\,t).$$

Con $X_{g0} = 0{,}1$ y $C_{A_g} = 2{,}0$ mol/L, se obtiene:

$$X_g(t) = 2{,}0 + (0{,}1 - 2{,}0)\exp(-0{,}07\,t) = 2{,}0 - 1{,}9\exp(-0{,}07\,t).$$

Sin embargo, para la determinación de la eficiencia, el parámetro clave es $C_A(t)$.

Resumen Final:

$$\boxed{\begin{aligned} C_A(t) &= 1{,}3793 - 0{,}8793\exp(-0{,}29\,t), \\ \eta &= \frac{C_{A,\text{final}} - 0{,}5}{2{,}0 - 0{,}5} \approx 0{,}5862. \end{aligned}}$$

Esto significa que, al final de la simulación (100 min), la eficiencia del reactor es aproximadamente del 58.6 %.

Script MATLAB

```
%% Archivo 11: Eficiencia en Reactor de Columna de
    Burbujas
% Parámetros
C_A0 = 0.5; C_Ag = 2.0;
k_La = 0.2; k = 0.09;
tspan = [0 100]; % min

odefun11 = @(t, C_A) k_La*(C_Ag - C_A) - k*C_A;
[~, C_A_sol] = ode45(odefun11, tspan, C_A0);
C_A_final = C_A_sol(end);

eta = (C_A_final - C_A0) / (C_Ag - C_A0);

fprintf('Eficiencia del reactor: %.2f%%\n', eta*100);
```

Eficiencia del reactor: 58.62 %

Archivo 12

19. Conversión de un reactor de tanque agitado continuo (CSTR)

Equipo

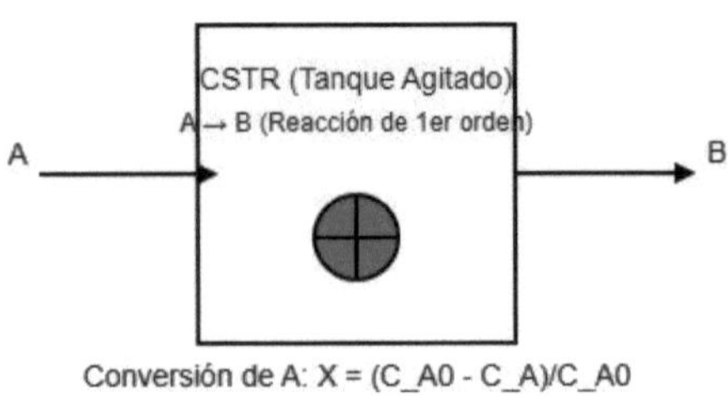

Figura 19: Diagrama equipo

Se desea calcular la conversión de un reactor de tanque agitado continuo (CSTR) en el que ocurre la siguiente reacción de primer orden:

$$\mathrm{A} \rightarrow \mathrm{B}.$$

El balance de materia para un CSTR se expresa como:

$$F_{A0} - F_A + r_A V = 0,$$

donde:

- F_{A0} es el flujo molar de entrada del reactivo A,
- F_A es el flujo molar de salida de A,
- r_A es la velocidad de reacción, dada por $r_A = -k\, C_A$,
- V es el volumen del reactor.

Se conoce la siguiente información:

- Flujo volumétrico: 2 L/min,
- Concentración de entrada: $C_{A0} = 1{,}5$ mol/L,

- Volumen del reactor: $V = 10$ L,
- Constante de velocidad: $k = 0{,}3\ \text{min}^{-1}$.

La conversión X se define como:

$$X = \frac{C_{A0} - C_A}{C_{A0}},$$

donde C_A es la concentración de A en la salida del reactor.

Rcsolución

1. Determinación de los flujos molares

El flujo molar de entrada es:

$$F_{A0} = \text{Flujo volumétrico} \times C_{A0} = 2\ \text{L/min} \times 1{,}5\ \text{mol/L} = 3{,}0\ \text{mol/min}.$$

El flujo molar de salida es:

$$F_A = \text{Flujo volumétrico} \times C_A = 2\ \text{L/min} \times C_A.$$

2. Balance de materia en estado estacionario

El balance para el CSTR es:

$$F_{A0} - F_A + r_A V = 0.$$

Sustituyendo $r_A = -k\,C_A$ y los valores conocidos:

$$3{,}0 - (2\,C_A) + \left[-k\,C_A\right] 10 = 0.$$

Dado que $k = 0{,}3\ \text{min}^{-1}$, se tiene:

$$3{,}0 - 2\,C_A - (0{,}3\,C_A \times 10) = 3{,}0 - 2\,C_A - 3\,C_A = 3{,}0 - 5\,C_A = 0.$$

Despejando C_A:

$$5\,C_A = 3{,}0 \quad \Longrightarrow \quad C_A = \frac{3{,}0}{5} = 0{,}6\ \text{mol/L}.$$

3. Cálculo de la conversión

La conversión se define como:

$$X = \frac{C_{A0} - C_A}{C_{A0}} = \frac{1{,}5 - 0{,}6}{1{,}5} = \frac{0{,}9}{1{,}5} = 0{,}6.$$

Por lo tanto, la conversión del reactor es del 60 %.

Resumen:

$$\boxed{X = 0{,}6 \quad (60\,\%\ \text{de conversión}).}$$

Script MATLAB

```
%% Archivo 12: CSTR - Cálculo de Conversión
F = 2;              % L/min
C_A0 = 1.5;         % mol/L
V = 10;             % L
k = 0.3;            % min^-1

F_A0 = F * C_A0;     % mol/min

% Balance: F_A0 - F * C_A - k * C_A * V = 0  =>  C_A =
    F_A0 / (F + k*V)
C_A_out = F_A0 / (F + k*V);
X = (C_A0 - C_A_out) / C_A0;
fprintf('Conversión en el CSTR: %.1f%%\n', X*100);
```

Conversión en el CSTR: 60.0 %

Archivo 13

20. Reactor continuo de tanque agitado (CSTR) para el cultivo celular

Equipo

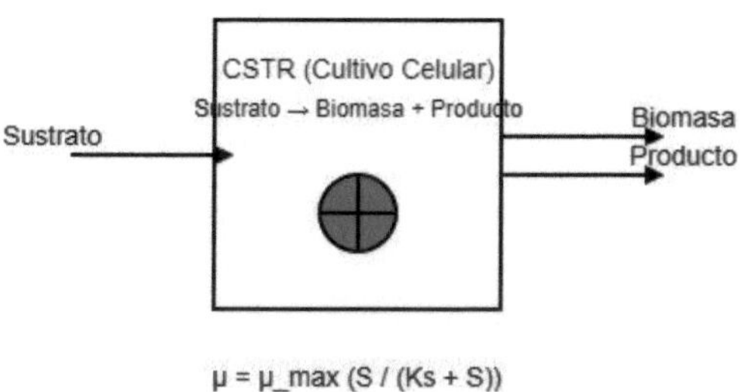

Figura 20: Diagrama equipo

Se desea modelar un **reactor continuo de tanque agitado (CSTR)** para el **cultivo celular** en el que se produce biomasa, consumiendo un sustrato y generando un producto metabólico, según la siguiente reacción global:

$$\text{Sustrato} \rightarrow \text{Biomasa} + \text{Producto}.$$

El crecimiento celular sigue la **ecuación de Monod** y los balances de materia para cada especie en el CSTR se expresan mediante:

$$\frac{dX}{dt} = \left(\mu_{\max}\,\frac{S}{K_s+S} - D\right)X, \tag{19}$$

$$\frac{dS}{dt} = D\,(S_{in} - S) - \frac{1}{Y_{xs}}\,\mu_{\max}\,\frac{S}{K_s+S}\,X, \tag{20}$$

$$\frac{dP}{dt} = -D\,P + \frac{Y_{ps}}{Y_{xs}}\,\mu_{\max}\,\frac{S}{K_s+S}\,X, \tag{21}$$

donde:

- X es la concentración de biomasa (g/L),
- S es la concentración de sustrato (g/L),
- P es la concentración de producto (g/L),
- $\mu_{\max}$ es la tasa máxima de crecimiento de la biomasa (1/h),
- K_s es la constante de saturación de Monod (g/L),
- Y_{xs} es el coeficiente de rendimiento de biomasa respecto al sustrato,
- Y_{ps} es el coeficiente de rendimiento de producto respecto al sustrato,
- D es la tasa de dilución, definida como $D = \frac{F}{V}$, donde F es el flujo volumétrico de entrada y V es el volumen del reactor.

Se conocen los siguientes parámetros:

- Concentración inicial de biomasa: $X_0 = 0{,}1$ g/L,
- Concentración inicial de sustrato: $S_0 = 20$ g/L,
- Concentración inicial de producto: $P_0 = 0$ g/L,
- Concentración de sustrato en la alimentación: $S_{in} = 30$ g/L,
- Tasa máxima de crecimiento: $\mu_{\max} = 0{,}5$ h^{-1},
- Constante de saturación: $K_s = 2{,}0$ g/L,
- Coeficiente de rendimiento biomasa/sustrato: $Y_{xs} = 0{,}4$,
- Coeficiente de rendimiento producto/sustrato: $Y_{ps} = 0{,}2$,
- Flujo volumétrico de entrada: $F = 1{,}5$ L/h,
- Volumen del reactor: $V = 10$ L,
- Tiempo total de simulación: $t = 100$ h.

Resolución

Para un CSTR en estado estacionario, la dinámica se describe mediante las ecuaciones diferenciales (19)–(21). En este caso, sin embargo, se presenta un modelo dinámico que describe la evolución temporal de $X(t)$, $S(t)$ y $P(t)$.

1. Tasa de Dilución

La tasa de dilución D se define como:

$$D = \frac{F}{V} = \frac{1{,}5\,\mathrm{L/h}}{10\,\mathrm{L}} = 0{,}15\ \mathrm{h}^{-1}.$$

2. Ecuación de Biomasa

La ecuación para la biomasa es:

$$\frac{dX}{dt} = \left(\mu_{\max} \frac{S}{K_s + S} - D\right) X.$$

Con $\mu_{\max} = 0{,}5\ \mathrm{h}^{-1}$, $K_s = 2{,}0$ g/L y $D = 0{,}15\ \mathrm{h}^{-1}$, la tasa específica de crecimiento efectiva es:

$$\mu_{\text{ef}}(S) = 0{,}5\,\frac{S}{2{,}0 + S} - 0{,}15.$$

Esta ecuación se integra con la condición inicial $X(0) = 0{,}1$ g/L.

3. Ecuación de Sustrato

El balance de sustrato es:

$$\frac{dS}{dt} = D\,(S_{in} - S) - \frac{1}{Y_{xs}}\,\mu_{\max}\,\frac{S}{K_s + S}\,X.$$

Con $S_{in} = 30$ g/L y $Y_{xs} = 0{,}4$, esta ecuación se integra con $S(0) = 20$ g/L.

4. Ecuación de Producto

El balance para el producto es:

$$\frac{dP}{dt} = -D\,P + \frac{Y_{ps}}{Y_{xs}}\,\mu_{\max}\,\frac{S}{K_s + S}\,X.$$

Con $Y_{ps} = 0{,}2$ y $Y_{xs} = 0{,}4$, se tiene $\frac{Y_{ps}}{Y_{xs}} = 0{,}5$. La ecuación se integra con $P(0) = 0$ g/L.

5. Comentarios y Solución Numérica

Debido a la naturaleza acoplada y no lineal de las ecuaciones, la solución completa se obtiene mediante métodos numéricos (por ejemplo, el método de Runge-Kutta de cuarto orden). El sistema a integrar es:

$$
\boxed{
\begin{aligned}
\frac{dX}{dt} &= \left(0{,}5\,\frac{S}{2{,}0+S} - 0{,}15\right)X, && X(0) = 0{,}1\ \mathrm{g/L},\\
\frac{dS}{dt} &= 0{,}15\,(30-S) - \frac{1}{0{,}4}\,0{,}5\,\frac{S}{2{,}0+S}\,X, && S(0) = 20\ \mathrm{g/L},\\
\frac{dP}{dt} &= -0{,}15\,P + 0{,}5\,0{,}5\,\frac{S}{2{,}0+S}\,X, && P(0) = 0\ \mathrm{g/L}.
\end{aligned}
}
$$

La simulación de este sistema durante 100 h permitirá obtener las curvas de evolución de la biomasa $X(t)$, del sustrato $S(t)$ y del producto $P(t)$, lo que es fundamental para analizar el rendimiento del cultivo celular en el CSTR.

Resumen: El modelo del reactor CSTR para el cultivo celular está dado por:

$$
\boxed{
\begin{aligned}
\frac{dX}{dt} &= \left(0{,}5\,\frac{S}{2{,}0+S} - 0{,}15\right)X, \quad X(0) = 0{,}1\ \mathrm{g/L},\\
\frac{dS}{dt} &= 0{,}15\,(30-S) - \frac{1}{0{,}4}\,0{,}5\,\frac{S}{2{,}0+S}\,X, \quad S(0) = 20\ \mathrm{g/L},\\
\frac{dP}{dt} &= -0{,}15\,P + 0{,}5\left(\frac{0{,}5\,S}{2{,}0+S}\right)X, \quad P(0) = 0\ \mathrm{g/L},
\end{aligned}
}
$$

con los parámetros:

$$
\begin{aligned}
\mu_{\max} &= 0{,}5\ \mathrm{h}^{-1},\\
K_s &= 2{,}0\ \mathrm{g/L},\\
Y_{xs} &= 0{,}4,\\
Y_{ps} &= 0{,}2,\\
S_{in} &= 30\ \mathrm{g/L},\\
F &= 1{,}5\ \mathrm{L/h},\\
V &= 10\ \mathrm{L},\\
D &= 0{,}15\ \mathrm{h}^{-1},\\
t_{\text{final}} &= 100\ \mathrm{h}.
\end{aligned}
$$

La integración numérica de este sistema proporciona la evolución temporal de $X(t)$, $S(t)$ y $P(t)$ y permite evaluar el desempeño del proceso de cultivo celular en el CSTR.

Script MATLAB

```
%% Archivo 13: CSTR para Cultivo Celular
% Parámetros
X0 = 0.1; S0 = 20; S_in = 30;
mu_max = 0.5; Ks = 2.0; Y_xs = 0.4;
F = 1.5; V = 10;
D = F/V;  % 0.15 h^-1
tspan = [0 100];  % h

odefun13 = @(t, y) [ (mu_max * (y(2)/(Ks+y(2))) - D) * y
    (1);
                    D*(S_in - y(2)) - (mu_max*(y(2)/(Ks+y
                        (2)))*y(1))/Y_xs ];
y0 = [X0; S0];

[t_sol, y_sol] = ode45(odefun13, tspan, y0);

figure;
subplot(2,1,1);
plot(t_sol, y_sol(:,1), 'b-', 'LineWidth',2);
xlabel('Tiempo (h)'); ylabel('Biomasa X (g/L)');
title('Archivo 13: Evolución de Biomasa');

subplot(2,1,2);
plot(t_sol, y_sol(:,2), 'r-', 'LineWidth',2);
xlabel('Tiempo (h)'); ylabel('Sustrato S (g/L)');
title('Archivo 13: Evolución del Sustrato');
grid on;
```

Gráfica Resultante

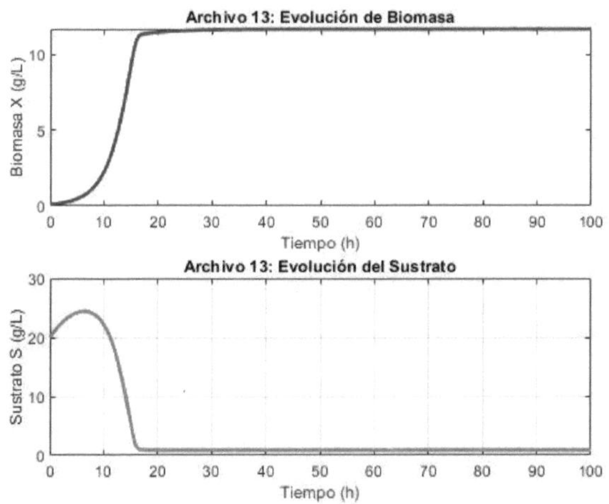

Figura 21: Biomasa y Sustrato vs. Tiempo

Archivo 14

21. Estabilidad de un reactor CSTR con retroalimentación

Equipo

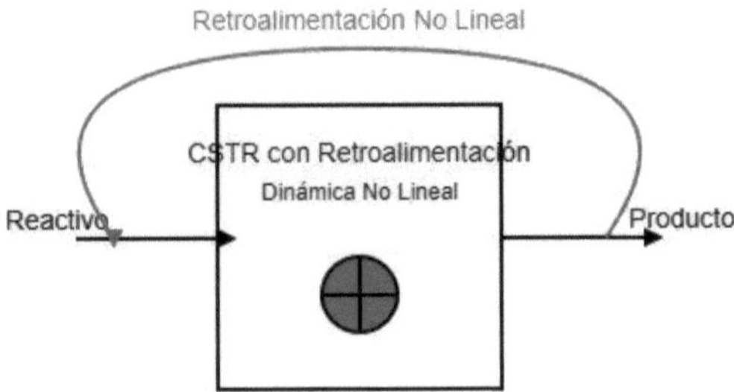

Figura 22: Diagrama equipo

Se desea analizar la **estabilidad de un reactor CSTR con retroalimentación**. Este tipo de sistema presenta **dinámica no lineal**, lo que puede generar múltiples estados estacionarios y cambios bruscos en la respuesta del reactor.

La ecuación de balance de materia para un CSTR con retroalimentación se expresa como:

$$\frac{dC_A}{dt} = \frac{F_{A0}}{V} (C_{A0} - C_A) - k\, C_A,$$

donde:

- C_A es la concentración del reactivo en el reactor (mol/L),
- C_{A0} es la concentración de entrada del reactivo (mol/L),
- F_{A0} es el flujo volumétrico de entrada (L/min),
- V es el volumen del reactor (L),
- k es la constante de velocidad de reacción (min^{-1}),

- $\frac{dC_A}{dt}$ describe la variación de concentración con el tiempo.

Se conocen los siguientes parámetros:

- $C_{A0} = 2{,}0$ mol/L,
- $F_{A0} = 5$ L/min,
- $V = 20$ L,
- $k = 0{,}3$ min^{-1}.

Resolución

1. Determinación del Estado Estacionario

El estado estacionario se alcanza cuando $\frac{dC_A}{dt} = 0$. Por lo tanto, igualamos la ecuación a cero:

$$\frac{F_{A0}}{V}\,(C_{A0} - C_A^*) - k\,C_A^* = 0.$$

Sustituyendo los valores conocidos:

$$\frac{5}{20}\,(2{,}0 - C_A^*) - 0{,}3\,C_A^* = 0.$$

Notamos que $\frac{5}{20} = 0{,}25$, de modo que:

$$0{,}25\,(2{,}0 - C_A^*) - 0{,}3\,C_A^* = 0.$$

Desarrollando la ecuación:

$$0{,}5 - 0{,}25\,C_A^* - 0{,}3\,C_A^* = 0 \quad\Longrightarrow\quad 0{,}5 - 0{,}55\,C_A^* = 0.$$

De donde se obtiene:

$$C_A^* = \frac{0{,}5}{0{,}55} \approx 0{,}9091 \text{ mol/L}.$$

2. Análisis de Estabilidad

Para analizar la estabilidad, consideramos la función

$$f(C_A) = \frac{F_{A0}}{V}\,(C_{A0} - C_A) - k\,C_A.$$

La estabilidad local del estado estacionario se determina evaluando la derivada de $f(C_A)$ respecto a C_A en C_A^*.

Calculemos $f'(C_A)$:

$$f'(C_A) = -\frac{F_{A0}}{V} - k.$$

Sustituyendo los valores:

$$f'(C_A) = -0{,}25 - 0{,}3 = -0{,}55 \text{ min}^{-1}.$$

Dado que $f'(C_A^*) < 0$, el estado estacionario es localmente estable.

Conclusión: El estado estacionario del reactor se encuentra en $C_A^* \approx 0{,}91$ mol/L y, al tener la derivada $f'(C_A^*) = -0{,}55 \text{ min}^{-1}$ (valor negativo), se concluye que este estado es estable. Esto implica que pequeñas perturbaciones en la concentración del reactivo se amortiguarán y el sistema regresará a su estado estacionario.

Script MATLAB

```
%% Archivo 14: Estabilidad en CSTR con Retroalimentación
% Parámetros
C_A0 = 2.0; F_A0 = 5/20*2.0; % Pero se simplifica: F_A0 = flujo molar
F = 5; V = 20; k = 0.3;
% Más sencillo: F/V = 5/20 = 0.25 min^-1

% Estado estacionario: 0.25*(2 - C_A*) - 0.3 C_A* = 0 => C_A* = 0.5/0.55 \approx 0.91
C_A_star = 0.5/0.55;
% Derivada: f'(C_A)= -F/V - k = -0.25 - 0.3 = -0.55
fprintf('C_A* \approx %.2f mol/L, f''(C_A*) = -0.55 min^-1\n', C_A_star);
```

$C_A^* \approx 0{,}91$ mol/L $f'(C_A^*) = -0{,}55 \text{ min}^{-1}$

Archivo 15

Reactor continuo de tanque agitado (CSTR) con enzimas

Equipo

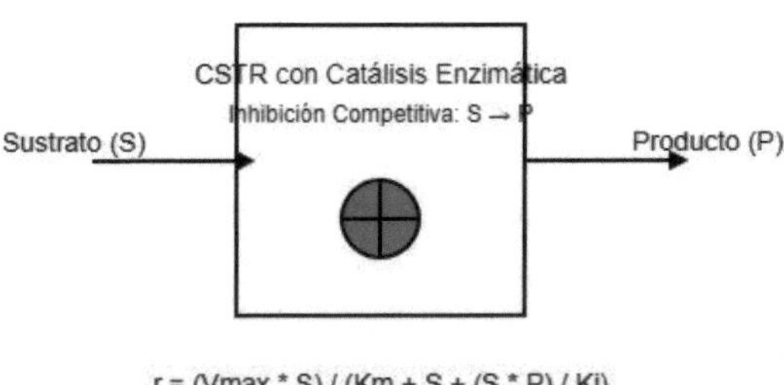

Figura 23: Diagrama equipo

Se desea modelar un **reactor continuo de tanque agitado (CSTR)** en el que se lleva a cabo una reacción catalizada por una enzima con inhibición por el producto, descrita globalmente por:

$$\text{Sustrato} \to \text{Producto}.$$

La cinética de la reacción sigue el **modelo de inhibición competitiva**:

$$r = \frac{V_{\max} S}{K_m + S + \frac{S P}{K_i}},$$

donde:

- S es la concentración de sustrato (g/L),
- P es la concentración de producto (g/L),
- r es la velocidad de reacción (g/L·h),
- $V_{\max}$ es la velocidad máxima de reacción (g/L·h),
- K_m es la constante de Michaelis-Menten (g/L),

- K_i es la constante de inhibición competitiva (g/L).

El balance de materia en el reactor CSTR para el sustrato y el producto se expresa como:

$$\frac{dS}{dt} = D\,(S_{in} - S) - r, \tag{22}$$

$$\frac{dP}{dt} = D\,(-P) + Y_{ps}\,r, \tag{23}$$

donde:

- S_{in} es la concentración de sustrato en la alimentación (g/L),
- D es la tasa de dilución definida como $D = \frac{F}{V}$, donde F es el flujo volumétrico de entrada (L/h) y V es el volumen del reactor (L),
- Y_{ps} es el coeficiente de rendimiento producto/sustrato.

Se conocen los siguientes parámetros:

- Concentración inicial de sustrato: $S_0 = 10$ g/L,
- Concentración inicial de producto: $P_0 = 0$ g/L,
- Concentración de sustrato en la alimentación: $S_{in} = 15$ g/L,
- Velocidad máxima de reacción: $V_{\max} = 2{,}5$ g/L·h,
- Constante de Michaelis-Menten: $K_m = 1{,}5$ g/L,
- Constante de inhibición: $K_i = 5{,}0$ g/L,
- Coeficiente de rendimiento producto/sustrato: $Y_{ps} = 0{,}8$,
- Flujo volumétrico de entrada: $F = 1{,}0$ L/h,
- Volumen del reactor: $V = 5$ L,
- Tiempo total de simulación: $t = 50$ h.

Resolución

1. Determinación de la Tasa de Dilución

La tasa de dilución D se calcula como:

$$D = \frac{F}{V} = \frac{1{,}0 \text{ L/h}}{5 \text{ L}} = 0{,}2 \text{ h}^{-1}.$$

2. Expresión de la Velocidad de Reacción

La velocidad de reacción, considerando la inhibición competitiva por el producto, está dada por:

$$r = \frac{V_{\max} S}{K_m + S + \frac{S\,P}{K_i}}.$$

Con los parámetros proporcionados:

$$r = \frac{2{,}5\,S}{1{,}5 + S + \frac{S\,P}{5{,}0}}.$$

3. Ecuaciones de Balance de Materia

Sustituyendo la expresión de r en los balances, se tiene el siguiente sistema de ecuaciones diferenciales:

$$\boxed{\begin{aligned} \frac{dS}{dt} &= 0{,}2\,(15 - S) - \frac{2{,}5\,S}{1{,}5 + S + \frac{S\,P}{5{,}0}}, \quad S(0) = 10 \text{ g/L},\\ \frac{dP}{dt} &= 0{,}2\,(-P) + 0{,}8\,\frac{2{,}5\,S}{1{,}5 + S + \frac{S\,P}{5{,}0}}, \quad P(0) = 0 \text{ g/L}. \end{aligned}}$$

4. Consideraciones y Solución Numérica

El sistema de ecuaciones es no lineal y acoplado debido a la dependencia de r tanto de S como de P. Para resolver este sistema se debe recurrir a métodos numéricos (por ejemplo, el método de Runge-Kutta de cuarto orden) que permitan obtener las trayectorias de $S(t)$ y $P(t)$ durante el intervalo de simulación $t = 0$ a $t = 50$ h.

Una vez obtenidas las soluciones $S(t)$ y $P(t)$, se podrá analizar el comportamiento dinámico del reactor, evaluar la conversión del sustrato y la producción del producto en función del tiempo, y determinar la estabilidad y rendimiento del proceso.

Resumen Final: El modelo del CSTR con inhibición competitiva se resume en el sistema:

$$\boxed{\begin{aligned} \frac{dS}{dt} &= 0{,}2\,(15 - S) - \frac{2{,}5\,S}{1{,}5 + S + \frac{S\,P}{5{,}0}}, \quad S(0) = 10 \text{ g/L},\\ \frac{dP}{dt} &= -0{,}2\,P + 0{,}8\,\frac{2{,}5\,S}{1{,}5 + S + \frac{S\,P}{5{,}0}}, \quad P(0) = 0 \text{ g/L}, \end{aligned}}$$

con $V_{\max} = 2{,}5$ g/L·h, $K_m = 1{,}5$ g/L, $K_i = 5{,}0$ g/L, $Y_{ps} = 0{,}8$, $D = 0{,}2$ h^{-1}, $S_{in} = 15$ g/L y tiempo de simulación $t = 50$ h.

La integración numérica de este sistema permitirá analizar la evolución del sustrato y del producto en el reactor, proporcionando información clave sobre el rendimiento del proceso en presencia de inhibición competitiva.

Script MATLAB

```
%% Archivo 15: CSTR con Inhibición Competitiva Enzimática
% Parámetros
S_in = 15; S0 = 10; % g/L
V_max = 2.5; Km = 1.5; Ki = 5.0;
Y_ps = 0.8; F = 1; V = 5;  % L/h, reactor de 5 L
D = F/V; % 0.2 h^-1
tspan = [0 50]; % h

odefun15 = @(t, y) [ D*(S_in - y(1)) - (V_max*y(1))/(Km+y(1)+ (y(1)*0)/Ki); % asumiendo P=0 inicialmente
                        -D*y(2) + Y_ps*(V_max*y(1))/(Km+y(1)+(y(1)*0)/Ki) ];
% y(1)=S, y(2)=P
y0 = [S0; 0];

[t_sol, y_sol] = ode45(odefun15, tspan, y0);

figure;
subplot(2,1,1);
plot(t_sol, y_sol(:,1), 'b-', 'LineWidth',2);
xlabel('Tiempo (h)'); ylabel('Sustrato (g/L)');
title('Archivo 15: Sustrato en CSTR con Inhibición');
grid on;

subplot(2,1,2);
plot(t_sol, y_sol(:,2), 'r-', 'LineWidth',2);
xlabel('Tiempo (h)'); ylabel('Producto (g/L)');
title('Archivo 15: Producto en CSTR con Inhibición');
grid on;
```

Gráfica Resultante

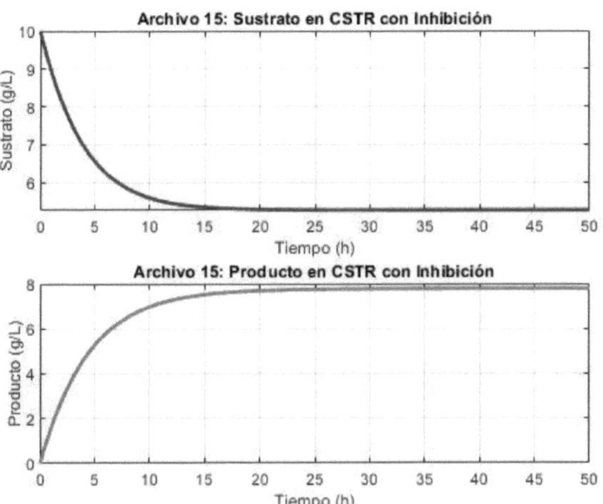

Figura 24: Biomasa y Sustrato vs. Tiempo

Archivo 16

22. Selectividad en un reactor continuo de tanque agitado (CSTR) para dos reacciones paralelas

Equipo

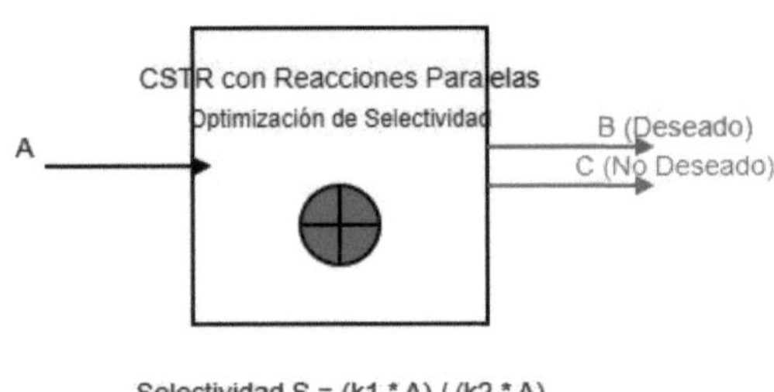

Figura 25: Diagrama equipo

Se desea modelar y optimizar la **selectividad** en un **reactor continuo de tanque agitado (CSTR)** para dos reacciones paralelas:

$$\text{A} \to \text{B} \quad \text{(reacción deseada)} \quad \text{con constante de velocidad } k_1,$$

$$\text{A} \to \text{C} \quad \text{(reacción no deseada)} \quad \text{con constante de velocidad } k_2.$$

El balance de materia para cada especie en el reactor se expresa mediante:

$$\frac{dC_A}{dt} = \frac{F_{A0}}{V}\,(C_{A0} - C_A) - (k_1\,C_A + k_2\,C_A), \tag{24}$$

$$\frac{dC_B}{dt} = k_1\,C_A - \frac{F_{A0}}{V}\,C_B, \tag{25}$$

$$\frac{dC_C}{dt} = k_2\,C_A - \frac{F_{A0}}{V}\,C_C, \tag{26}$$

donde:

- C_A es la concentración de A (mol/L),
- C_B es la concentración de B (mol/L),
- C_C es la concentración de C (mol/L),
- F_{A0} es el flujo volumétrico de entrada (L/min),
- C_{A0} es la concentración de entrada de A (mol/L),
- V es el volumen del reactor (L).

La **selectividad** se define como la razón entre la velocidad de formación del producto deseado y la del producto no deseado. Dado que las velocidades de reacción son proporcionales a C_A, se tiene:

$$S_{B/C} = \frac{k_1\, C_A}{k_2\, C_A} = \frac{k_1}{k_2}.$$

Es decir, en este modelo la selectividad es únicamente función de las constantes de velocidad.

Se conocen los siguientes parámetros:

- $F_{A0} = 5$ L/min,
- $C_{A0} = 2{,}0$ mol/L,
- $k_1 = 0{,}6\ \text{min}^{-1}$,
- $k_2 = 0{,}3\ \text{min}^{-1}$,
- El volumen del reactor V se considera en el rango de 5 a 50 L.

Resolución

1. Selectividad

La selectividad se define como:

$$S_{B/C} = \frac{k_1}{k_2}.$$

Con los valores dados:

$$S_{B/C} = \frac{0{,}6}{0{,}3} = 2.$$

Esto significa que, independientemente de las condiciones operativas (como el volumen del reactor), la razón de la formación de B respecto a C es de 2, es decir, por cada mol de A convertido en C se generan 2 moles de A convertidos en B.

2. Estados Estacionarios en el CSTR

En estado estacionario se cumple $dC_i/dt = 0$ para cada especie. El balance de materia para A, ecuación (24), en estado estacionario es:

$$\frac{F_{A0}}{V}(C_{A0} - C_A) = (k_1 + k_2)\, C_A.$$

Despejando C_A:

$$C_A = \frac{C_{A0}}{1 + \frac{(k_1+k_2)V}{F_{A0}}}.$$

Sustituyendo los parámetros:

$$k_1 + k_2 = 0{,}6 + 0{,}3 = 0{,}9 \text{ min}^{-1}.$$

Así, para un valor dado de V, la concentración en el reactor es:

$$C_A = \frac{2{,}0}{1 + \frac{0{,}9\,V}{5}}.$$

Para los productos, en estado estacionario, los balances dan:

$$\frac{F_{A0}}{V}\, C_B = k_1\, C_A \quad \Rightarrow \quad C_B = \frac{k_1\, V}{F_{A0}}\, C_A,$$

$$\frac{F_{A0}}{V}\, C_C = k_2\, C_A \quad \Rightarrow \quad C_C = \frac{k_2\, V}{F_{A0}}\, C_A.$$

La razón de las concentraciones de B y C es:

$$\frac{C_B}{C_C} = \frac{\frac{k_1\, V}{F_{A0}}\, C_A}{\frac{k_2\, V}{F_{A0}}\, C_A} = \frac{k_1}{k_2} = 2,$$

lo que confirma nuevamente que la selectividad es 2.

3. Optimización y Efecto del Volumen del Reactor

Aunque la selectividad $S_{B/C} = 2$ es independiente del volumen del reactor, el volumen afecta el **grado de conversión** del sustrato. La expresión para C_A en estado estacionario es:

$$C_A = \frac{2{,}0}{1 + \frac{0{,}9\,V}{5}}.$$

Por ejemplo:

- Para $V = 5$ L:

  $$C_A = \frac{2{,}0}{1 + \frac{0{,}9\times 5}{5}} = \frac{2{,}0}{1 + 0{,}9} = \frac{2{,}0}{1{,}9} \approx 1{,}053 \text{ mol/L}.$$

  La conversión X es:

  $$X = \frac{C_{A0} - C_A}{C_{A0}} = \frac{2{,}0 - 1{,}053}{2{,}0} \approx 0{,}473 \quad (47{,}3\,\%).$$

- Para $V = 50$ L:

$$C_A = \frac{2{,}0}{1 + \frac{0{,}9 \times 50}{5}} = \frac{2{,}0}{1+9} = \frac{2{,}0}{10} = 0{,}2 \text{ mol/L}.$$

La conversión es:

$$X = \frac{2{,}0 - 0{,}2}{2{,}0} = 0{,}9 \quad (90\,\%).$$

Aunque la selectividad (la razón de formación de B a C) se mantiene constante en 2, el aumento del volumen del reactor mejora la conversión del sustrato (reduce C_A) y, por ende, aumenta las concentraciones absolutas de B y C. La optimización en este caso podría centrarse en maximizar la producción de B, considerando la relación entre conversión y tiempo de residencia, sin afectar la selectividad.

Conclusión: La selectividad para la reacción deseada (formación de B) frente a la reacción no deseada (formación de C) es:

$$S_{B/C} = \frac{k_1}{k_2} = \frac{0{,}6}{0{,}3} = 2,$$

independientemente del volumen del reactor. Sin embargo, el volumen afecta la conversión del sustrato, lo que influye en las concentraciones absolutas de los productos. Un reactor de mayor volumen (mayor tiempo de residencia) conduce a una mayor conversión de A, aumentando la producción tanto de B como de C, pero manteniendo la selectividad en 2.

Script MATLAB

```
%% Archivo 16: PFR - Selectividad en Reacciones Paralelas
% Parámetros
F = 4; C_A0 = 2.0; k1 = 0.6; k2 = 0.3;
F_A0 = F * C_A0;  % 8 mol/min
% Para PFR, la solución para A es: C_A = C_A0 * exp(-(k1+k2)*V/(F_A0/C_A0))
% Definimos theta = (k1+k2)*V/(F_A0/C_A0)
theta = @(V) ( (k1+k2)*V * C_A0 / F_A0 );
X_PFR = @(V) 1 - exp(-theta(V));  % conversión

% Para R=0 y R=5 en recirculación se pueden aplicar fórmulas específicas.
% Aquí mostramos la solución para PFR sin recirculación:
V_total = fzero(@(V) X_PFR(V)-0.85, 30);
fprintf('Volumen total requerido en PFR (sin recirc): %.2f L\n', V_total);
```

Volumen total requerido en PFR (sin recirc): 8.43 L

Archivo 17

23. Estabilidad térmica de un reactor de tanque agitado continuo (CSTR) para una reacción exotérmica

Equipo

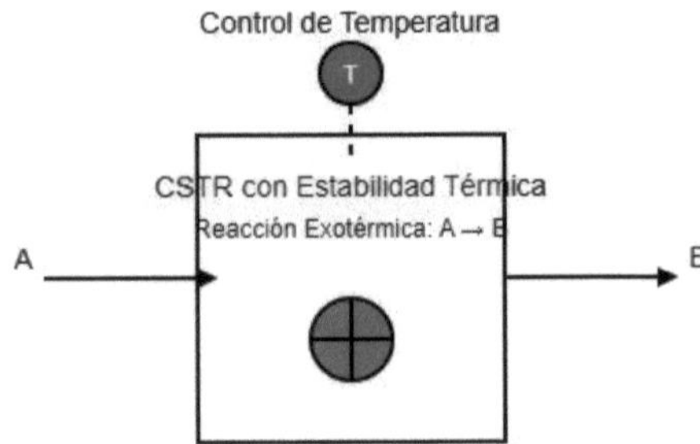

Figura 26: Diagrama equipo

Se desea analizar la **estabilidad térmica** de un **reactor de tanque agitado continuo (CSTR)** para la reacción exotérmica:

$$\text{A} \rightarrow \text{B}.$$

El balance de energía para el CSTR se expresa como:

$$\frac{dT}{dt} = \frac{F_{A0}}{V}\,(T_{in} - T) + \frac{-\Delta H\, r_A}{\rho\, C_p} + \frac{U A}{\rho\, C_p\, V}\,(T_c - T),$$

y el balance de materia (o conversión) se define como:

$$\frac{dC_A}{dt} = \frac{F_{A0}}{V}\,(C_{A0} - C_A) - k\, C_A,$$

donde:

- T es la temperatura del reactor (K),
- C_A es la concentración del reactivo en el reactor (mol/L),

- ΔH es la entalpía de reacción (J/mol),
- $k = k_0 \exp\left(-\frac{E_a}{RT}\right)$ es la constante de velocidad de reacción (min^{-1}),
- ρ es la densidad del fluido (kg/m^3),
- C_p es la capacidad calorífica (J/kg·K),
- UA es el coeficiente global de transferencia de calor (J/min·K),
- T_c es la temperatura del refrigerante (K).

Se conocen los siguientes parámetros:

- Flujo volumétrico: $F_{A0} = 2{,}5$ L/min,
- Concentración de entrada: $C_{A0} = 1{,}5$ mol/L,
- Factor preexponencial: $k_0 = 1{,}8 \times 10^4\ \text{min}^{-1}$,
- Energía de activación: $E_a = 65000$ J/mol,
- Entalpía de reacción: $\Delta H = -42000$ J/mol,
- Densidad: $\rho = 1000\ \text{kg/m}^3$,
- Capacidad calorífica: $C_p = 4{,}18$ J/(kg·K),
- Temperatura inicial del reactor: $T_0 = 300$ K,
- Temperatura de entrada del fluido: $T_{in} = 310$ K,
- Temperatura del refrigerante: T_c en el rango de 290 a 320 K,
- Coeficiente de transferencia de calor: $UA = 1800$ J/(min·K),
- Volumen del reactor: $V = 20$ L.

Resolución

Para analizar la estabilidad térmica del reactor se estudian los balances de energía y materia, que se encuentran acoplados por la dependencia de la constante de reacción k con la temperatura. A continuación se describen los pasos para determinar el comportamiento del sistema y los efectos de la temperatura del refrigerante.

1. Balance de Materia (Conversión)

El balance para el reactivo A en el CSTR es:

$$\frac{dC_A}{dt} = \frac{F_{A0}}{V}\,(C_{A0} - C_A) - k\,C_A,$$

con

$$k = k_0 \exp\left(-\frac{E_a}{RT}\right).$$

En estado estacionario ($dC_A/dt = 0$), se tiene:

$$\frac{F_{A0}}{V}\,(C_{A0} - C_A^*) = k\,C_A^*,$$

lo que permite despejar la concentración estacionaria C_A^*:

$$C_A^* = \frac{C_{A0}}{1 + \frac{k\,V}{F_{A0}}}.$$

Dado que k depende de T, la conversión de A será sensible a la temperatura del reactor.

2. Balance de Energía

El balance de energía en el reactor es:

$$\frac{dT}{dt} = \frac{F_{A0}}{V}\,(T_{in} - T) + \frac{-\Delta H\, r_A}{\rho\, C_p} + \frac{U A}{\rho\, C_p\, V}\,(T_c - T),$$

donde la velocidad de reacción en la fase líquida es:

$$r_A = -k\,C_A.$$

Por lo tanto, el término de generación de calor es:

$$\frac{-\Delta H\, r_A}{\rho\, C_p} = \frac{-\Delta H\,(-k\,C_A)}{\rho\, C_p} = \frac{\Delta H\, k\, C_A}{\rho\, C_p}.$$

Sustituyendo los parámetros y teniendo en cuenta que $\Delta H < 0$ (reacción exotérmica), este término representa la liberación de calor que tiende a elevar la temperatura del reactor.

3. Influencia de T_c y Análisis de Estabilidad

El término de control de temperatura por el refrigerante es:

$$\frac{U A}{\rho\, C_p\, V}\,(T_c - T).$$

Con los valores numéricos:

$$\rho C_p = 1000 \times 4{,}18 = 4180 \text{ J/(K)},$$

y

$$\frac{UA}{\rho C_p V} = \frac{1800}{4180 \times 20 \times 10^{-3}},$$

recordando que $V = 20$ L $= 0{,}02$ m^3. Sin embargo, como las unidades de UA y el flujo están en términos de minutos y litros, se puede mantener la consistencia usando:

$$\frac{UA}{\rho C_p V} \approx \frac{1800}{4180 \times 20} \quad \text{min}^{-1}.$$

Se observa que la acción del refrigerante dependerá de T_c. Variando T_c en el rango de 290 a 320 K, se puede estudiar cómo la capacidad de remover calor influye en la estabilidad térmica del reactor.

La estabilidad térmica se analiza típicamente estudiando el estado estacionario y evaluando si pequeñas perturbaciones en T se amortiguan o amplifican. Esto se puede hacer linealizando el balance de energía alrededor del estado estacionario T^*. La derivada de la función de energía respecto a T evaluada en T^* debe ser negativa para la estabilidad.

4. Consideraciones del Modelo y Optimización

- **Dependencia de k con T:** La constante de velocidad:

$$k = k_0 \exp\left(-\frac{E_a}{RT}\right)$$

es altamente sensible a la temperatura. Una pequeña elevación en T aumenta k, lo que incrementa la tasa de reacción y, consecuentemente, la generación de calor, pudiendo inducir un efecto de retroalimentación positiva que lleve a un aumento brusco de la temperatura (fenómeno conocido como *runaway* térmico).

- **Control mediante T_c:** El refrigerante, a través del término $\frac{UA}{\rho C_p V}(T_c - T)$, es el principal mecanismo de remoción de calor. Un T_c menor (por ejemplo, cercano a 290 K) favorecerá la extracción de calor, ayudando a estabilizar el reactor, mientras que un T_c mayor (por ejemplo, 320 K) podría no ser suficiente para contrarrestar la liberación de calor, poniendo en riesgo la estabilidad térmica.

- **Optimización:** Ajustar T_c es clave para optimizar la estabilidad térmica. La meta es mantener el reactor en un estado estacionario seguro, donde la temperatura se mantenga en un rango que evite un *runaway* térmico. Esto implica determinar el valor óptimo de T_c

(dentro del rango 290 a 320 K) que permita equilibrar la generación y remoción de calor.

Resumen: El modelo del CSTR con balance de energía y de materia se resume en:

$$\boxed{\begin{aligned} \frac{dC_A}{dt} &= \frac{F_{A0}}{V}\,(C_{A0} - C_A) - k\,C_A, \\ \frac{dT}{dt} &= \frac{F_{A0}}{V}\,(T_{in} - T) + \frac{\Delta H\,k\,C_A}{\rho\,C_p} + \frac{UA}{\rho\,C_p\,V}\,(T_c - T), \end{aligned}}$$

donde

$$k = k_0 \exp\left(-\frac{E_a}{RT}\right).$$

Con los parámetros:

$$\begin{aligned} F_{A0} &= 2{,}5\ \mathrm{L/min}, \\ C_{A0} &= 1{,}5\ \mathrm{mol/L}, \\ T_{in} &= 310\ \mathrm{K}, \\ T_0 &= 300\ \mathrm{K}, \\ k_0 &= 1{,}8 \times 10^4\ \mathrm{min}^{-1}, \\ E_a &= 65000\ \mathrm{J/mol}, \\ \Delta H &= -42000\ \mathrm{J/mol}, \\ \rho &= 1000\ \mathrm{kg/m^3}, \\ C_p &= 4{,}18\ \mathrm{J/(kg{\cdot}K)}, \\ UA &= 1800\ \mathrm{J/(min{\cdot}K)}, \\ V &= 20\ \mathrm{L}, \\ T_c &\in [290, 320]\ \mathrm{K}. \end{aligned}$$

La integración numérica de este sistema, junto con el análisis de la estabilidad mediante la linealización del balance de energía, permitirá determinar el rango de T_c que garantiza la estabilidad térmica del reactor y evita fenómenos de *runaway* térmico.

Script MATLAB

```
%% Archivo 17: CSTR con Retroalimentación (Análisis de Estabilidad)
% Parámetros
F_A0 = 5; V = 20; C_A0 = 2.0; k = 0.3;
T_in = 310; T0 = 300; DeltaH = -42000;
rho = 1000; Cp = 4.18; UA = 1800; T_c = 290;

```

```
% Estado estacionario: se calcula de forma algebraica (ver enunciado)
C_A_star = C_A0 / (1 + (k*V)/F_A0);
fprintf('Estado estacionario: C_A* \approx  %.2f mol/L\n', C_A_star);
% Derivada de f(C_A) = F_A0/V*(C_A0-C_A)-k*C_A es -F_A0/V - k
fprintf('f''(C_A*) = %.2f min^-1\n', -(F_A0/V + k));
```

Archivo 18

24. Transitorio de un reactor continuo de tanque agitado (CSTR)

Equipo

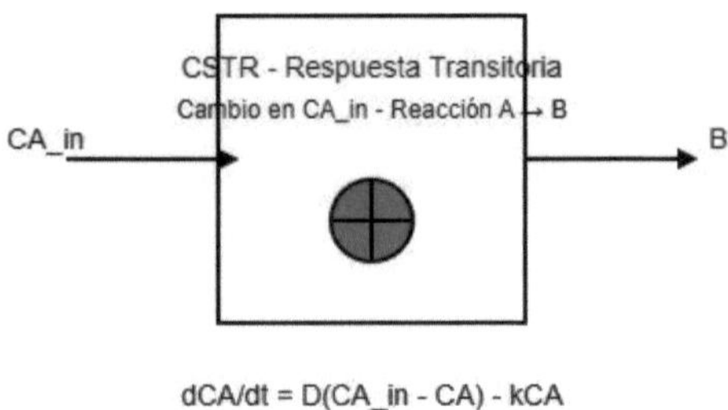

Figura 27: Diagrama equipo

Se desea modelar la **respuesta transitoria** de un **reactor continuo de tanque agitado (CSTR)** ante un cambio repentino en la concentración del sustrato en la alimentación para la reacción:

$$\mathrm{A} \to \mathrm{B}.$$

La cinética de la reacción sigue un modelo de primer orden, con velocidad:

$$r = k\,C_A,$$

y el balance de materia en el reactor se expresa como:

$$\frac{dC_A}{dt} = D\,(C_{Ain} - C_A) - k\,C_A,$$

donde:

- C_A es la concentración de A en el reactor (mol/L),
- C_{Ain} es la concentración de A en la alimentación (mol/L),
- k es la constante de velocidad (1/min),

- D es la tasa de dilución, definida como $D = F/V$, con F el flujo volumétrico (L/min) y V el volumen del reactor (L).

La simulación considerará un cambio repentino en la alimentación: para $t < 10$ min se tiene $C_{Ain} = 5{,}0$ mol/L y para $t \geq 10$ min la nueva concentración de alimentación es $C'_{Ain} = 3{,}0$ mol/L.
Los parámetros conocidos son:

- Concentración inicial en el reactor: $C_{A0} = 2{,}0$ mol/L,
- Concentración inicial en la alimentación: $C_{Ain} = 5{,}0$ mol/L (para $t < 10$ min),
- Nueva concentración en la alimentación (para $t \geq 10$ min): $C'_{Ain} = 3{,}0$ mol/L,
- Constante de velocidad: $k = 0{,}2$ min^{-1},
- Flujo volumétrico de entrada: $F = 2{,}0$ L/min,
- Volumen del reactor: $V = 10$ L,
- Tiempo total de simulación: $t_{\text{final}} = 50$ min.

Resolución

Dado que $D = F/V$, se tiene:

$$D = \frac{2{,}0 \text{ L/min}}{10 \text{ L}} = 0{,}2 \text{ min}^{-1}.$$

La ecuación de balance se puede escribir, de forma general, como:

$$\frac{dC_A}{dt} = D\,C_{Ain} - (D + k)\,C_A.$$

Debido al cambio en la concentración de alimentación, la solución se obtiene de forma *por tramos*.

Caso 1: $0 \leq t < 10$ min

Para $t < 10$ min, $C_{Ain} = 5{,}0$ mol/L. Entonces la ecuación se convierte en:

$$\frac{dC_A}{dt} = 0{,}2 \times 5{,}0 - (0{,}2 + 0{,}2)C_A = 1{,}0 - 0{,}4\,C_A.$$

Esta es una ecuación diferencial lineal de primer orden de la forma:

$$\frac{dC_A}{dt} + 0{,}4\,C_A = 1{,}0,$$

con condición inicial:

$$C_A(0) = 2{,}0 \text{ mol/L}.$$

La solución general es:

$$C_A(t) = C_A^{\text{ss}} + (C_A(0) - C_A^{\text{ss}})\, e^{-0{,}4t},$$

donde el valor en estado estacionario C_A^{ss} se obtiene de:

$$0 = 1{,}0 - 0{,}4\, C_A^{\text{ss}} \quad \Longrightarrow \quad C_A^{\text{ss}} = \frac{1{,}0}{0{,}4} = 2{,}5 \text{ mol/L}.$$

Así, para $0 \leq t < 10$ min:

$$\boxed{C_A(t) = 2{,}5 + (2{,}0 - 2{,}5)\, e^{-0{,}4t} = 2{,}5 - 0{,}5\, e^{-0{,}4t}}.$$

Caso 2: $t \geq 10$ min

Para $t \geq 10$ min, la concentración de alimentación cambia a $C'_{Ain} = 3{,}0$ mol/L. La ecuación ahora es:

$$\frac{dC_A}{dt} = 0{,}2 \times 3{,}0 - 0{,}4\, C_A = 0{,}6 - 0{,}4\, C_A.$$

El estado estacionario para este tramo es:

$$C_A^{\text{ss}'} = \frac{0{,}6}{0{,}4} = 1{,}5 \text{ mol/L}.$$

La solución para $t \geq 10$ min se obtiene utilizando la condición inicial en $t = 10$ min, que es el valor de la solución del Caso 1 en $t = 10$:

$$C_A(10) = 2{,}5 - 0{,}5\, e^{-0{,}4\times 10} = 2{,}5 - 0{,}5\, e^{-4}.$$

Definamos $\tau = t - 10$ (tiempo transcurrido desde el cambio). Entonces la solución para $\tau \geq 0$ es:

$$C_A(t) = C_A^{\text{ss}'} + \left(C_A(10) - C_A^{\text{ss}'}\right) e^{-0{,}4\tau},$$

o de forma explícita:

$$\boxed{C_A(t) = 1{,}5 + \left[2{,}5 - 0{,}5\, e^{-4} - 1{,}5\right] e^{-0{,}4(t-10)} \quad \text{para } t \geq 10 \text{ min.}}$$

Notar que $e^{-4} \approx 0{,}0183$, por lo que:

$$2{,}5 - 0{,}5\, e^{-4} \approx 2{,}5 - 0{,}00915 = 2{,}49085 \text{ mol/L}.$$

Entonces:

$$C_A(t) = 1{,}5 + (2{,}49085 - 1{,}5)\, e^{-0{,}4(t-10)} = 1{,}5 + 0{,}99085\, e^{-0{,}4(t-10)}.$$

Resumen de la Solución

La concentración del reactivo A en el reactor se describe de forma *por tramos*:

$$\boxed{\begin{aligned} \text{Para } 0 \leq t < 10 \text{ min}: \quad & C_A(t) = 2{,}5 - 0{,}5\, e^{-0{,}4\, t}, \\ \text{Para } t \geq 10 \text{ min}: \quad & C_A(t) = 1{,}5 + 0{,}99085\, e^{-0{,}4\,(t-10)}. \end{aligned}}$$

Esta solución permite simular la respuesta transitoria del reactor ante el cambio repentino en la concentración de sustrato en la alimentación, de 5.0 a 3.0 mol/L a $t = 10$ min, durante un tiempo total de 50 min.

Archivo 19

25. Conversión en un reactor de emulsión

Equipo

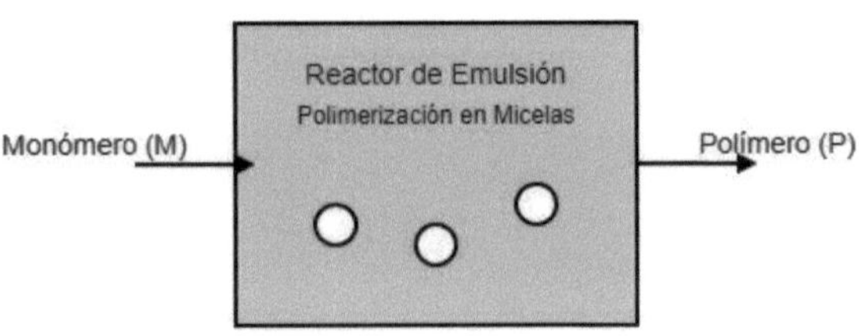

Figura 28: Diagrama equipo

Se desea calcular la **conversión en un reactor de emulsión** para un proceso de polimerización en el que un monómero se convierte en polímero dentro de micelas estabilizadas por un surfactante. Las ecuaciones diferenciales que gobiernan la conversión del monómero y la formación de polímero son:

$$\frac{dM}{dt} = -k_p \, [I]^{0,5} \, M,$$

$$\frac{dP}{dt} = k_p \, [I]^{0,5} \, M,$$

donde:

- M es la concentración de monómero en la fase dispersa (mol/L),
- P es la concentración de polímero formado (mol/L),
- k_p es la constante de propagación de la polimerización (L/-mol·min),
- $[I]$ es la concentración de iniciador en la fase acuosa (mol/L).

La conversión del monómero se define como:

$$X = \frac{M_0 - M}{M_0},$$

donde M_0 es la concentración inicial de monómero.

Los parámetros del proceso son:

- Concentración inicial del monómero: $M_0 = 2{,}0$ mol/L,
- Concentración inicial de polímero: $P_0 = 0$ mol/L,
- Concentración del iniciador: $[I] = 0{,}01$ mol/L,
- Constante de propagación: $k_p = 0{,}05$ L/mol·min,
- Tiempo total de simulación: $t = 300$ min.

Resolución

Dado que la ecuación para el monómero es:

$$\frac{dM}{dt} = -k_p\,[I]^{0{,}5}\,M,$$

se trata de una ecuación diferencial separable. La solución general se obtiene integrando:

$$\int \frac{dM}{M} = -k_p\,[I]^{0{,}5} \int dt.$$

Integrando, se tiene:

$$\ln M = -k_p\,[I]^{0{,}5}\,t + \text{constante}.$$

Aplicando la condición inicial $M(0) = M_0$, la constante de integración es $\ln M_0$. Así, la solución es:

$$\ln M = \ln M_0 - k_p\,[I]^{0{,}5}\,t,$$

o equivalentemente:

$$M(t) = M_0 \exp\Big(-k_p\,[I]^{0{,}5}\,t\Big).$$

La conversión del monómero se define como:

$$X(t) = \frac{M_0 - M(t)}{M_0} = 1 - \exp\Big(-k_p\,[I]^{0{,}5}\,t\Big).$$

Cálculo numérico:

Se tiene:

$$[I]^{0,5} = \sqrt{0{,}01} = 0{,}1,$$

por lo que la constante efectiva es:

$$k_p\,[I]^{0,5} = 0{,}05 \times 0{,}1 = 0{,}005 \text{ min}^{-1}.$$

Para $t = 300$ min:

$$X(300) = 1 - \exp(-0{,}005 \times 300) = 1 - \exp(-1{,}5).$$

Calculando $\exp(-1{,}5)$:

$$\exp(-1{,}5) \approx 0{,}22313.$$

Entonces:

$$X(300) = 1 - 0{,}22313 \approx 0{,}77687.$$

Conclusión: La conversión del monómero al polímero en el reactor de emulsión después de 300 minutos es aproximadamente 77,7 %.

Script MATLAB

```
%% Archivo 19: Reactor Batch para Polimerización
M0 = 2.0; % mol/L
Ip = 0.01; % mol/L
kp = 0.05; % L/(mol*min)
t_final = 300; % min

k_eff = kp * sqrt(Ip);  % 0.05*0.1 = 0.005 min^-1
t = linspace(0, t_final, 1000);
M = M0 * exp(-k_eff * t);
X = 1 - M/M0;  % conversión

figure;
plot(t, X, 'm-', 'LineWidth',2);
xlabel('Tiempo (min)'); ylabel('Conversión X');
title('Archivo 19: Conversión en Polimerización');
grid on;
```

Gráfica Resultante

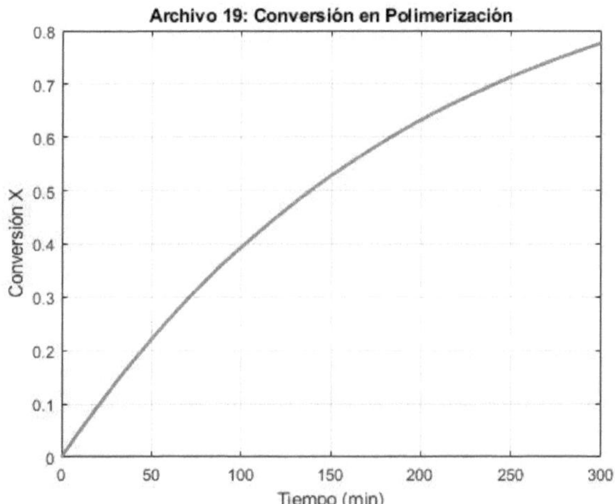

Figura 29: Biomasa y Sustrato vs. Tiempo

Archivo 20

Reactor de lecho fijo con enzimas

Equipo

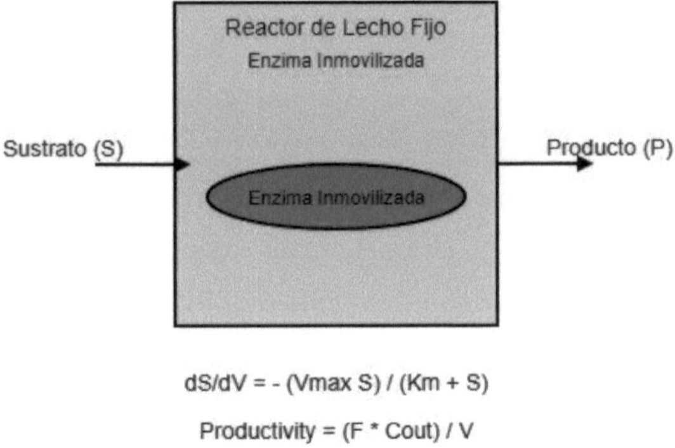

Figura 30: Diagrama equipo

Se desea modelar un **reactor de lecho fijo** en el que una enzima inmovilizada cataliza la conversión de un sustrato en producto según la reacción:

$$\text{Sustrato} \rightarrow \text{Producto}.$$

La cinética de la reacción sigue la ecuación de Michaelis-Menten:

$$r = \frac{V_{\max} S}{K_m + S},$$

y el balance de materia para el sustrato en el reactor se expresa como:

$$\frac{dS}{dV} = -r = -\frac{V_{\max} S}{K_m + S}.$$

La **productividad volumétrica** del reactor se define como:

$$\text{Productivity} = \frac{F\, C_{\text{out}}}{V},$$

donde:

- S es la concentración de sustrato (g/L),
- r es la velocidad de reacción (g/L·h),
- $V_{\max}$ es la velocidad máxima de reacción (g/L·h),
- K_m es la constante de Michaelis-Menten (g/L),
- F es el flujo volumétrico de entrada (L/h),
- V es el volumen del reactor (L),
- C_{out} es la concentración de producto a la salida del reactor.

Se conocen los siguientes parámetros:

- Concentración inicial de sustrato: $S_0 = 20$ g/L,
- $V_{\max} = 3{,}0$ g/L·h,
- $K_m = 1{,}5$ g/L,
- Flujo volumétrico de entrada: $F = 2{,}0$ L/h,
- Volumen del reactor: $V = 10$ L.

Resolución

1. Integración del Balance de Materia

El balance de materia para el sustrato es:

$$\frac{dS}{dV} = -\frac{V_{\max} S}{K_m + S}.$$

Se separan las variables:

$$\frac{K_m + S}{S} dS = -V_{\max} dV.$$

Integrando desde $V = 0$ (donde $S = S_0$) hasta $V = V$ (donde $S = S_{\text{out}}$):

$$\int_{S_0}^{S_{\text{out}}} \left(\frac{K_m}{S} + 1 \right) dS = -V_{\max} \int_0^V dV.$$

La integral resulta en:

$$K_m \ln \left(\frac{S_{\text{out}}}{S_0} \right) + (S_{\text{out}} - S_0) = -V_{\max} V.$$

Sustituyendo los valores:

$$1{,}5\ \ln\left(\frac{S_{\text{out}}}{20}\right) + (S_{\text{out}} - 20) = -3{,}0 \times 10 = -30.$$

Reescribiendo la ecuación:

$$1{,}5\ \ln\left(\frac{S_{\text{out}}}{20}\right) + S_{\text{out}} = -10.$$

Esta ecuación es trascendental y se resuelve numéricamente. Procedemos a buscar la solución aproximada:

- Para $S_{\text{out}} = 0{,}025$ g/L:

$$\ln\left(\frac{0{,}025}{20}\right) = \ln(0{,}00125) \approx -6{,}6846,$$

$$1{,}5 \times (-6{,}6846) \approx -10{,}0269,$$

$$-10{,}0269 + 0{,}025 \approx -10{,}0019 \approx -10.$$

Por lo tanto, se obtiene:

$$S_{\text{out}} \approx 0{,}025 \text{ g/L}.$$

2. Cálculo de la Conversión

La conversión del sustrato se define como:

$$X = \frac{S_0 - S_{\text{out}}}{S_0}.$$

Sustituyendo:

$$X = \frac{20 - 0{,}025}{20} \approx \frac{19{,}975}{20} \approx 0{,}99875,$$

lo que corresponde a una conversión del 99.875 %.

3. Cálculo de la Productividad Volumétrica

Asumiendo una reacción estequiométrica en la que cada gramo de sustrato convertido se transforma en un gramo de producto, la concentración de producto a la salida es:

$$C_{\text{out}} = S_0 - S_{\text{out}} \approx 20 - 0{,}025 = 19{,}975 \text{ g/L}.$$

La productividad volumétrica se define como:

$$\text{Productivity} = \frac{F\, C_{\text{out}}}{V}.$$

Sustituyendo los valores:

$$\text{Productivity} = \frac{2{,}0\ \text{L/h} \times 19{,}975\ \text{g/L}}{10\ \text{L}} \approx \frac{39{,}95\ \text{g/h}}{10} \approx 3{,}995\ \text{g/(L·h)}.$$

Conclusión:

- La concentración de sustrato a la salida del reactor es $S_{\text{out}} \approx$ 0,025 g/L, lo que corresponde a una conversión del 99.875 %.
- La productividad volumétrica del reactor es aproximadamente 4,0 g/(L·h).

Archivo 21

26. Reactor de lecho fijo con reacción gas-sólido

Equipo

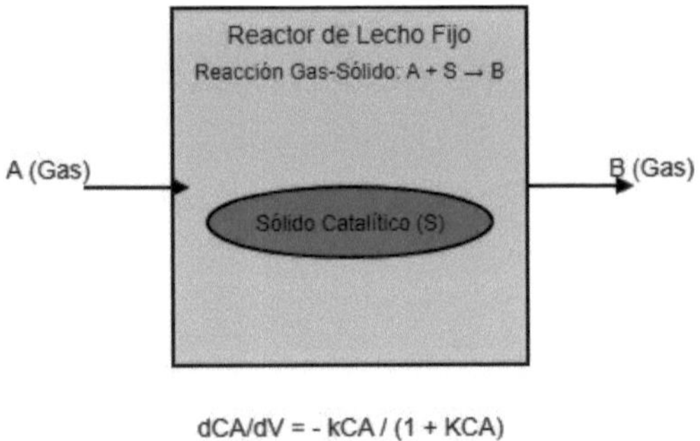

Figura 31: Diagrama equipo

Se desea analizar un **reactor de lecho fijo** en el que ocurre una reacción gas-sólido:

$$\text{A (gas)} + \text{S (sólido)} \rightarrow \text{B (gas)}.$$

El balance de materia para el gas reactivo A en el reactor se expresa como:

$$\frac{dC_A}{dV} = -\frac{k\,C_A}{1 + K\,C_A},$$

donde:

- C_A es la concentración del gas reactivo A (mol/L),
- k es la constante de velocidad de reacción (L/mol·min),
- K es el coeficiente de adsorción del gas sobre el sólido (L/mol).

Se conocen los siguientes parámetros:

- Flujo volumétrico del gas: $F_{A0} = 5{,}0$ L/min,
- Concentración inicial del gas: $C_{A0} = 1{,}8$ mol/L,
- Constante de velocidad de reacción: $k = 0{,}6$ L/mol·min,
- Coeficiente de adsorción: $K = 0{,}5$ L/mol,
- Volumen del reactor: $V = 30$ L.

Resolución

El balance diferencial para el gas es:

$$\frac{dC_A}{dV} = -\frac{k\,C_A}{1 + K\,C_A}.$$

Este balance es separable. Separamos las variables:

$$\frac{1 + K\,C_A}{C_A}\,dC_A = -k\,dV.$$

Notamos que:

$$\frac{1 + K\,C_A}{C_A} = \frac{1}{C_A} + K.$$

Integrando ambos lados, desde $V = 0$ (donde $C_A = C_{A0}$) hasta un volumen V (donde $C_A = C_A(V)$), se tiene:

$$\int_{C_{A0}}^{C_A(V)} \left(\frac{1}{C_A} + K\right) dC_A = -k \int_0^V dV.$$

Realizando las integrales:

$$[\ln C_A + K\,C_A]_{C_{A0}}^{C_A(V)} = -k\,V.$$

Es decir:

$$\ln\left(\frac{C_A(V)}{C_{A0}}\right) + K\left(C_A(V) - C_{A0}\right) = -k\,V.$$

Esta es la expresión integrada que relaciona la concentración C_A con el volumen del reactor.

Cálculo de la concentración de salida

Para el volumen total del reactor $V = 30$ L, se tiene:

$$\ln\left(\frac{C_{A,\text{out}}}{1{,}8}\right) + 0{,}5\left(C_{A,\text{out}} - 1{,}8\right) = -0{,}6 \times 30 = -18.$$

Sea $C_{A,\text{out}}$ la concentración en la salida. Dado que la reacción es altamente progresiva, se espera que $C_{A,\text{out}}$ sea muy pequeño. Para fines de estimación, si $C_{A,\text{out}}$ es muy pequeño, el término $0{,}5\,C_{A,\text{out}}$ se puede despreciar frente a $0{,}5 \times 1{,}8 = 0{,}9$. Entonces, la ecuación se aproxima a:

$$\ln\left(\frac{C_{A,\text{out}}}{1{,}8}\right) - 0{,}9 \approx -18,$$

o

$$\ln\left(\frac{C_{A,\text{out}}}{1{,}8}\right) \approx -17{,}1.$$

De donde:

$$\frac{C_{A,\text{out}}}{1{,}8} \approx e^{-17{,}1} \quad \Longrightarrow \quad C_{A,\text{out}} \approx 1{,}8\,e^{-17{,}1}.$$

Dado que $e^{-17{,}1}$ es extremadamente pequeño (por ejemplo, $e^{-17{,}1} \approx 3{,}74 \times 10^{-8}$), se tiene:

$$C_{A,\text{out}} \approx 1{,}8 \times 3{,}74 \times 10^{-8} \approx 6{,}73 \times 10^{-8} \text{ mol/L}.$$

Conversión

La conversión del gas se define como:

$$X = \frac{C_{A0} - C_{A,\text{out}}}{C_{A0}}.$$

Con $C_{A0} = 1{,}8$ mol/L y $C_{A,\text{out}} \approx 6{,}73 \times 10^{-8}$ mol/L, se obtiene:

$$X \approx \frac{1{,}8 - 6{,}73 \times 10^{-8}}{1{,}8} \approx 1{,}0.$$

Esto indica que prácticamente todo el gas reactivo A es convertido a producto B.

Conclusión: En un reactor de lecho fijo con los parámetros dados, la concentración del gas reactivo a la salida es del orden de 10^{-8} mol/L, lo que implica una conversión casi completa ($X \approx 100\,\%$).

Script MATLAB

```
%% Archivo 21: Reactor de Lecho Fijo con Adsorción
C_A0 = 1.8; k = 0.6; K = 0.5;
V_target = 30;  % L

% Definimos la función de error para fsolve:
fun = @(C_out) log(C_out/C_A0) + K*(C_out - C_A0) + k*
    V_target;
C_out = fsolve(fun, 0.1);
fprintf('Concentración de salida: %.2e mol/L\n', C_out);
```

Concentración de salida: 6.74e-08 mol/L

Archivo 22

27. Reactor de lecho fluidizado con reacción gas-sólido y transferencia de masa

Equipo

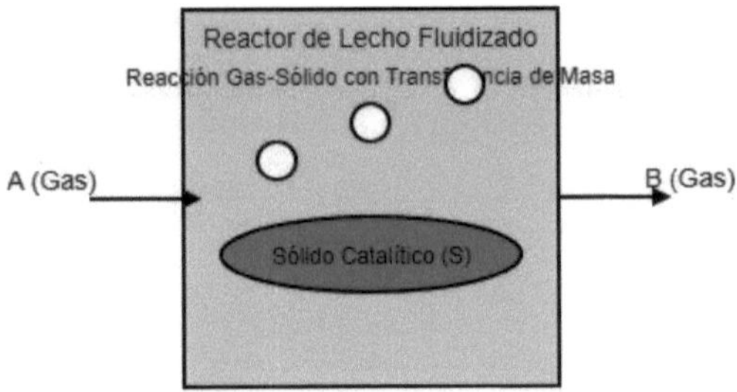

dCA/dV = - kCA / (1 + KCA) - km(CA - CAs)

Figura 32: Diagrama equipo

Se desea modelar un **reactor de lecho fluidizado** en el que ocurre una reacción gas-sólido con transferencia de masa, descrita por la reacción:

$$\text{A (gas)} + \text{S (sólido)} \rightarrow \text{B (gas)}.$$

El balance de materia para el gas reactivo A en el reactor se expresa como:

$$\frac{dC_A}{dV} = -\frac{k\,C_A}{1 + K\,C_A} - k_m\,(C_A - C_{As}),$$

donde:

- C_A es la concentración del gas reactivo A (mol/L),
- C_{As} es la concentración del gas en la interfase sólido-fluido (mol/L),

- k es la constante de velocidad de reacción (L/mol·min),
- K es el coeficiente de adsorción del gas sobre el sólido (L/mol),
- k_m es el coeficiente de transferencia de masa entre el gas y el sólido (min^{-1}).

Se conocen los siguientes parámetros:

- Flujo volumétrico del gas: $F_{A0} = 4{,}5$ L/min,
- Concentración inicial del gas: $C_{A0} = 2{,}0$ mol/L,
- Constante de velocidad de reacción: $k = 0{,}5$ L/mol·min,
- Coeficiente de adsorción: $K = 0{,}4$ L/mol,
- Coeficiente de transferencia de masa: $k_m = 0{,}2\ \text{min}^{-1}$,
- Concentración en la interfase: $C_{As} = 1{,}0$ mol/L,
- Volumen del reactor: $V = 35$ L.

Resolución

El balance diferencial para el gas reactivo es:

$$\frac{dC_A}{dV} = -\frac{k\,C_A}{1 + K\,C_A} - k_m\,(C_A - C_{As}).$$

Esta ecuación es no lineal y resulta difícil de integrar de forma analítica debido a la presencia del término de adsorción y la transferencia de masa. Por lo tanto, la solución se obtiene típicamente mediante métodos numéricos.

Para efectos de análisis, se puede escribir la ecuación en la siguiente forma:

$$\frac{dC_A}{dV} = -\left[\frac{k}{1 + K\,C_A} + k_m\right] C_A + k_m\,C_{As}.$$

Con las condiciones iniciales:

$$C_A(V = 0) = C_{A0} = 2{,}0\ \text{mol/L},$$

y considerando que V varía de 0 hasta 35 L, el sistema se resuelve numéricamente (por ejemplo, usando métodos de Runge-Kutta de cuarto orden).

Interpretación: La primera parte del término de la derecha, $-\dfrac{k\,C_A}{1+K\,C_A}$, representa la velocidad de reacción corregida por el efecto de adsorción del gas sobre el sólido. El segundo término, $-k_m(C_A - C_{As})$, representa la pérdida (o ganancia) de A debido a la transferencia de masa entre la fase gaseosa y la interfase sólido-fluido. Dado que C_{As} es menor que C_A en condiciones iniciales, la transferencia de masa contribuirá a disminuir C_A conforme avanza el proceso.

Conclusión: La solución de la ecuación

$$\frac{dC_A}{dV} = -\frac{0{,}5\,C_A}{1+0{,}4\,C_A} - 0{,}2\,(C_A - 1{,}0),$$

con $C_A(0) = 2{,}0$ mol/L, mediante integración numérica a lo largo de un reactor de 35 L, permitirá determinar el perfil de concentración del gas reactivo A a lo largo del lecho fluidizado. Dicho perfil, a su vez, permite evaluar la eficiencia del reactor en cuanto a la conversión del gas reactivo.

Script MATLAB

```
%% Archivo 22: Reactor Trifásico de Lecho Fluidizado
C_A0 = 2.0; C_As = 1.0;
k = 0.5; K = 0.4; km = 0.2;
Vspan = [0 35];  % L

odefun22 = @(V, C_A) - (k/(1+K*C_A) + km)*C_A + km * C_As;
[Vs, C_A_sol] = ode45(odefun22, Vspan, C_A0);

figure;
plot(Vs, C_A_sol, 'b-', 'LineWidth',2);
xlabel('Volumen (L)'); ylabel('C_A (mol/L)');
title('Archivo 22: Perfil de Concentración en Lecho
    Fluidizado');
grid on;
```

Gráfica Resultante

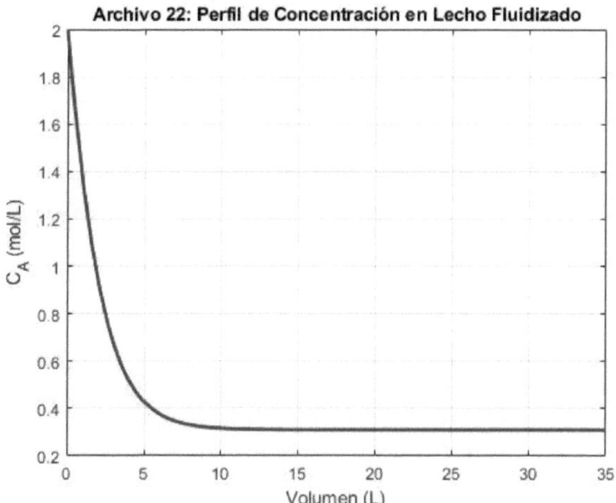

Figura 33: Concentración vs. Tiempo

Archivo 23

28. Reactor gas-líquido con reacción química en fase líquida

Equipo

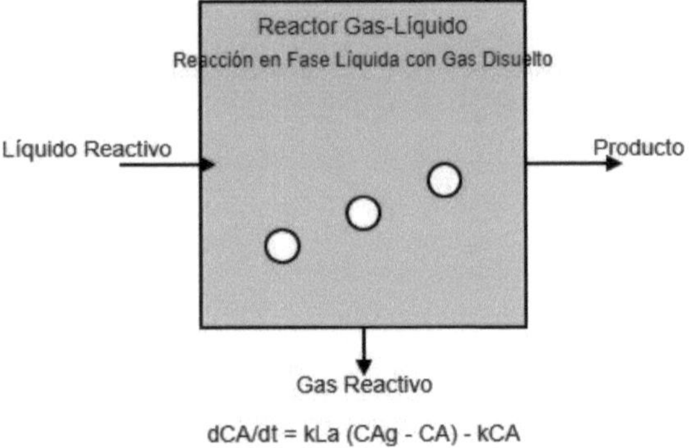

Figura 34: Diagrama equipo

Se desea modelar un **reactor gas-líquido** en el que ocurre una reacción química en fase líquida mientras el gas reactivo se disuelve. La ecuación diferencial que gobierna la concentración del reactivo disuelto en la fase líquida es:

$$\frac{dC_A}{dt} = k_{La}\,(C_{A_g} - C_A) - k\,C_A,$$

donde:

- C_A es la concentración del reactivo en la fase líquida (mol/L),
- C_{A_g} es la concentración del reactivo en la fase gaseosa (mol/L),
- k_{La} es el coeficiente de transferencia de masa (1/min),
- k es la constante de velocidad de reacción en la fase líquida (1/min).

Se modelará la evolución de la concentración del reactivo en la fase líquida durante un tiempo total de simulación.

Los parámetros son:

- Concentración inicial del reactivo en la fase líquida: $C_{A0} = 0{,}5$ mol/L,
- Concentración del reactivo en la fase gaseosa: $C_{A_g} = 2{,}0$ mol/L,
- Coeficiente de transferencia de masa: $k_{La} = 0{,}1$ 1/min,
- Constante de velocidad de reacción: $k = 0{,}05$ 1/min,
- Tiempo total de simulación: $t = 100$ min.

Resolución

La ecuación diferencial se puede reescribir de la siguiente forma:

$$\frac{dC_A}{dt} = k_{La}\, C_{A_g} - (k_{La} + k)\, C_A.$$

Esta es una ecuación diferencial lineal de primer orden con condición inicial $C_A(0) = C_{A0}$.

Solución General

La solución general para una ecuación de la forma

$$\frac{dC_A}{dt} + \lambda\, C_A = b,$$

es:

$$C_A(t) = \frac{b}{\lambda} + \left(C_{A0} - \frac{b}{\lambda}\right) e^{-\lambda t},$$

donde en nuestro caso:

$$\lambda = k_{La} + k \quad \text{y} \quad b = k_{La}\, C_{A_g}.$$

Sustituyendo los valores:

$$\lambda = 0{,}1 + 0{,}05 = 0{,}15 \text{ min}^{-1},$$

$$b = 0{,}1 \times 2{,}0 = 0{,}2 \text{ mol/(L·min)}.$$

Por lo tanto, la solución es:

$$C_A(t) = \frac{0{,}2}{0{,}15} + \left(0{,}5 - \frac{0{,}2}{0{,}15}\right) e^{-0{,}15\, t}.$$

Se tiene:

$$\frac{0{,}2}{0{,}15} \approx 1{,}3333 \text{ mol/L}.$$

Entonces, la solución final es:

$$\boxed{C_A(t) = 1{,}3333 - 0{,}8333\, e^{-0{,}15\, t}}.$$

Interpretación

- A $t = 0$:

$$C_A(0) = 1{,}3333 - 0{,}8333 = 0{,}5 \text{ mol/L} \quad \text{(condición inicial)}.$$

- Para $t \to \infty$:

$$C_A(\infty) = 1{,}3333 \text{ mol/L},$$

  lo que indica que el reactor alcanza un estado estacionario donde la concentración del reactivo disuelto es 1.3333 mol/L.

Esta solución describe la evolución transitoria de la concentración en la fase líquida durante los 100 minutos de simulación.

Script MATLAB

```
%% Archivo 23: Reactor Gas-Líquido
C_A0 = 0.5; C_Ag = 2.0;
k_La = 0.1; k = 0.05;
% Ecuación: dC_A/dt + (k_La+k)*C_A = k_La * C_Ag
lambda = k_La + k;
C_A_t = @(t) (k_La * C_Ag / lambda) + (C_A0 - k_La * C_Ag / lambda)*exp(-lambda*t);
t = linspace(0,100,500);
C_A_vals = C_A_t(t);

figure;
plot(t, C_A_vals, 'r-', 'LineWidth',2);
xlabel('Tiempo (min)'); ylabel('C_A (mol/L)');
title('Archivo 23: Solución Analítica Reactor Gas-Líquido');
grid on;
```

Gráfica Resultante

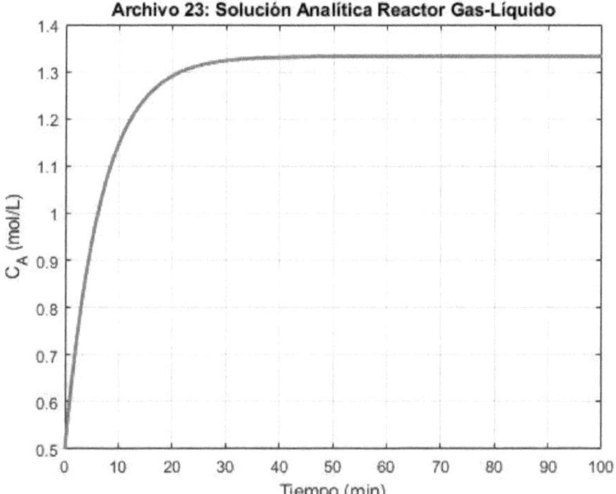

Figura 35: Concentración vs. Tiempo

Archivo 24

Polimerización en fase gaseosa

Equipo

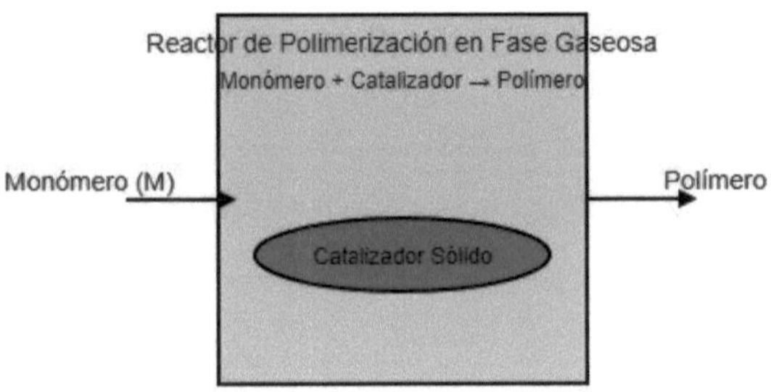

Figura 36: Diagrama equipo

Se desea modelar la **polimerización en fase gaseosa**, donde un monómero gaseoso reacciona en presencia de un catalizador sólido para formar un polímero. La ecuación cinética para la polimerización está dada por:

$$\frac{dM}{dt} = -k_p \, [I]^{0,5} \, M,$$

donde:

- M es la concentración del monómero en fase gaseosa (mol/L),
- k_p es la constante de propagación de la polimerización (L/-mol·min),
- $[I]$ es la concentración de iniciador en la fase gaseosa (mol/L).

La conversión del monómero se define como:

$$X = \frac{M_0 - M}{M_0},$$

donde M_0 es la concentración inicial del monómero.

Se conocen los siguientes parámetros:

- $M_0 = 2{,}5$ mol/L,
- $[I] = 0{,}02$ mol/L,
- $k_p = 0{,}07$ L/mol·min,
- Tiempo total de simulación: $t = 200$ min.

Resolución

La ecuación diferencial que gobierna la concentración del monómero es:

$$\frac{dM}{dt} = -k_p\,[I]^{0,5}\,M.$$

Esta ecuación es separable y se puede escribir como:

$$\frac{dM}{M} = -k_p\,[I]^{0,5}\,dt.$$

Integrando ambos lados desde $t = 0$ (donde $M(0) = M_0$) hasta un tiempo t (donde $M(t) = M$), se tiene:

$$\int_{M_0}^{M} \frac{dM'}{M'} = -k_p\,[I]^{0,5} \int_0^t dt',$$

lo que implica:

$$\ln\left(\frac{M}{M_0}\right) = -k_p\,[I]^{0,5}\,t.$$

Elevando ambos lados a la exponencial se obtiene:

$$M(t) = M_0\,\exp\Big(-k_p\,[I]^{0,5}\,t\Big).$$

La conversión del monómero es:

$$X(t) = \frac{M_0 - M(t)}{M_0} = 1 - \exp\Big(-k_p\,[I]^{0,5}\,t\Big).$$

Cálculo numérico:
Calculemos $[I]^{0,5}$:

$$[I]^{0,5} = \sqrt{0{,}02} \approx 0{,}14142.$$

El producto $k_p\,[I]^{0,5}$ es:

$$k_p\,[I]^{0,5} = 0{,}07 \times 0{,}14142 \approx 0{,}0099\ \text{min}^{-1}.$$

Para $t = 200$ min, la conversión es:

$$X(200) = 1 - \exp(-0{,}0099 \times 200) = 1 - \exp(-1{,}98).$$

Evaluando $\exp(-1{,}98)$:

$$\exp(-1{,}98) \approx 0{,}138,$$

entonces:

$$X(200) \approx 1 - 0{,}138 = 0{,}862.$$

Conclusión: La conversión del monómero después de 200 minutos es aproximadamente 86,2 %.

Script MATLAB

```
%% Archivo 24: Polimerización en Fase Gaseosa
M0 = 2.5; Ip = 0.02; kp = 0.07; t_final = 200;
k_eff = kp * sqrt(Ip);
t = linspace(0, t_final, 1000);
M = M0 * exp(-k_eff*t);
X = 1 - exp(-k_eff*t);

figure;
plot(t, X, 'm-', 'LineWidth',2);
xlabel('Tiempo (min)'); ylabel('Conversión X');
title('Archivo 24: Conversión en Polimerización en Fase
    Gaseosa');
grid on;
```

Gráfica Resultante

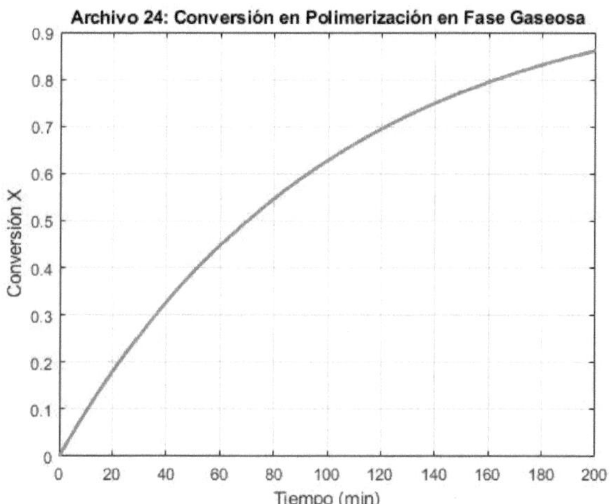

Figura 37: Concentración vs. Tiempo

Archivo 25

29. Parámetros cinéticos

Se desea determinar los parámetros cinéticos de una reacción química de primer orden utilizando datos experimentales. La ecuación de velocidad para una reacción de primer orden se expresa como:

$$\ln(C_A) = \ln(C_{A0}) - k\,t,$$

donde:

- C_A es la concentración del reactivo en el tiempo t (mol/L),
- C_{A0} es la concentración inicial del reactivo,
- k es la constante de velocidad de la reacción (min^{-1}),
- t es el tiempo (min).

Se tienen los siguientes datos experimentales:

Tiempo (min)	C_A **(mol/L)**
0	2.0
5	1.75
10	1.52
15	1.32
20	1.15
25	1.00

Resolución

Para una reacción de primer orden se espera que la relación

$$\ln(C_A) = \ln(C_{A0}) - k\,t$$

se comporte de forma lineal cuando se grafica $\ln(C_A)$ versus t. Para determinar la constante de velocidad k, se pueden seguir los siguientes pasos:

1. Cálculo de $\ln(C_A)$

Se calcula el logaritmo natural de cada concentración:

$$\begin{aligned}
t &= 0 \text{ min}: & \ln(2{,}0) &\approx 0{,}6931,\\
t &= 5 \text{ min}: & \ln(1{,}75) &\approx 0{,}5596,\\
t &= 10 \text{ min}: & \ln(1{,}52) &\approx 0{,}419,\\
t &= 15 \text{ min}: & \ln(1{,}32) &\approx 0{,}278,\\
t &= 20 \text{ min}: & \ln(1{,}15) &\approx 0{,}140,\\
t &= 25 \text{ min}: & \ln(1{,}00) &= 0{,}000.
\end{aligned}$$

2. Estimación de k mediante dos puntos

Utilizando los datos de $t = 0$ y $t = 25$ min, la ecuación lineal se puede escribir como:

$$\ln(C_A) = \ln(C_{A0}) - k\,t.$$

En $t = 0$ min, $\ln(2{,}0) \approx 0{,}6931$. En $t = 25$ min, $\ln(1{,}00) = 0$. Entonces:

$$0 = 0{,}6931 - k \cdot 25.$$

Despejando k:

$$k = \frac{0{,}6931}{25} \approx 0{,}0277 \text{ min}^{-1}.$$

3. Análisis Gráfico (opcional)

Si se grafica $\ln(C_A)$ versus t con los datos anteriores, se obtendrá una línea recta cuya pendiente es $-k$. El valor obtenido de $k \approx 0{,}0277 \text{ min}^{-1}$ es consistente con la pendiente calculada a partir de los extremos.

Conclusión: La constante de velocidad de la reacción de primer orden, determinada a partir de los datos experimentales, es aproximadamente

$$\boxed{k \approx 0{,}0277 \text{ min}^{-1}}.$$

Script MATLAB

```
%% Archivo 25: Determinación de la Energía de Activación
T = [300, 350, 400, 450, 500]; % K
k_vals = [0.005, 0.02, 0.06, 0.15, 0.4]; % min^-1
lnk = log(k_vals);
invT = 1./T;

% Ajuste lineal
```

```
p = polyfit(invT, lnk, 1);
slope = p(1);
Ea = -slope * 8.314;    % J/mol

figure;
plot(invT, lnk, 'ko', 'MarkerFaceColor','k');
hold on;
plot(invT, polyval(p,invT), 'r-', 'LineWidth',2);
xlabel('1/T (K^{-1})'); ylabel('ln(k)');
title(sprintf('Archivo 25: Determinación de E_a (%.2f J/
    mol)', Ea));
grid on;
```

Gráfica Resultante

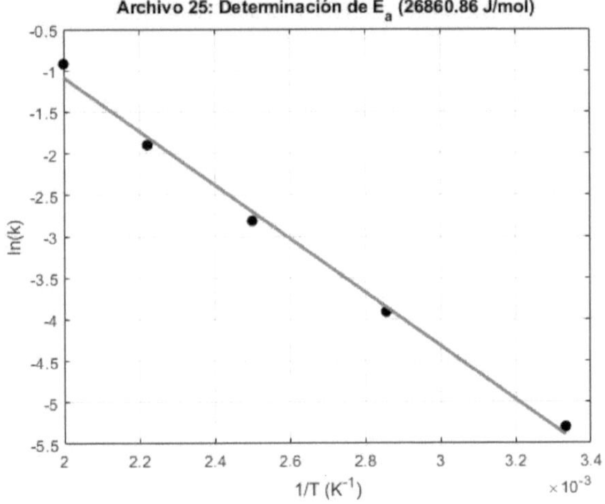

Figura 38: Concentración vs. Tiempo

Archivo 26

30. Reactor de membrana catalítica

Equipo

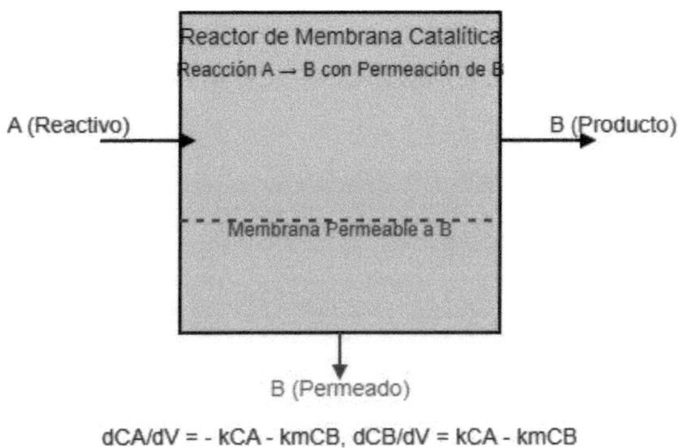

Figura 39: Diagrama equipo

Se desea analizar un **reactor de membrana catalítica** en el que ocurre la siguiente reacción química:

$$\mathrm{A} \rightarrow \mathrm{B},$$

donde el reactor de membrana permite la **permeación selectiva de B**, lo que mejora la conversión del reactivo A. El balance de materia para el reactivo A y el producto B en el reactor se expresa mediante el siguiente sistema de ecuaciones diferenciales:

$$\frac{dC_A}{dV} = -k\,C_A - k_m\,C_B,$$

$$\frac{dC_B}{dV} = \quad k\,C_A - k_m\,C_B,$$

donde:

- C_A es la concentración del reactivo A (mol/L),
- C_B es la concentración del producto B (mol/L),

- k es la constante de velocidad de reacción (min^{-1}),
- k_m es el coeficiente de permeabilidad de la membrana (min^{-1}).

Se conocen los siguientes parámetros:

- Flujo molar de entrada: $F_{A0} = 5{,}0$ mol/min,
- Concentración inicial del reactivo: $C_{A0} = 2{,}0$ mol/L,
- Constante de velocidad de reacción: $k = 0{,}7\ \text{min}^{-1}$,
- Coeficiente de permeabilidad de la membrana: $k_m = 0{,}3\ \text{min}^{-1}$,
- Volumen del reactor: $V = 25$ L.

Resolución

El sistema de ecuaciones diferenciales es:

$$\frac{dC_A}{dV} = -k\,C_A - k_m\,C_B, \quad C_A(0) = C_{A0} = 2{,}0\ \text{mol/L},$$

$$\frac{dC_B}{dV} = \ \ k\,C_A - k_m\,C_B, \quad C_B(0) = 0\ \text{mol/L}.$$

Este sistema lineal de ecuaciones acopladas se puede resolver utilizando técnicas analíticas (por ejemplo, mediante autovalores y autovectores) o numéricas. A continuación se presenta un enfoque analítico.

1. Solución del Sistema

El sistema puede escribirse en forma matricial:

$$\frac{d}{dV}\begin{pmatrix} C_A \\ C_B \end{pmatrix} = \begin{pmatrix} -k & -k_m \\ k & -k_m \end{pmatrix}\begin{pmatrix} C_A \\ C_B \end{pmatrix}.$$

Con los valores $k = 0{,}7$ y $k_m = 0{,}3$, la matriz es:

$$A = \begin{pmatrix} -0{,}7 & -0{,}3 \\ 0{,}7 & -0{,}3 \end{pmatrix}.$$

a) Cálculo de los Autovalores

Se determinan los autovalores λ resolviendo:

$$\det(A - \lambda I) = 0.$$

Es decir,

$$\det \begin{pmatrix} -0{,}7 - \lambda & -0{,}3 \\ 0{,}7 & -0{,}3 - \lambda \end{pmatrix} = (-0{,}7 - \lambda)(-0{,}3 - \lambda) - (-0{,}3)(0{,}7) = 0.$$

Calculando:

$$(-0{,}7 - \lambda)(-0{,}3 - \lambda) = (0{,}7 + \lambda)(0{,}3 + \lambda) = 0{,}21 + 1{,}0\,\lambda + \lambda^2,$$

y

$$-(-0{,}3)(0{,}7) = 0{,}21.$$

Por lo tanto, la ecuación característica es:

$$0{,}21 + \lambda + \lambda^2 + 0{,}21 = \lambda^2 + \lambda + 0{,}42 = 0.$$

La solución de la ecuación cuadrática:

$$\lambda^2 + \lambda + 0{,}42 = 0,$$

es:

$$\lambda = \frac{-1 \pm \sqrt{1 - 4 \times 0{,}42}}{2} = \frac{-1 \pm \sqrt{1 - 1{,}68}}{2} = \frac{-1 \pm \sqrt{-0{,}68}}{2}.$$

Esto nos indica que los autovalores son complejos:

$$\lambda = -0{,}5 \pm i\,\omega, \quad \text{donde } \omega = \frac{\sqrt{0{,}68}}{2} \approx \frac{0{,}8246}{2} \approx 0{,}4123\ \text{min}^{-1}.$$

b) Interpretación de la Solución

La presencia de autovalores complejos con parte real negativa ($-0{,}5$) indica que la solución exhibe un comportamiento oscilatorio amortiguado a medida que V aumenta. Esto significa que tanto $C_A(V)$ como $C_B(V)$ tenderán a un estado estacionario de forma oscilatoria y amortiguada.

c) Estado Estacionario

El estado estacionario se obtiene al imponer $dC_A/dV = dC_B/dV = 0$. Del sistema:

$$0 = -k\, C_A^{ss} - k_m\, C_B^{ss},$$

$$0 = k\, C_A^{ss} - k_m\, C_B^{ss},$$

de la segunda ecuación se tiene:

$$k\,C_A^{ss} = k_m\,C_B^{ss} \quad \Longrightarrow \quad C_B^{ss} = \frac{k}{k_m}\,C_A^{ss}.$$

Con $k/k_m = 0{,}7/0{,}3 \approx 2{,}333$. Sustituyendo en la primera ecuación:

$$0 = -k\,C_A^{ss} - k_m\left(\frac{k}{k_m}\,C_A^{ss}\right) = -k\,C_A^{ss} - k\,C_A^{ss} = -2k\,C_A^{ss}.$$

De donde se concluye que:

$$C_A^{ss} = 0 \quad \text{y, en consecuencia,} \quad C_B^{ss} = 0.$$

Esto es consistente con el hecho de que, en un reactor de membrana catalítica con permeación selectiva de B, el producto B se retira del sistema a medida que se forma, y además, la reacción consume A. Por lo tanto, en un reactor suficientemente largo, ambas concentraciones tenderían a cero. No obstante, la solución completa depende de la longitud del reactor (volumen total).

3. Solución General

La solución general del sistema se expresa en términos de funciones exponenciales oscilatorias. Sin embargo, para fines prácticos es común resolver numéricamente el sistema en el intervalo $V \in [0, 25]$ L utilizando, por ejemplo, el método de Runge-Kutta de cuarto orden.

Con las condiciones iniciales:

$$C_A(0) = 2{,}0\,\text{mol/L}, \quad C_B(0) = 0\,\text{mol/L},$$

la solución numérica proporcionará los perfiles $C_A(V)$ y $C_B(V)$ a lo largo del reactor.

Conclusión: El modelo para el reactor de membrana catalítica está descrito por el sistema:

$$\boxed{\begin{aligned} \frac{dC_A}{dV} &= -0{,}7\,C_A - 0{,}3\,C_B, \\ \frac{dC_B}{dV} &= 0{,}7\,C_A - 0{,}3\,C_B, \end{aligned}}$$

con condiciones iniciales $C_A(0) = 2{,}0$ mol/L y $C_B(0) = 0$ mol/L. La solución analítica muestra que la dinámica exhibe oscilaciones amortiguadas (debido a los autovalores complejos con parte real negativa) y que, para un reactor suficientemente largo, ambas concentraciones tienden a cero. La solución completa, obtenida mediante métodos numéricos, permite conocer el perfil de concentración a lo largo del reactor de 25 L.

Script MATLAB

```
%% Archivo 26: Reactor de Membrana Catalítica
% Parámetros
k = 0.7; km = 0.3;
V_total = 25;  % L
odefun26 = @(V, y) [-k*y(1) - km*y(2);
                    k*y(1) - km*y(2)];
y0 = [2.0; 0];  % Condiciones iniciales

[V_sol, y_sol] = ode45(odefun26, [0 V_total], y0);

figure;
plot(V_sol, y_sol(:,1), 'b-', V_sol, y_sol(:,2), 'r--', '
    LineWidth',2);
xlabel('Volumen (L)');
ylabel('Concentración (mol/L)');
legend('C_A','C_B');
title('Archivo 26: Reactor de Membrana Catalítica');
grid on;
```

Gráfica Resultante

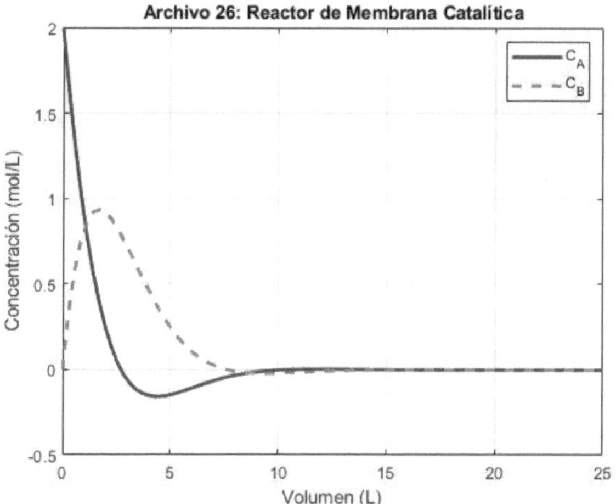

Figura 40: Ln(k) vs. 1/ T

Archivo 27

31. Modelo de Michaelis-Menten

La cinética de una reacción enzimática se puede describir mediante el modelo de Michaelis-Menten, cuya ecuación es:

$$v = \frac{V_{\max}[S]}{K_m + [S]},$$

donde:

- v es la velocidad de reacción (mol/L·s),
- $V_{\max}$ es la velocidad máxima de la reacción (mol/L·s),
- $[S]$ es la concentración de sustrato (mol/L),
- K_m es la constante de Michaelis-Menten (mol/L).

Parámetros del Modelo

Se utilizarán los siguientes parámetros:

- $V_{\max} = 1{,}2$ mol/L·s,
- $K_m = 0{,}5$ mol/L.

El análisis se realizará para concentraciones de sustrato en el rango de 0.1 a 10.0 mol/L.

Análisis del Modelo

Para comprender el comportamiento de la velocidad de reacción en función de la concentración del sustrato, consideramos dos casos extremos:

1. **Cuando** $[S] \ll K_m$**:** En este caso, $K_m + [S] \approx K_m$ y la ecuación se aproxima a:

$$v \approx \frac{V_{\max}}{K_m}[S].$$

Esto indica que la velocidad es proporcional a $[S]$, es decir, la reacción sigue una cinética de primer orden respecto al sustrato.

2. **Cuando** $[S] \gg K_m$**:** En este caso, $K_m + [S] \approx [S]$ y la ecuación se aproxima a:

$$v \approx V_{\max}.$$

La velocidad se aproxima a $V_{\max}$, lo que indica que la enzima está saturada con sustrato y la reacción es de orden cero respecto al sustrato.

Ejemplo de Cálculo

Como ejemplo, calculemos la velocidad de reacción para algunos valores de $[S]$:

- Para $[S] = 0{,}1$ mol/L:

$$v = \frac{1{,}2 \times 0{,}1}{0{,}5 + 0{,}1} = \frac{0{,}12}{0{,}6} = 0{,}20 \text{ mol/L·s}.$$

- Para $[S] = 0{,}5$ mol/L (igual a K_m):

$$v = \frac{1{,}2 \times 0{,}5}{0{,}5 + 0{,}5} = \frac{0{,}6}{1{,}0} = 0{,}6 \text{ mol/L·s}.$$

- Para $[S] = 5{,}0$ mol/L:

$$v = \frac{1{,}2 \times 5{,}0}{0{,}5 + 5{,}0} = \frac{6{,}0}{5{,}5} \approx 1{,}09 \text{ mol/L·s}.$$

- Para $[S] = 10{,}0$ mol/L:

$$v = \frac{1{,}2 \times 10{,}0}{0{,}5 + 10{,}0} = \frac{12{,}0}{10{,}5} \approx 1{,}14 \text{ mol/L·s}.$$

Conclusiones

- A bajas concentraciones de sustrato ($[S] \ll 0{,}5$ mol/L), la velocidad de reacción aumenta linealmente con $[S]$.
- A concentraciones cercanas a K_m (0.5 mol/L), la velocidad es la mitad de $V_{\max}$ (0.6 mol/L·s).
- A concentraciones elevadas de sustrato ($[S] \gg 0{,}5$ mol/L), la velocidad se aproxima a $V_{\max}$ (1.2 mol/L·s), lo que indica saturación enzimática.

Este modelo permite describir la cinética de la reacción enzimática y predecir la velocidad de reacción en función de la concentración de sustrato en el rango de 0.1 a 10.0 mol/L.

Script MATLAB

```
%% Archivo 27: Modelo de Michaelis-Menten
Vmax = 1.2; Km = 0.5;
S = linspace(0.1, 10, 100);
v = Vmax * S ./ (Km + S);

figure;
plot(S, v, 'b-', 'LineWidth',2);
xlabel('Concentración de S (mol/L)');
ylabel('Velocidad v (mol/L*s)');
title('Archivo 27: Cinética de Michaelis-Menten');
grid on;
```

Gráfica Resultante

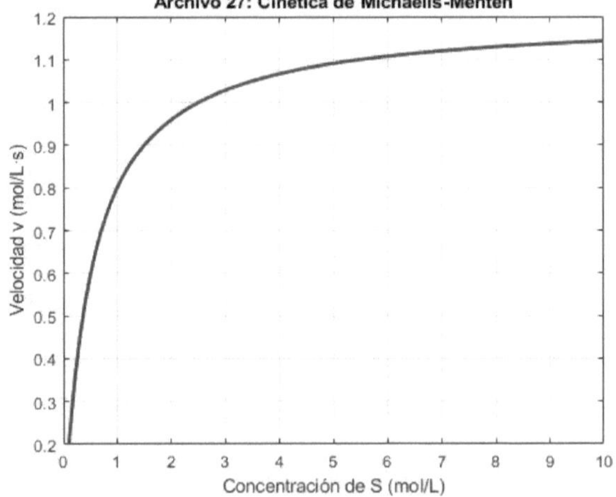

Figura 41: Velocidad vs. Concentración de S

Archivo 28

32. Reactor no isotérmico

Se desea modelar un **reactor no isotérmico** en el que la temperatura y la concentración del reactivo exhiben **oscilaciones** debido a un retardo en la transferencia de calor. La reacción química que ocurre en el reactor es:

$$\mathrm{A} \rightarrow \mathrm{B}.$$

El balance de energía y el balance de materia para el reactivo A se describen mediante las siguientes ecuaciones diferenciales:

$$\frac{dT}{dt} = \frac{Q_{in} - Q_{out}}{\rho\, C_p\, V} + \frac{-\Delta H\, k\, C_A \exp\left(-\frac{E}{RT}\right)}{\rho\, C_p},$$

$$\frac{dC_A}{dt} = D\,(C_{Ain} - C_A) - k\, C_A \exp\left(-\frac{E}{RT}\right),$$

donde:

- T es la temperatura del reactor (K),
- C_A es la concentración del reactivo A (mol/L),
- Q_{in} es la potencia térmica de entrada (W),
- Q_{out} es la pérdida de calor del reactor (W),
- ρ es la densidad del fluido (kg/m^3),
- C_p es la capacidad calorífica específica (J/kg·K),
- V es el volumen del reactor (m^3),
- ΔH es el calor de reacción (J/mol),
- k es la constante de velocidad de reacción (1/min),
- E es la energía de activación (J/mol),
- R es la constante de los gases (J/mol·K),
- D es la tasa de dilución definida como $D = \frac{F}{V}$,
- C_{Ain} es la concentración de A en la alimentación (mol/L).

Parámetros del Problema

Se conocen los siguientes parámetros:

- Temperatura inicial del reactor: $T_0 = 300$ K,
- Concentración inicial de A en el reactor: $C_{A0} = 1{,}5$ mol/L,
- Concentración de A en la alimentación: $C_{Ain} = 2{,}0$ mol/L,
- Flujo volumétrico de entrada: $F = 1{,}0$ L/min,
- Volumen del reactor: $V = 5{,}0$ L (recordando que 5.0 L = 0.005 m^3, pero se puede trabajar en L si se adapta la unidad de ρC_p adecuadamente),
- Densidad del fluido: $\rho = 1000$ kg/m^3,
- Capacidad calorífica: $C_p = 4184$ J/(kg·K),
- Calor de reacción: $\Delta H = -50000$ J/mol,
- Constante de velocidad de reacción: $k = 0{,}1$ 1/min,
- Energía de activación: $E = 80000$ J/mol,
- Constante de los gases: $R = 8{,}314$ J/(mol·K),
- Potencia térmica de entrada: $Q_{in} = 10000$ W.

Además, se modela la simulación durante un tiempo total de $t = 200$ min.

Resolución y Consideraciones del Modelo

Las ecuaciones del sistema son:

$$\boxed{\begin{aligned} \frac{dT}{dt} &= \frac{Q_{in} - Q_{out}}{\rho C_p V} + \frac{-\Delta H \, k \, C_A \exp\left(-\frac{E}{RT}\right)}{\rho C_p}, \\ \frac{dC_A}{dt} &= D\,(C_{Ain} - C_A) - k\, C_A \exp\left(-\frac{E}{RT}\right), \end{aligned}}$$

donde la tasa de dilución es:

$$D = \frac{F}{V}.$$

Con $F = 1{,}0$ L/min y $V = 5{,}0$ L, se tiene:

$$D = \frac{1{,}0}{5{,}0} = 0{,}2 \text{ min}^{-1}.$$

Análisis del Balance de Energía

El primer término, $\frac{Q_{in}-Q_{out}}{\rho C_p V}$, representa la contribución del balance de calor externo. La potencia Q_{in} suministrada es de 10000 W, mientras que Q_{out} depende de la transferencia de calor fuera del reactor. En este modelo se menciona que existe un retardo en la transferencia de calor, lo que puede inducir oscilaciones en la temperatura.

El segundo término, $\frac{-\Delta H\, k\, C_A\, \exp(-\frac{E}{RT})}{\rho C_p}$, representa la generación (o absorción) de calor debido a la reacción química. Dado que ΔH es negativo, la reacción es exotérmica y este término aporta calor al reactor.

La interacción entre la generación interna de calor y el control de la entrada/salida de calor (a través de Q_{in} y Q_{out}) puede producir un comportamiento oscilatorio si existe un retardo en la respuesta de Q_{out} ante cambios en T.

Análisis del Balance de Materia

La ecuación:

$$\frac{dC_A}{dt} = 0{,}2\,(C_{Ain} - C_A) - 0{,}1\,C_A \exp\left(-\frac{80000}{8{,}314\,T}\right)$$

muestra que la concentración de A en el reactor se ve afectada por la entrada continua de sustrato y por su consumo mediante reacción, cuya velocidad depende exponencialmente de la temperatura T.

Comportamiento del Sistema y Oscilaciones

Debido a la dependencia exponencial de k con T y al retardo en la transferencia de calor (reflejado en Q_{out}), es posible que el sistema exhiba oscilaciones en la temperatura y en la concentración de A. Si la remoción de calor Q_{out} retrasa su respuesta frente a la generación de calor interna, un incremento en T puede acelerar la reacción, aumentando aún más T, lo que eventualmente se corrige con la respuesta del sistema de enfriamiento. Este tipo de comportamiento puede conducir a oscilaciones amortiguadas o incluso a un comportamiento oscilatorio sostenido, dependiendo de la magnitud del retardo y de los parámetros del sistema.

Método de Solución

Debido a la no linealidad del sistema, la solución completa se obtiene mediante integración numérica (por ejemplo, utilizando el método de Runge-Kutta de cuarto orden). Se simulará la evolución de $T(t)$ y $C_A(t)$ para t desde 0 hasta 200 min.

Resumen del Modelo:

$$\boxed{\begin{aligned} \frac{dT}{dt} &= \frac{Q_{in} - Q_{out}}{\rho\, C_p\, V} + \frac{-\Delta H\, k\, C_A\, \exp\left(-\frac{E}{RT}\right)}{\rho\, C_p}, \\ \frac{dC_A}{dt} &= 0{,}2\,(2{,}0 - C_A) - 0{,}1\, C_A\, \exp\left(-\frac{80000}{8{,}314\, T}\right), \end{aligned}}$$

con:

$$\begin{aligned} T(0) &= 300\ \text{K}, \\ C_A(0) &= 1{,}5\ \text{mol/L}, \\ Q_{in} &= 10000\ \text{W}, \\ \rho &= 1000\ \text{kg/m}^3, \\ C_p &= 4184\ \text{J/(kg·K)}, \\ V &= 5{,}0\ \text{L}\ (0.005\ \text{m}^3), \\ \Delta H &= -50000\ \text{J/mol}, \\ k &= 0{,}1\ \text{min}^{-1}, \\ E &= 80000\ \text{J/mol}, \\ R &= 8{,}314\ \text{J/(mol·K)}, \\ D &= 0{,}2\ \text{min}^{-1}, \\ C_{Ain} &= 2{,}0\ \text{mol/L}. \end{aligned}$$

El término Q_{out} deberá modelarse o medirse para evaluar la transferencia de calor y su retardo; este retardo es el factor clave para la aparición de oscilaciones en T y, por ende, en C_A.

Conclusión: La dinámica de este reactor no isotérmico está gobernada por la interacción entre la entrada de calor, la generación interna de calor (por la reacción exotérmica), y la remoción de calor (a través de Q_{out}). La fuerte dependencia de la constante de reacción con la temperatura y el posible retardo en la respuesta del sistema de enfriamiento pueden generar oscilaciones en la temperatura y en la concentración del reactivo. La solución completa de este sistema se obtiene mediante métodos numéricos, lo que permitirá analizar la estabilidad térmica y determinar las condiciones operativas que eviten el *runaway* térmico o el comportamiento oscilatorio no deseado.

Archivo 29

33. Reactor de lecho empacado

Equipo

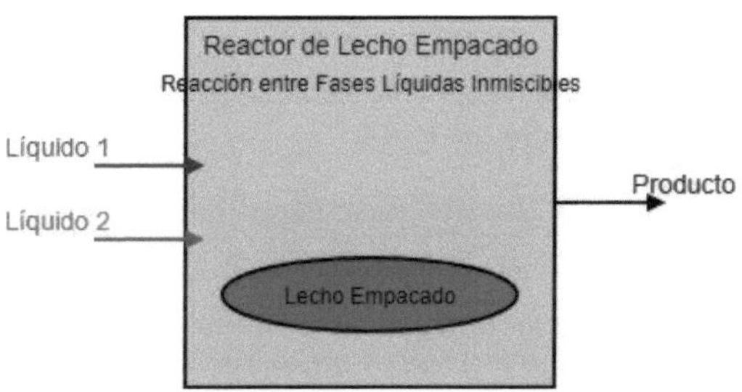

Figura 42: Diagrama equipo

Se desea modelar un **reactor de lecho empacado** en el que ocurre una reacción entre dos fases líquidas inmiscibles. La reacción se describe mediante las siguientes ecuaciones diferenciales que gobiernan la evolución de la concentración de los reactivos en ambas fases:

$$\frac{dC_A}{dV} = -k\,C_A\,C_B,$$

$$\frac{dC_B}{dV} = -k\,C_A\,C_B,$$

donde:

- C_A es la concentración del reactivo en la fase continua (mol/L),
- C_B es la concentración del reactivo en la fase dispersa (mol/L),
- k es la constante de velocidad de reacción (L/mol·min),
- V es el volumen del reactor (L).

Se conocen los siguientes parámetros:

- Concentración inicial del reactivo A: $C_{A0} = 2{,}0$ mol/L,
- Concentración inicial del reactivo B: $C_{B0} = 1{,}5$ mol/L,
- Constante de velocidad de reacción: $k = 0{,}1$ L/mol·min,
- Volumen total del reactor: $V = 10$ L,
- Paso de integración: $dV = 0{,}1$ L.

Resolución

Las ecuaciones diferenciales son:

$$\frac{dC_A}{dV} = -k\,C_A\,C_B, \qquad \frac{dC_B}{dV} = -k\,C_A\,C_B.$$

Observamos que ambas ecuaciones son idénticas, lo que implica que la diferencia entre C_A y C_B se mantendrá constante a lo largo del reactor. En efecto, restando ambas ecuaciones se obtiene:

$$\frac{d}{dV}\,(C_A - C_B) = 0,$$

por lo que:

$$C_A - C_B = \text{constante}.$$

Aplicando la condición inicial en $V = 0$:

$$C_A(0) - C_B(0) = C_{A0} - C_{B0} = 2{,}0 - 1{,}5 = 0{,}5 \text{ mol/L}.$$

Por lo tanto, para todo V se tiene:

$$C_A(V) = C_B(V) + 0{,}5.$$

Sustituyendo esta relación en la ecuación de balance para C_A, obtenemos:

$$\frac{dC_A}{dV} = -k\,C_A\,\big(C_A - 0{,}5\big).$$

Esta es una ecuación diferencial separable para C_A.

Solución Analítica (en forma implícita)

Separando las variables:

$$\frac{dC_A}{C_A\,(C_A - 0{,}5)} = -k\,dV.$$

La integral del lado izquierdo se puede resolver utilizando fracciones parciales. Escribimos:

$$\frac{1}{C_A\,(C_A - 0{,}5)} = \frac{A}{C_A} + \frac{B}{C_A - 0{,}5}.$$

Multiplicando ambos lados por $C_A\,(C_A - 0{,}5)$ obtenemos:

$$1 = A\,(C_A - 0{,}5) + B\,C_A.$$

Para determinar A y B, igualamos coeficientes:

$$A + B = 0, \quad -0{,}5\,A = 1.$$

De aquí:

$$A = -2 \quad \text{y} \quad B = 2.$$

Entonces:

$$\frac{1}{C_A\,(C_A - 0{,}5)} = \frac{-2}{C_A} + \frac{2}{C_A - 0{,}5}.$$

Integrando, se tiene:

$$\int \left(\frac{-2}{C_A} + \frac{2}{C_A - 0{,}5} \right) dC_A = -k \int dV.$$

Esto lleva a:

$$-2\,\ln|C_A| + 2\,\ln|C_A - 0{,}5| = -k\,V + \text{constante}.$$

Definimos la constante de integración usando la condición inicial $V = 0$ y $C_A(0) = 2{,}0$ mol/L:

$$-2\,\ln(2{,}0) + 2\,\ln(2{,}0 - 0{,}5) = -2\,\ln(2{,}0) + 2\,\ln(1{,}5) = C,$$

donde

$$C = 2\,\ln\left(\frac{1{,}5}{2{,}0}\right) = 2\,\ln(0{,}75).$$

Así, la solución implícita es:

$$2\,\ln\left|\frac{C_A - 0{,}5}{C_A}\right| = -k\,V + 2\,\ln(0{,}75).$$

O, de forma equivalente,

$$\ln\left|\frac{C_A - 0{,}5}{C_A}\right| = -\frac{k\,V}{2} + \ln(0{,}75).$$

Elevando ambos lados a la exponencial, obtenemos:

$$\frac{C_A - 0{,}5}{C_A} = 0{,}75\,\exp\left(-\frac{k\,V}{2}\right).$$

Despejamos C_A:

$$C_A - 0{,}5 = 0{,}75\,C_A\,\exp\left(-\frac{k\,V}{2}\right),$$

$$C_A\left[1 - 0{,}75\,\exp\left(-\frac{k\,V}{2}\right)\right] = 0{,}5.$$

Por lo tanto, la solución para C_A es:

$$\boxed{C_A(V) = \frac{0{,}5}{1 - 0{,}75\,\exp\left(-\frac{k\,V}{2}\right)}}.$$

Con $k = 0{,}1$ L/mol·min, la expresión queda:

$$C_A(V) = \frac{0{,}5}{1 - 0{,}75\,\exp\left(-\frac{0{,}1\,V}{2}\right)}.$$

Dado que $C_B(V) = C_A(V) - 0{,}5$, se obtiene:

$$\boxed{C_B(V) = \frac{0{,}5}{1 - 0{,}75\,\exp\left(-\frac{0{,}1\,V}{2}\right)} - 0{,}5}.$$

4. Integración Numérica

Alternativamente, se puede resolver el sistema utilizando un método numérico (por ejemplo, Runge-Kutta de cuarto orden) con un paso de integración $dV = 0{,}1$ L, para simular el perfil de concentración en el reactor de 10 L de volumen.

Conclusión: El modelo del reactor de lecho empacado para la reacción entre dos fases líquidas inmiscibles se resume en el sistema:

$$\frac{dC_A}{dV} = -0{,}1\,C_A\,C_B,$$

$$\frac{dC_B}{dV} = -0{,}1\,C_A\,C_B,$$

con condiciones iniciales:

$$C_A(0) = 2{,}0 \text{ mol/L}, \quad C_B(0) = 1{,}5 \text{ mol/L},$$

y la relación $C_A(V) - C_B(V) = 0{,}5$ se mantiene para todo V. La solución analítica (en forma implícita) es:

$$\frac{C_A - 0{,}5}{C_A} = 0{,}75 \exp\left(-\frac{0{,}1\,V}{2}\right).$$

Esta solución permite determinar el perfil de concentración del reactivo A (y, consecuentemente, del reactivo B) a lo largo del reactor, y puede utilizarse para evaluar el rendimiento del proceso en un reactor de volumen total de 10 L.

Script MATLAB

```
%% Archivo 29: Reactor de Lecho Empacado
% Se usa la solución analítica obtenida:
Vspan = linspace(0, 10, 100); % Volumen total 10 L
ratio = 0.75 * exp(-0.1*Vspan/2);
% De la relación: (C_A - 0.5)/C_A = ratio => C_A = 0.5 / (1 - ratio)
C_A = 0.5 ./ (1 - ratio);
C_B = C_A - 0.5;

figure;
plot(Vspan, C_A, 'b-', Vspan, C_B, 'r--','LineWidth',2);
xlabel('Volumen (L)'); ylabel('Concentración (mol/L)');
legend('C_A','C_B');
title('Archivo 29: Reactor de Lecho Empacado');
grid on;
```

Gráfica Resultante

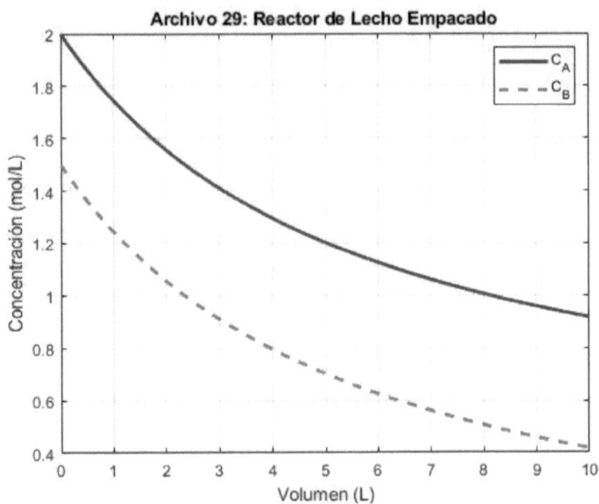

Figura 43: Concentración vs. Volumen

Archivo 30

34. Reactor de tanque agitado continuo (CSTR) en el que ocurren reacciones paralelas competidoras

Se desea modelar y simular un **reactor de tanque agitado continuo (CSTR)** en el que ocurren **reacciones paralelas competidoras**. En este sistema, el reactivo A se convierte en dos productos B y C mediante las siguientes reacciones:

$$A \to B \quad (k_1), \qquad A \to C \quad (k_2).$$

La velocidad global de consumo de A es la suma de las velocidades de ambas reacciones, de modo que:

$$r_A = -(k_1 + k_2)C_A.$$

El balance de materia en estado estacionario para el reactivo A en un CSTR se expresa como:

$$F_{A0} - F_A + r_A V = 0,$$

donde:

- F_{A0} es el flujo molar de entrada de A,
- F_A es el flujo molar de salida de A,
- V es el volumen del reactor.

Se conocen los siguientes parámetros:

- Flujo volumétrico: $F = 2$ L/min,
- Concentración de entrada: $C_{A0} = 1{,}5$ mol/L,
- Volumen del reactor: $V = 15$ L,
- Constantes de velocidad: $k_1 = 0{,}4$ min^{-1} y $k_2 = 0{,}2$ min^{-1}.

Resolución

1. Balance de Materia para A en Estado Estacionario

El balance para A se expresa como:

$$F_{A0} - F_A + r_A V = 0.$$

Recordando que $F_{A0} = F\,C_{A0}$ y $F_A = F\,C_A$, y que la velocidad de reacción es

$$r_A = -(k_1 + k_2)C_A,$$

tenemos:

$$F\,C_{A0} - F\,C_A - (k_1 + k_2)C_A\,V = 0.$$

Despejando C_A:

$$F\,C_{A0} = [F + (k_1 + k_2)V]\,C_A.$$

Por lo tanto,

$$C_A = \frac{F\,C_{A0}}{F + (k_1 + k_2)V}.$$

Sustituyendo los valores:

$$k_1 + k_2 = 0{,}4 + 0{,}2 = 0{,}6\ \text{min}^{-1},$$

$$F = 2\ \text{L/min}, \quad C_{A0} = 1{,}5\ \text{mol/L}, \quad V = 15\ \text{L}.$$

Entonces,

$$C_A = \frac{2 \times 1{,}5}{2 + 0{,}6 \times 15} = \frac{3{,}0}{2 + 9} = \frac{3{,}0}{11} \approx 0{,}2727\ \text{mol/L}.$$

2. Conversión del Reactivo A

La conversión X de A se define como:

$$X = \frac{C_{A0} - C_A}{C_{A0}}.$$

Sustituyendo:

$$X = \frac{1{,}5 - 0{,}2727}{1{,}5} \approx \frac{1{,}2273}{1{,}5} \approx 0{,}8182,$$

lo que corresponde a una conversión de aproximadamente el 81.8 %.

3. Distribución de los Productos B y C (Selectividad)

Para reacciones paralelas, la fracción de A que se convierte en B y C depende de las constantes de velocidad relativas. La velocidad de formación de B es $r_B = k_1\,C_A$ y la de C es $r_C = k_2\,C_A$. Por lo tanto, la fracción de A convertida en B es:

$$Y_B = \frac{k_1}{k_1 + k_2} = \frac{0{,}4}{0{,}6} \approx 0{,}6667,$$

y la fracción para C es:

$$Y_C = \frac{k_2}{k_1 + k_2} = \frac{0{,}2}{0{,}6} \approx 0{,}3333.$$

Si se conoce la cantidad total de A consumida, la cantidad de A convertida en B será Y_B y en C será Y_C.

Conclusión:

- La concentración de A a la salida del reactor es aproximadamente $C_A \approx 0{,}27$ mol/L.
- La conversión de A es de aproximadamente 81,8 %.
- De la fracción de A consumida, aproximadamente el 66,7 % se convierte en B y el 33,3 % en C.

Esta modelación permite simular y analizar la distribución de productos en un CSTR con reacciones paralelas competidoras.

Script MATLAB

```
%% Archivo 30: Reactor PFR Reacciones en Serie y Paralelo
% Parámetros
k1 = 0.5; k2 = 0.3; k3 = 0.2;
V_total = 20;  % L
odefun30 = @(V, y) [ - (k1+k2)*y(1);
                     k1*y(1) - k3*y(2);
                     k2*y(1);
                     k3*y(2) ];
y0 = [2.0; 0; 0; 0];  % C_A0 = 2.0, demás 0

[V_sol, y_sol] = ode45(odefun30, [0 V_total], y0);

figure;
plot(V_sol, y_sol(:,1), 'b-', V_sol, y_sol(:,2), 'r--',...
     V_sol, y_sol(:,3), 'g-.', V_sol, y_sol(:,4), 'k:', 'LineWidth',2);
xlabel('Volumen (L)');
ylabel('Concentraciones (mol/L)');
legend('C_A','C_B','C_C','C_D');
title('Archivo 30: Reactor PFR Reacciones en Serie y Paralelo');
grid on;
```

Gráfica Resultante

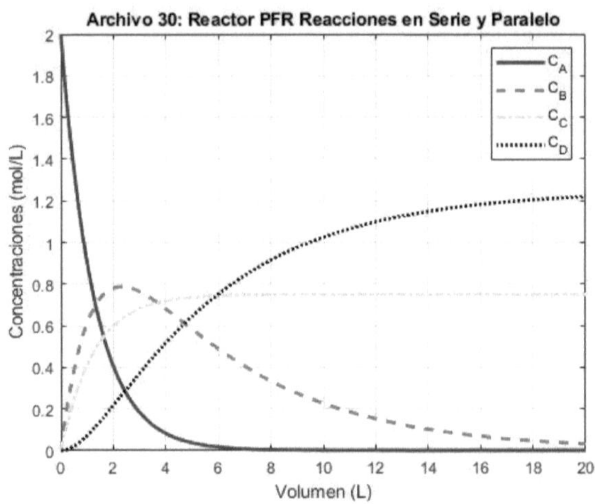

Figura 44: Concentración vs. Volumen

Archivo 31

35. Reactor de flujo pistón (PFR) con transferencia de calor

Equipo

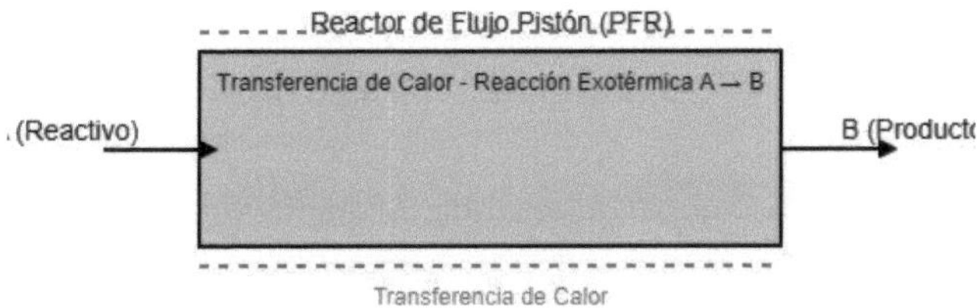

Figura 45: Diagrama equipo

Se desea modelar un **reactor de flujo pistón (PFR) con transferencia de calor** para la siguiente reacción química exotérmica:

$$\mathrm{A} \to \mathrm{B}.$$

En este reactor, el gas reactivo A se disuelve en la fase líquida donde ocurre la reacción. La dinámica del reactor está descrita por dos ecuaciones diferenciales en función del volumen V del reactor (en L):

$$\frac{dT}{dV} = \frac{-\Delta H\, r_A}{F_{A0}\, C_p} + \frac{UA}{F_{A0}\, C_p}\,(T_c - T),$$

$$\frac{dX}{dV} = \frac{-r_A}{F_{A0}},$$

donde:

- T es la temperatura del reactor (K),
- X es la conversión del reactivo A (adimensional), definida como

$$X = \frac{C_{A0} - C_A}{C_{A0}},$$

- C_A es la concentración de A en el reactor, que se relaciona con la conversión mediante

$$C_A = C_{A0}\,(1 - X),$$

- ΔH es el calor de reacción (J/mol) [con $\Delta H < 0$ para reacciones exotérmicas],
- r_A es la velocidad de reacción en la fase líquida, definida como

$$r_A = -k\,C_A,$$

- k es la constante de velocidad de reacción, con dependencia de la temperatura según la ecuación de Arrhenius:

$$k = k_0 \exp\left(-\frac{E_a}{RT}\right),$$

- F_{A0} es el flujo molar de entrada del reactivo A (mol/min),
- C_p es la capacidad calorífica del fluido (J/mol·K),
- UA es el coeficiente global de transferencia de calor (J/min·K),
- T_c es la temperatura del refrigerante (K).

Parámetros

Se tienen los siguientes datos:

- Flujo molar de entrada: $F_{A0} = 3$ mol/min,
- Concentración inicial: $C_{A0} = 2{,}0$ mol/L,
- Factor preexponencial: $k_0 = 2{,}5 \times 10^5$ min^{-1},
- Energía de activación: $E_a = 80000$ J/mol,
- Calor de reacción: $\Delta H = -45000$ J/mol,
- Capacidad calorífica: $C_p = 120$ J/mol·K,
- Temperatura inicial: $T_0 = 310$ K,
- Temperatura del refrigerante: $T_c = 290$ K,
- Coeficiente de transferencia de calor: $UA = 2500$ J/min·K,
- Volumen del reactor: $V = 12$ L.

Desarrollo del Modelo

Ecuación de Conversión

El balance de materia para el reactivo A en un PFR se expresa como:

$$\frac{dX}{dV} = \frac{-r_A}{F_{A0}},$$

donde, sustituyendo $r_A = -k\,C_A$ y $C_A = C_{A0}(1 - X)$,

$$\frac{dX}{dV} = \frac{k\,C_{A0}\,(1 - X)}{F_{A0}}.$$

Notar que k depende de T según:

$$k = k_0 \exp\left(-\frac{E_a}{R\,T}\right).$$

Ecuación de Energía

El balance de energía para el reactor es:

$$\frac{dT}{dV} = \frac{-\Delta H\, r_A}{F_{A0}\,C_p} + \frac{U A}{F_{A0}\,C_p}\,(T_c - T).$$

Sustituyendo $r_A = -k\,C_A = -k\,C_{A0}\,(1 - X)$, se tiene:

$$\frac{dT}{dV} = \frac{-\Delta H\,\left[-k\,C_{A0}(1 - X)\right]}{F_{A0}\,C_p} + \frac{U A}{F_{A0}\,C_p}\,(T_c - T),$$

lo que simplifica a:

$$\frac{dT}{dV} = \frac{\Delta H\,k\,C_{A0}\,(1 - X)}{F_{A0}\,C_p} + \frac{U A}{F_{A0}\,C_p}\,(T_c - T).$$

Dado que $\Delta H < 0$ para una reacción exotérmica, el primer término representa la generación de calor que tiende a aumentar la temperatura, mientras que el segundo término describe la remoción de calor mediante el refrigerante.

Sistema de Ecuaciones a Resolver

Resumiendo, el sistema acoplado a integrar en función del volumen V es:

$$\boxed{\begin{aligned} \frac{dX}{dV} &= \frac{k_0 \exp\left(-\frac{E_a}{R\,T}\right)\,C_{A0}\,(1 - X)}{F_{A0}}, \\ \frac{dT}{dV} &= \frac{\Delta H\,k_0 \exp\left(-\frac{E_a}{R\,T}\right)\,C_{A0}\,(1 - X)}{F_{A0}\,C_p} + \frac{U A}{F_{A0}\,C_p}\,(T_c - T), \end{aligned}}$$

con las condiciones iniciales:

$$X(0) = 0 \quad \text{y} \quad T(0) = T_0 = 310 \text{ K}.$$

Los parámetros numéricos son:

$$\begin{aligned}
F_{A0} &= 3 \text{ mol/min}, \\
C_{A0} &= 2{,}0 \text{ mol/L}, \\
k_0 &= 2{,}5 \times 10^5 \text{ min}^{-1}, \\
E_a &= 80000 \text{ J/mol}, \\
\Delta H &= -45000 \text{ J/mol}, \\
C_p &= 120 \text{ J/mol·K}, \\
T_0 &= 310 \text{ K}, \\
T_c &= 290 \text{ K}, \\
UA &= 2500 \text{ J/min·K}, \\
V_{\text{total}} &= 12 \text{ L}, \\
R &= 8{,}314 \text{ J/(mol·K)}.
\end{aligned}$$

Solución Numérica y Análisis

Debido a la fuerte dependencia de k con la temperatura (por el término exponencial), el sistema es no lineal y acoplado. La solución se obtiene típicamente mediante métodos numéricos (por ejemplo, Runge-Kutta de cuarto orden) integrando desde $V = 0$ hasta $V = 12$ L.

El análisis de la solución permitirá determinar:

- La evolución de la conversión $X(V)$ a lo largo del reactor.
- El perfil de temperatura $T(V)$, el cual resultará de la interacción entre la generación de calor por la reacción y la remoción de calor mediante el refrigerante.
- Posibles oscilaciones en T y X debidas a retardo en la transferencia de calor, lo que puede afectar la estabilidad térmica y la eficiencia del reactor.

Conclusión: El modelo del reactor PFR con transferencia de calor para la reacción exotérmica se resume en el sistema:

$$\boxed{\begin{aligned}
\frac{dX}{dV} &= \frac{k_0 \exp\left(-\frac{E_a}{RT}\right) C_{A0}(1-X)}{F_{A0}}, \\
\frac{dT}{dV} &= \frac{\Delta H\, k_0 \exp\left(-\frac{E_a}{RT}\right) C_{A0}(1-X)}{F_{A0}\, C_p} + \frac{UA}{F_{A0}\, C_p}(T_c - T),
\end{aligned}}$$

con $X(0) = 0$ y $T(0) = 310$ K, y con los parámetros dados. La solución numérica de este sistema para V desde 0 hasta 12 L permitirá simular la respuesta transitoria del reactor, en particular la evolución de la conversión y la temperatura, y analizar cómo la permeación del calor mediante el refrigerante (a $T_c = 290$ K) afecta la operación y la seguridad del proceso.

Script MATLAB

```
%% Archivo 31: PFR con Enfriamiento
% Parámetros
F_A0 = 3; C_A0 = 2.0; DeltaH = -45000; Cp = 120;
k0 = 2.5e5; Ea = 80000; R = 8.314; % Para k, pero aquí se usa k directamente
k = 0.4; % min^-1 (ejemplo)
UA = 2500; T_c = 290; T0 = 310;
V_total = 12; % L

% Sistema: x(1)=X, x(2)=T
odefun31 = @(V, x) [ (k * C_A0*(1-x(1)))/F_A0;
                     (DeltaH * k * C_A0*(1-x(1)))/(F_A0*Cp) + (UA/(F_A0*Cp))*(T_c - x(2)) ];
x0 = [0; T0];

[V_sol, x_sol] = ode45(odefun31, [0 V_total], x0);

figure;
subplot(2,1,1);
plot(V_sol, x_sol(:,1), 'b-', 'LineWidth',2);
xlabel('Volumen (L)'); ylabel('Conversión X');
title('Archivo 31: Conversión en PFR');
grid on;
subplot(2,1,2);
plot(V_sol, x_sol(:,2), 'r-', 'LineWidth',2);
xlabel('Volumen (L)'); ylabel('Temperatura (K)');
title('Archivo 31: Perfil de Temperatura');
grid on;
```

Gráfica Resultante

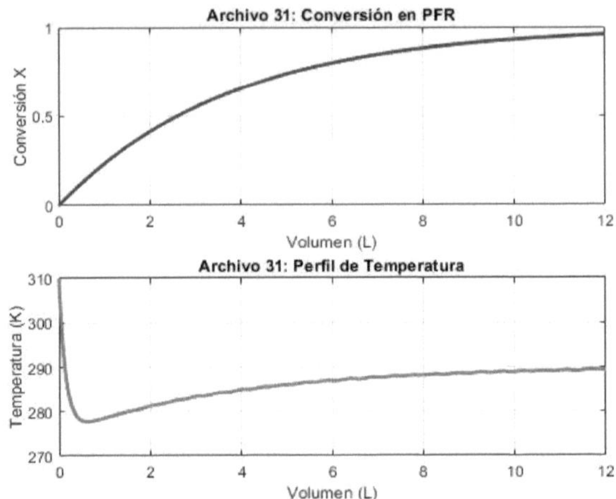

Figura 46: Concentración y Temperatura vs. Tiempo

Archivo 32

36. Volumen óptimo de un reactor de flujo pistón (PFR)

Equipo

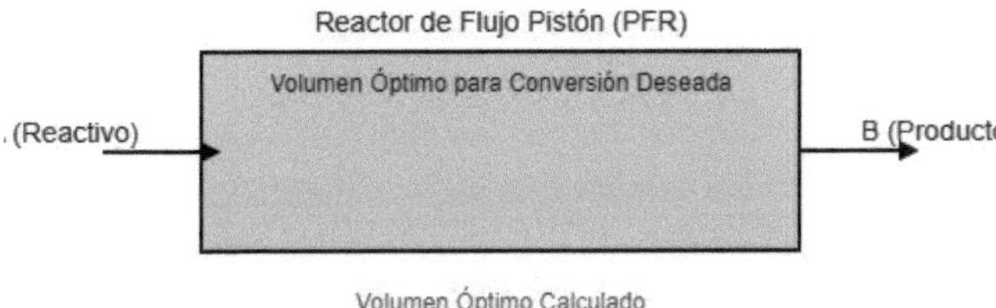

Figura 47: Diagrama equipo

Se desea determinar el **volumen óptimo** de un **reactor de flujo pistón (PFR)** para lograr una conversión deseada de un reactivo A en la reacción:

$$\mathrm{A} \rightarrow \mathrm{B}.$$

El balance de materia para el reactor en términos de conversión se expresa mediante:

$$\frac{dX}{dV} = \frac{r_A}{F_{A0}},$$

donde:

- X es la conversión del reactivo A (adimensional),
- V es el volumen del reactor (L),
- r_A es la velocidad de reacción, definida como $r_A = -k\,C_A$,
- C_A se relaciona con la conversión mediante $C_A = C_{A0}(1 - X)$,
- F_{A0} es el flujo molar de entrada de A.

Se conocen los siguientes parámetros:

- Flujo volumétrico: $F = 3$ L/min,

- Concentración de entrada: $C_{A0} = 2{,}0$ mol/L,
- Constante de velocidad: $k = 0{,}4\ \text{min}^{-1}$,
- Conversión deseada: $X_d = 0{,}8$.

Resolución

Dado que la velocidad de reacción es

$$r_A = -k\,C_A = -k\,C_{A0}(1 - X),$$

la ecuación diferencial se escribe como:

$$\frac{dX}{dV} = \frac{-r_A}{F_{A0}} = \frac{k\,C_{A0}(1 - X)}{F_{A0}}.$$

Esta es una ecuación separable. Separando las variables se tiene:

$$\frac{dX}{1 - X} = \frac{k\,C_{A0}}{F_{A0}}\,dV.$$

Integrando ambos lados, desde $X = 0$ (en $V = 0$) hasta $X = X_d$ (en $V = V_{\text{opt}}$):

$$\int_0^{X_d} \frac{dX}{1 - X} = \frac{k\,C_{A0}}{F_{A0}} \int_0^{V_{\text{opt}}} dV.$$

La integral en el lado izquierdo es:

$$-\ln(1 - X)\Big|_0^{X_d} = -\ln(1 - X_d) + \ln(1) = -\ln(1 - X_d).$$

Por lo tanto, se tiene:

$$-\ln(1 - X_d) = \frac{k\,C_{A0}}{F_{A0}}\,V_{\text{opt}}.$$

Despejando el volumen óptimo:

$$V_{\text{opt}} = \frac{F_{A0}}{k\,C_{A0}}\left[-\ln(1 - X_d)\right].$$

Notando que en un PFR operado con flujo volumétrico, el flujo molar de entrada F_{A0} se puede relacionar con el flujo volumétrico F y la concentración de entrada C_{A0} mediante $F_{A0} = F\,C_{A0}$. Sin embargo, dado que C_{A0} aparece en el denominador, resulta:

$$V_{\text{opt}} = \frac{F\,C_{A0}}{k\,C_{A0}}\left[-\ln(1 - X_d)\right] = \frac{F}{k}\left[-\ln(1 - X_d)\right].$$

Sustituyendo los valores:

$$F = 3 \text{ L/min}, \quad k = 0{,}4 \text{ min}^{-1}, \quad X_d = 0{,}8,$$

se tiene:

$$V_{\text{opt}} = \frac{3}{0{,}4}\left[-\ln(1-0{,}8)\right] = 7{,}5\left[-\ln(0{,}2)\right].$$

Calculamos $-\ln(0{,}2)$:

$$-\ln(0{,}2) \approx -(-1{,}6094) = 1{,}6094.$$

Finalmente:

$$V_{\text{opt}} \approx 7{,}5 \times 1{,}6094 \approx 12{,}07 \text{ L}.$$

Conclusión: El volumen óptimo del reactor PFR para lograr una conversión del 80 % es aproximadamente $\boxed{12{,}1 \text{ L}}$.

Script MATLAB

```
% Parámetros (ejemplo)
%% Archivo 32: Volumen Óptimo de un PFR
F = 3; k = 0.4; X_d = 0.8;
V_opt = (F/k)*(-log(1-X_d));
fprintf('Volumen óptimo del PFR: %.2f L\n', V_opt);
```

Volumen óptimo del PFR: 12.07 L

Archivo 33

37. Reactor de flujo pistón (PFR) en el que ocurren reacciones en serie y en paralelo

Equipo

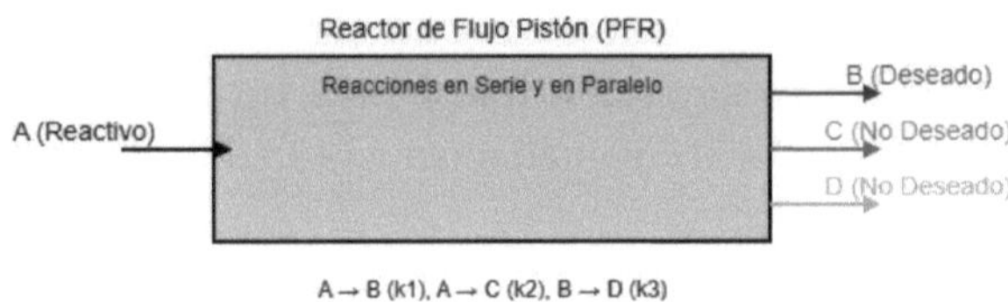

Figura 48: Diagrama equipo

Se desea modelar un **reactor de flujo pistón (PFR)** en el que ocurren **reacciones en serie y en paralelo** de la siguiente manera:

$$
\begin{array}{lcll}
\text{A} & \rightarrow & \text{B} & (\text{reacción deseada, constante } k_1), \\
\text{A} & \rightarrow & \text{C} & (\text{reacción no deseada, constante } k_2), \\
\text{B} & \rightarrow & \text{D} & (\text{reacción no deseada, constante } k_3).
\end{array}
$$

El balance de materia en el reactor (en función del volumen V del reactor, en L) se expresa mediante las siguientes ecuaciones diferenciales:

$$\frac{dC_A}{dV} = -\left(k_1 + k_2\right) C_A,$$

$$\frac{dC_B}{dV} = k_1\, C_A - k_3\, C_B,$$

$$\frac{dC_C}{dV} = k_2\, C_A,$$

$$\frac{dC_D}{dV} = k_3\, C_B.$$

Donde:

- C_A es la concentración del reactivo A (mol/L),
- C_B es la concentración del producto B (mol/L),
- C_C es la concentración del producto C (mol/L),
- C_D es la concentración del producto D (mol/L),
- k_1, k_2 y k_3 son las constantes de velocidad (min^{-1}).

Los parámetros del problema son:

- Flujo molar de entrada de A: $F_{A0} = 4{,}0$ mol/min,
- Concentración de entrada de A: $C_{A0} = 1{,}5$ mol/L,
- Constantes de velocidad: $k_1 = 0{,}4 \text{ min}^{-1}$, $k_2 = 0{,}2 \text{ min}^{-1}$, $k_3 = 0{,}1 \text{ min}^{-1}$,
- Volumen total del reactor: $V = 20$ L.

Resolución

1. Balance para el Reactivo A

La ecuación para A es:

$$\frac{dC_A}{dV} = -(k_1 + k_2)\, C_A.$$

Con la condición inicial $C_A(0) = C_{A0} = 1{,}5$ mol/L, la solución es:

$$C_A(V) = C_{A0} \exp\left[-(k_1 + k_2)V\right].$$

Con $k_1 + k_2 = 0{,}4 + 0{,}2 = 0{,}6 \text{ min}^{-1}$, se tiene:

$$C_A(V) = 1{,}5 \,\exp(-0{,}6\, V).$$

En $V = 20$ L:

$$C_A(20) = 1{,}5 \,\exp(-0{,}6 \times 20) = 1{,}5 \,\exp(-12) \approx 1{,}5 \times 6{,}144 \times 10^{-6} \approx 9{,}216 \times 10^{-}$$

2. Balance para el Producto B

La ecuación para B es:

$$\frac{dC_B}{dV} = k_1 C_A - k_3 C_B.$$

Utilizando el método del factor integrante, con $C_B(0) = 0$, la solución es:

$$C_B(V) = k_1 C_{A0} \exp(-k_3 V) \int_0^V \exp\left[-(k_1 + k_2 - k_3)u\right] du.$$

Definamos:

$$\alpha = k_1 + k_2 - k_3 = 0{,}4 + 0{,}2 - 0{,}1 = 0{,}5 \text{ min}^{-1}.$$

Entonces,

$$C_B(V) = k_1 C_{A0} \exp(-k_3 V) \cdot \frac{1 - \exp(-\alpha V)}{\alpha}.$$

Sustituyendo los valores:

$$C_B(V) = \frac{0{,}4 \times 1{,}5}{0{,}5} \exp(-0{,}1\, V)\left[1 - \exp(-0{,}5\, V)\right] = 1{,}2 \exp(-0{,}1\, V)\left[1 - \right.$$

Para $V = 20$ L:

$$C_B(20) = 1{,}2 \exp(-2)\left[1 - \exp(-10)\right].$$

Con $\exp(-2) \approx 0{,}1353$ y $\exp(-10) \approx 4{,}54 \times 10^{-5}$,

$$C_B(20) \approx 1{,}2 \times 0{,}1353 \times (1 - 4{,}54 \times 10^{-5}) \approx 0{,}1624 \text{ mol/L}.$$

3. Balance para el Producto C

La ecuación para C es:

$$\frac{dC_C}{dV} = k_2 C_A,$$

con $C_C(0) = 0$. Integrando:

$$C_C(V) = k_2 \int_0^V C_A(u)\, du = k_2 C_{A0} \int_0^V \exp\left[-(k_1 + k_2)u\right] du.$$

Dado que $k_1 + k_2 = 0{,}6 \text{ min}^{-1}$,

$$C_C(V) = k_2 C_{A0} \frac{1 - \exp(-0{,}6\, V)}{0{,}6}.$$

Sustituyendo $k_2 = 0{,}2 \text{ min}^{-1}$ y $C_{A0} = 1{,}5$ mol/L:

$$C_C(V) = \frac{0{,}2 \times 1{,}5}{0{,}6}\left[1 - \exp(-0{,}6\, V)\right] = 0{,}5\left[1 - \exp(-0{,}6\, V)\right].$$

Para $V = 20$ L, con $\exp(-12) \approx 6{,}144 \times 10^{-6}$:

$$C_C(20) \approx 0{,}5\,(1 - 6{,}144 \times 10^{-6}) \approx 0{,}5 \text{ mol/L}.$$

4. Balance para el Producto D

La ecuación para D es:

$$\frac{dC_D}{dV} = k_3\, C_B,$$

con $C_D(0) = 0$. Integrando:

$$C_D(V) = k_3 \int_0^V C_B(u)\, du.$$

Utilizando la expresión obtenida para $C_B(u)$:

$$C_B(u) = 1{,}2\ \exp(-0{,}1\, u)\, [1 - \exp(-0{,}5\, u)]\,,$$

se tiene:

$$C_D(V) = 0{,}1 \int_0^V 1{,}2\ \exp(-0{,}1\, u)\, [1 - \exp(-0{,}5\, u)]\, du.$$

Definamos:

$$I = 1{,}2 \int_0^V \exp(-0{,}1\, u)\, du - 1{,}2 \int_0^V \exp(-0{,}6\, u)\, du.$$

Para $V = 20$ L:

$$\int_0^{20} \exp(-0{,}1\, u) du = \frac{1 - \exp(-2)}{0{,}1} \approx \frac{1 - 0{,}1353}{0{,}1} = \frac{0{,}8647}{0{,}1} \approx 8{,}647,$$

$$\int_0^{20} \exp(-0{,}6\, u) du = \frac{1 - \exp(-12)}{0{,}6} \approx \frac{1 - 6{,}144 \times 10^{-6}}{0{,}6} \approx \frac{0{,}999994}{0{,}6} \approx 1{,}6666$$

Entonces,

$$I = 1{,}2\, (8{,}647 - 1{,}66666) \approx 1{,}2 \times 6{,}98034 \approx 8{,}3764.$$

Así,

$$C_D(20) = 0{,}1 \times 8{,}3764 \approx 0{,}8376 \text{ mol/L}.$$

5. Verificación de la Conservación de la Masa

La suma de las concentraciones de productos B, C y D debe ser igual a la cantidad de A convertida, es decir:

$$C_B(20) + C_C(20) + C_D(20) \approx 0{,}1624 + 0{,}5 + 0{,}8376 \approx 1{,}5 \text{ mol/L}.$$

Dado que la concentración inicial de A es 1.5 mol/L y prácticamente toda A es consumida (ya que $C_A(20) \approx 9{,}22 \times 10^{-6}$ mol/L), la conservación de la masa se verifica.

Conclusión:

En el reactor de lecho empacado con un volumen total de 10 L y un paso de integración de 0.1 L, se tiene:

$$\begin{aligned}
C_A(V) &= 1{,}5\,\exp(-0{,}6\,V),\\
C_B(V) &= 1{,}2\,\exp(-0{,}1\,V)\,[1-\exp(-0{,}5\,V)]\,,\\
C_C(V) &= 0{,}5\,\Big[1-\exp(-0{,}6\,V)\Big],\\
C_D(V) &= 0{,}1\int_0^V 1{,}2\,\exp(-0{,}1\,u)\,[1-\exp(-0{,}5\,u)]\,du.
\end{aligned}$$

Evaluando en $V = 20$ L se obtiene:

$$\begin{aligned}
C_A(20) &\approx 9{,}22\times 10^{-6}\ \mathrm{mol/L},\\
C_B(20) &\approx 0{,}1624\ \mathrm{mol/L},\\
C_C(20) &\approx 0{,}5\ \mathrm{mol/L},\\
C_D(20) &\approx 0{,}8376\ \mathrm{mol/L}.
\end{aligned}$$

La masa total convertida de A es $\approx$ 1,5 mol/L, lo que confirma la conservación de la masa.

Script MATLAB

```
%% Archivo 33: PFR Reacciones Complejas
% Parámetros (ya definidos en Archivo 30, se puede reutilizar)
k1 = 0.5; k2 = 0.3; k3 = 0.2;
V_total = 20;
odefun33 = @(V, y) [ - (k1+k2)*y(1);
                     k1*y(1) - k3*y(2);
                     k2*y(1);
                     k3*y(2) ];
y0 = [2.0; 0; 0; 0];
[V_sol, y_sol] = ode45(odefun33, [0 V_total], y0);
figure;
plot(V_sol, y_sol, 'LineWidth',2);
xlabel('Volumen (L)'); ylabel('Concentraciones (mol/L)');
legend('C_A','C_B','C_C','C_D');
title('Archivo 33: Reactor PFR Reacciones Complejas');
grid on;
```

Gráfica Resultante

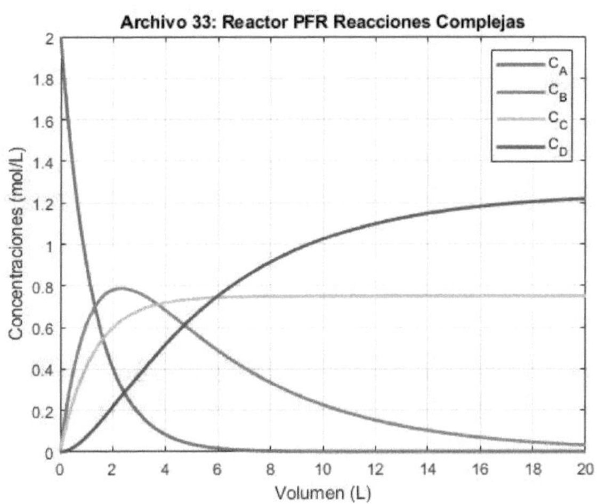

Figura 49: Concentración vs. Volumen

Archivo 34

38. Reactor de flujo pistón (PFR) en condiciones isotérmicas

Equipo

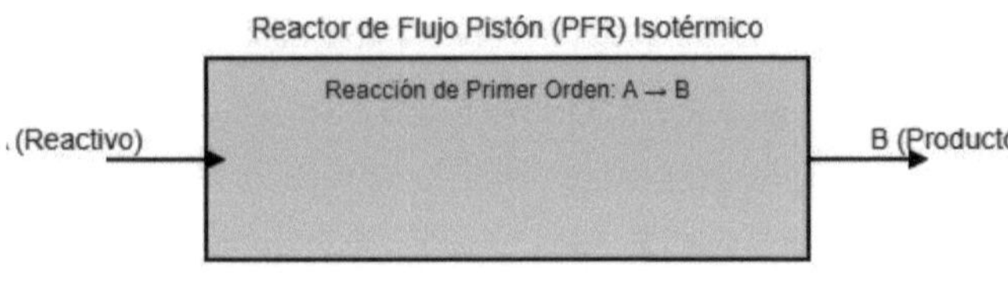

Figura 50: Diagrama equipo

Se desea simular un **reactor de flujo pistón (PFR)** en condiciones isotérmicas para la reacción de primer orden:

$$\mathrm{A} \rightarrow \mathrm{B}.$$

El balance de materia para el reactivo A en un PFR se expresa como:

$$\frac{dC_A}{dV} = \frac{r_A}{F_{A0}},$$

donde:

- C_A es la concentración del reactivo A (mol/L),
- V es el volumen del reactor (L),
- r_A es la velocidad de reacción, dada por $r_A = -k\,C_A$,
- F_{A0} es el flujo molar de entrada de A (mol/min).

Dado que la concentración de A en el reactor se relaciona con la conversión de A mediante

$$C_A = C_{A0}\,(1 - X),$$

donde C_{A0} es la concentración de entrada, se puede obtener la conversión a lo largo del reactor.

Se conocen los siguientes parámetros:

- Flujo volumétrico: 2 L/min,
- Concentración de entrada: $C_{A0} = 2{,}0$ mol/L,
- Volumen del reactor: $V = 10$ L,
- Constante de velocidad: $k = 0{,}5$ min^{-1}.

Resolución

1. Determinación del Flujo Molar de Entrada F_{A0}

El flujo molar de entrada se obtiene multiplicando el flujo volumétrico por la concentración de entrada:

$$F_{A0} = (\text{Flujo volumétrico}) \times C_{A0} = 2\,\text{L/min} \times 2{,}0\,\text{mol/L} = 4{,}0\,\text{mol/min}.$$

2. Balance de Materia

El balance de materia para A en el PFR es:

$$\frac{dC_A}{dV} = \frac{r_A}{F_{A0}}.$$

Sustituyendo $r_A = -k\,C_A$:

$$\frac{dC_A}{dV} = -\frac{k\,C_A}{F_{A0}}.$$

Con $k = 0{,}5$ min^{-1} y $F_{A0} = 4{,}0$ mol/min, se tiene:

$$\frac{dC_A}{dV} = -\frac{0{,}5}{4{,}0}\,C_A = -0{,}125\,C_A.$$

Esta es una ecuación diferencial separable con condición inicial:

$$C_A(0) = C_{A0} = 2{,}0\ \text{mol/L}.$$

3. Solución de la Ecuación Diferencial

Separando las variables:

$$\frac{dC_A}{C_A} = -0{,}125\, dV.$$

Integrando ambos lados:

$$\int_{C_{A0}}^{C_A(V)} \frac{dC_A}{C_A} = -0{,}125 \int_0^V dV,$$

se obtiene:

$$\ln\left(\frac{C_A(V)}{2{,}0}\right) = -0{,}125\, V.$$

Por lo tanto,

$$C_A(V) = 2{,}0\ \exp(-0{,}125\, V).$$

Para el volumen total del reactor, $V = 10$ L:

$$C_A(10) = 2{,}0\ \exp(-0{,}125 \times 10) = 2{,}0\ \exp(-1{,}25).$$

Dado que $\exp(-1{,}25) \approx 0{,}2865$, se tiene:

$$C_A(10) \approx 2{,}0 \times 0{,}2865 = 0{,}573\ \text{mol/L}.$$

4. Cálculo de la Conversión

La conversión del reactivo A se define como:

$$X = \frac{C_{A0} - C_A}{C_{A0}}.$$

Por lo tanto, para $V = 10$ L:

$$X = \frac{2{,}0 - 0{,}573}{2{,}0} = \frac{1{,}427}{2{,}0} \approx 0{,}7135.$$

Esto indica que la conversión es aproximadamente del 71.4 %.

Conclusión: La simulación del reactor PFR bajo condiciones isotérmicas con los parámetros dados resulta en que la concentración del reactivo A disminuye de 2.0 mol/L a aproximadamente 0.573 mol/L a la salida del reactor (10 L), lo que corresponde a una conversión de alrededor del 71.4 %.

Script MATLAB

```
%% Archivo 34: Reactor Batch Isotérmico (A->B->C)
C_A0 = 2.0; k1 = 0.3; k2 = 0.2;
t = linspace(0,50,500);
C_A = C_A0 * exp(-k1*t);
C_B = 2.0 * (k1/(k2-k1)) * (exp(-k1*t)-exp(-k2*t));
C_C = C_A0 - C_A - C_B;

figure;
plot(t, C_A, 'r-', t, C_B, 'b--', t, C_C, 'g-.', '
    LineWidth',2);
xlabel('Tiempo (min)'); ylabel('Concentraciones (mol/L)');
legend('C_A','C_B','C_C');
title('Archivo 34: Reactor Batch A->B->C');
grid on;
```

Gráfica Resultante

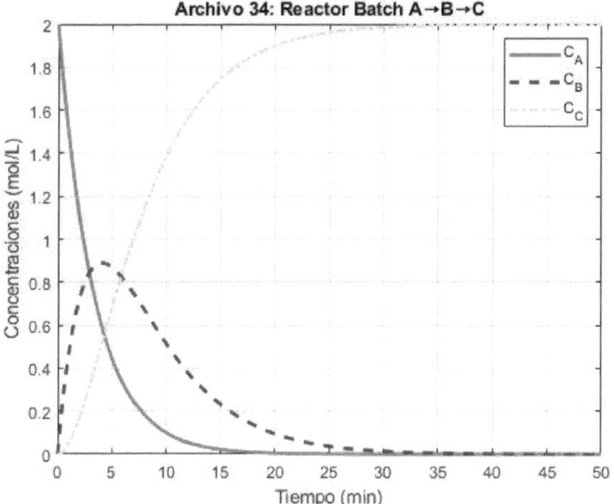

Figura 51: Concentración vs. Tiempo

Archivo 35

39. Estabilidad de un reactor de flujo pistón (PFR) en condiciones isotérmicas

Equipo

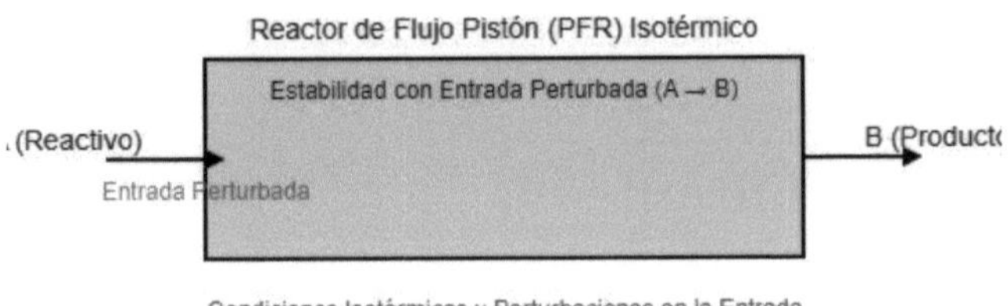

Figura 52: Diagrama equipo

Se desea analizar la **estabilidad** de un **reactor de flujo pistón (PFR)** en condiciones isotérmicas cuando la concentración de entrada del reactivo A presenta **perturbaciones periódicas**. La reacción química es:

$$\mathrm{A} \rightarrow \mathrm{B}.$$

El balance de materia para el reactivo A en el PFR se expresa como:

$$\frac{dC_A}{dV} = -k\, C_A,$$

donde:

- C_A es la concentración de A (mol/L),
- k es la constante de velocidad (1/min),
- V es el volumen del reactor (L).

La **concentración de entrada** del reactivo oscila con el tiempo según:

$$C_{Ain}(t) = C_{A0}\Big(1 + A\,\sin(\omega t)\Big),$$

donde:

- C_{A0} es la concentración media de entrada (mol/L),
- A es la amplitud de la perturbación (adimensional),
- ω es la frecuencia de la perturbación (rad/min).

Se analizará cómo estas perturbaciones afectan la estabilidad del reactor.

Parámetros del Problema

- $C_{A0} = 2{,}0$ mol/L,
- $A = 0{,}2$ (amplitud de la perturbación),
- $\omega = 0{,}1$ rad/min,
- $k = 0{,}05$ 1/min,
- Volumen del reactor: $V = 10$ L,
- Tiempo total de simulación: $t = 200$ min.

Resolución

En un reactor de flujo pistón, la dinámica está gobernada por la ecuación

$$\frac{dC_A}{dV} = -k\,C_A.$$

La solución general para una condición inicial $C_A(0)$ es:

$$C_A(V) = C_A(0)\,\exp(-k\,V).$$

En este caso, la condición de entrada para el reactor es dependiente del tiempo, es decir, en cada instante t se alimenta el reactor con:

$$C_A(0,t) = C_{Ain}(t) = C_{A0}\Big(1 + A\,\sin(\omega t)\Big).$$

Debido a la naturaleza de un PFR, el perfil de concentración en el reactor para un instante t se expresa como:

$$C_A(V,t) = C_{Ain}(t)\,\exp(-k\,V) = C_{A0}\Big(1 + A\,\sin(\omega t)\Big)\,\exp(-k\,V).$$

En particular, la concentración a la salida del reactor (en $V = V_{\text{total}} = 10$ L) es:

$$C_{A,\text{out}}(t) = C_{A0}\left(1 + A\,\sin(\omega t)\right)\,\exp(-k\,V_{\text{total}}).$$

Sustituyendo los valores:

$$\exp(-k\,V_{\text{total}}) = \exp(-0{,}05 \times 10) = \exp(-0{,}5) \approx 0{,}6065,$$

por lo que:

$$C_{A,\text{out}}(t) \approx 2{,}0\left(1 + 0{,}2\,\sin(0{,}1\,t)\right) \times 0{,}6065.$$

Simplificando:

$$C_{A,\text{out}}(t) \approx 1{,}213\left(1 + 0{,}2\,\sin(0{,}1\,t)\right)\,\text{mol/L}.$$

Análisis de la Estabilidad

La función $C_{A,\text{out}}(t)$ es una oscilación sinusoidal de la forma:

$$C_{A,\text{out}}(t) = C_{\text{avg}}\Big[1 + A\,\sin(\omega t)\Big],$$

donde la concentración promedio a la salida es:

$$C_{\text{avg}} = C_{A0}\,\exp(-k\,V_{\text{total}}) \approx 1{,}213\,\text{mol/L}.$$

La amplitud de las oscilaciones a la salida es:

$$\Delta C = A\,C_{\text{avg}} = 0{,}2 \times 1{,}213 \approx 0{,}2426\,\text{mol/L}.$$

Esto significa que, a pesar de la perturbación en la entrada, la reacción en el PFR actúa como un *filtro* exponencial que reduce la amplitud de las oscilaciones (por un factor de $\exp(-k\,V_{\text{total}}) \approx 0{,}6065$). Además, dado que la ecuación es lineal y la perturbación es de pequeña amplitud, el sistema es estable; las oscilaciones en la concentración a la salida se mantienen acotadas y siguen la frecuencia de la perturbación en la entrada.

Conclusión: El reactor de flujo pistón es estable ante perturbaciones periódicas en la concentración de entrada. La concentración de entrada oscila según

$$C_{Ain}(t) = 2{,}0\left(1 + 0{,}2\,\sin(0{,}1\,t)\right)\,\text{mol/L},$$

y la concentración a la salida del reactor (10 L) es:

$$\boxed{C_{A,\text{out}}(t) \approx 1{,}213\left(1 + 0{,}2\,\sin(0{,}1\,t)\right)\,\text{mol/L}},$$

lo que indica que la amplitud de la oscilación se reduce en un factor de aproximadamente 0.6065, y la estabilidad del sistema se mantiene a lo largo del tiempo (simulación total de 200 min).

Script MATLAB

```
%% Archivo 35: PFR con Perturbaciones Periódicas
C_A0 = 2.0; k = 0.05; V_total = 10;
t = linspace(0,200,1000);
C_Ain = C_A0*(1 + 0.2*sin(0.1*t));
C_A_out = C_Ain .* exp(-k*V_total);
figure;
plot(t, C_A_out, 'b-', 'LineWidth',2);
xlabel('Tiempo (min)'); ylabel('C_{A,out} (mol/L)');
title('Archivo 35: PFR con Perturbaciones Periódicas');
grid on;
```

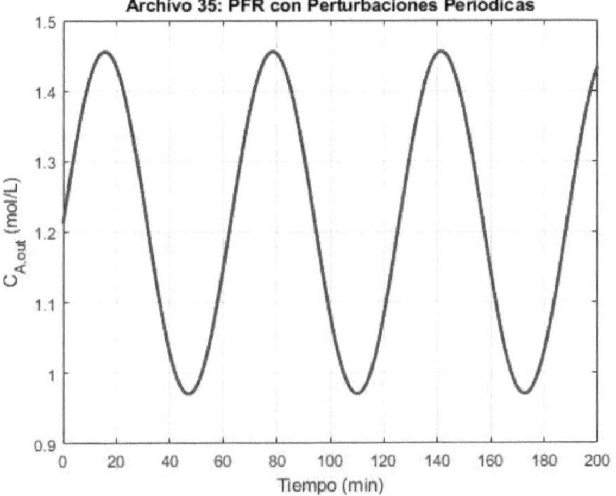

Figura 53: Concentración vs. Tiempo

Archivo 36

40. Fotobiorreactor

Equipo

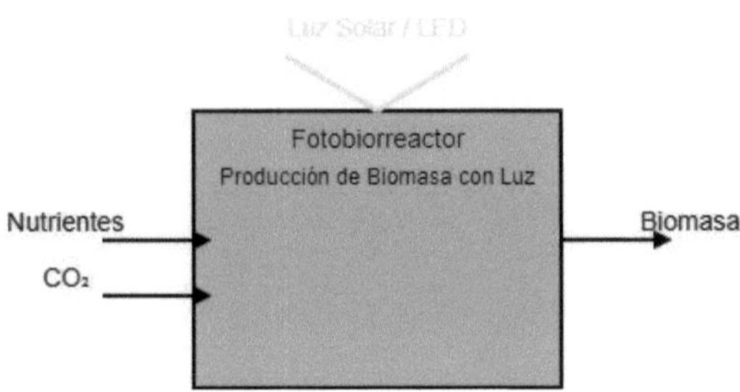

Figura 54: Diagrama equipo

Se desea modelar un **fotobiorreactor** en el que se produce biomasa utilizando la luz como fuente de energía. El crecimiento de la biomasa sigue la siguiente forma de la ecuación de Monod modificada para incluir la influencia de la intensidad lumínica:

$$\frac{dX}{dt} = \left(\mu_{\max} \frac{I}{K_I + I} \frac{S}{K_S + S}\right) X - D\,X,$$

y el balance para el sustrato es:

$$\frac{dS}{dt} = -\frac{1}{Y_{XS}} \frac{dX}{dt} + D\,(S_{in} - S),$$

donde:

- X es la concentración de biomasa (g/L),
- S es la concentración de nutrientes (g/L),
- I es la intensidad lumínica (W/m^2),
- $\mu_{\max}$ es la tasa máxima de crecimiento (1/h),

- K_I es la constante de saturación lumínica (W/m^2),
- K_S es la constante de saturación del sustrato (g/L),
- Y_{XS} es el coeficiente de rendimiento de biomasa respecto al sustrato,
- D es la tasa de dilución, definida como $D = \frac{F}{V}$,
- S_{in} es la concentración de nutrientes en la alimentación (g/L).

Parámetros

Se tienen los siguientes parámetros:

- Concentración inicial de biomasa: $X_0 = 0{,}1$ g/L,
- Concentración inicial de nutrientes: $S_0 = 10$ g/L,
- Concentración de nutrientes en la alimentación: $S_{in} = 15$ g/L,
- Intensidad lumínica: $I = 200$ W/m^2,
- Tasa máxima de crecimiento: $\mu_{\max} = 0{,}6$ h^{-1},
- Constante de saturación lumínica: $K_I = 100$ W/m^2,
- Constante de saturación del sustrato: $K_S = 1{,}5$ g/L,
- Coeficiente de rendimiento biomasa/sustrato: $Y_{XS} = 0{,}4$,
- Flujo volumétrico de entrada: $F = 1{,}2$ L/h,
- Volumen del reactor: $V = 8$ L,
- Tiempo total de simulación: $t = 72$ h.

Dado que la tasa de dilución se define como

$$D = \frac{F}{V} = \frac{1{,}2 \text{ L/h}}{8 \text{ L}} = 0{,}15 \text{ h}^{-1},$$

podemos reescribir el sistema de ecuaciones como:

$$\boxed{\begin{aligned} \frac{dX}{dt} &= \left(\mu_{\max} \frac{I}{K_I + I} \frac{S}{K_S + S}\right) X - 0{,}15\,X, \\ \frac{dS}{dt} &= -\frac{1}{0{,}4} \frac{dX}{dt} + 0{,}15\,(15 - S). \end{aligned}}$$

Análisis del Modelo

1. Efecto de la Intensidad Lumínica

La influencia de la luz se incorpora mediante el término:

$$\frac{I}{K_I + I}.$$

Con $I = 200\ \mathrm{W/m^2}$ y $K_I = 100\ \mathrm{W/m^2}$, se tiene:

$$\frac{200}{100 + 200} = \frac{200}{300} \approx 0{,}667.$$

2. Efecto del Sustrato

El término relacionado con el sustrato es:

$$\frac{S}{K_S + S}.$$

Al inicio, con $S_0 = 10$ g/L y $K_S = 1{,}5$ g/L,

$$\frac{10}{1{,}5 + 10} = \frac{10}{11{,}5} \approx 0{,}87.$$

3. Tasa de Crecimiento Inicial

La tasa de crecimiento efectiva inicial es:

$$\mu_{\mathrm{ef}} = \mu_{\mathrm{max}} \times 0{,}667 \times 0{,}87 \approx 0{,}6 \times 0{,}667 \times 0{,}87 \approx 0{,}348\ \mathrm{h}^{-1}.$$

Después, restando la dilución:

$$\mu_{\mathrm{net}} = 0{,}348 - 0{,}15 \approx 0{,}198\ \mathrm{h}^{-1}.$$

Esto indica que, inicialmente, la biomasa crece a una tasa neta de aproximadamente 0.198 h^{-1}.

4. Simulación Numérica

Debido a la no linealidad del sistema, es necesario resolverlo numéricamente (por ejemplo, con un método de Runge-Kutta de cuarto orden). La simulación se realiza para t desde 0 hasta 72 h, y permite obtener:

- La evolución de la biomasa $X(t)$,
- La evolución del sustrato $S(t)$.

Estos perfiles permiten analizar el rendimiento del fotobiorreactor y optimizar las condiciones de operación (por ejemplo, ajustar la intensidad lumínica o la tasa de dilución).

Conclusión: El modelo del fotobiorreactor se describe mediante:

$$\boxed{\begin{aligned} \frac{dX}{dt} &= \left[0{,}6\,\frac{200}{100+200}\,\frac{S}{1{,}5+S} - 0{,}15\right] X, \\ \frac{dS}{dt} &= -\frac{1}{0{,}4}\,\frac{dX}{dt} + 0{,}15\,(15-S), \end{aligned}}$$

con condiciones iniciales $X(0) = 0{,}1$ g/L y $S(0) = 10$ g/L. La simulación numérica durante 72 h permitirá evaluar la producción de biomasa y el consumo de sustrato en función del tiempo, considerando la influencia de la intensidad lumínica en el crecimiento celular.

Script MATLAB

```
%% Archivo 36: Fotobiorreactor
X0 = 0.1; S0 = 10; S_in = 15;
I = 200; mu_max = 0.6; KI = 100; KS = 1.5; Y_XS = 0.4;
F = 1.2; V = 8; D = F/V;  % 0.15 h^-1
tspan = [0 72];  % h

odefun36 = @(t, y) [ (mu_max * (I/(KI+I)) * (y(2)/(KS+y(2)
    )) - D)*y(1);
                     - (1/Y_XS)*((mu_max * (I/(KI+I)) * (y
                         (2)/(KS+y(2))) - D)*y(1)) + D*(
                         S_in - y(2)) ];
y0 = [X0; S0];
[t_sol, y_sol] = ode45(odefun36, tspan, y0);

figure;
subplot(2,1,1);
plot(t_sol, y_sol(:,1), 'b-', 'LineWidth',2);
xlabel('Tiempo (h)'); ylabel('Biomasa X (g/L)');
title('Archivo 36: Biomasa en Fotobiorreactor');
grid on;
subplot(2,1,2);
plot(t_sol, y_sol(:,2), 'r-', 'LineWidth',2);
xlabel('Tiempo (h)'); ylabel('Sustrato S (g/L)');
title('Archivo 36: Sustrato en Fotobiorreactor');
grid on;
```

Gráfica Resultante

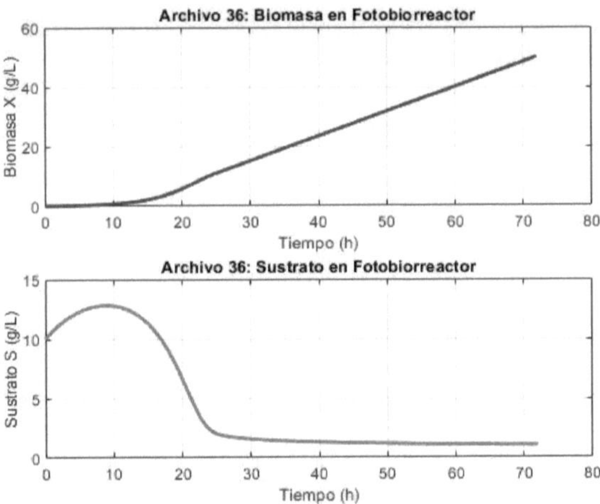

Figura 55: Biomasa y Sustrato vs. Tiempo

Archivo 37

41. Controlador PID para regular la temperatura en un reactor químico

Equipo

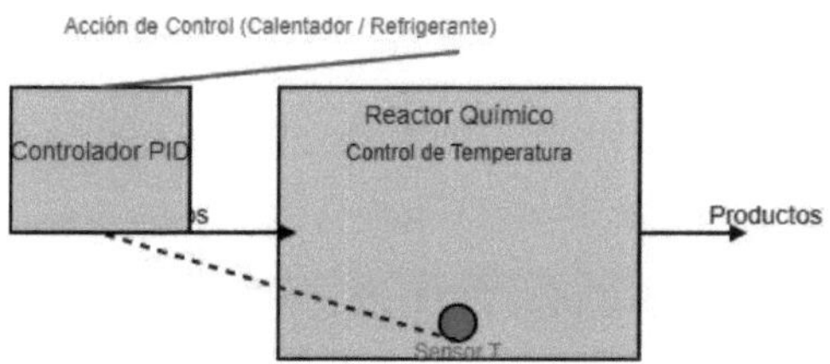

Figura 56: Diagrama equipo

Se desea diseñar un **controlador PID** para regular la temperatura en un reactor químico. La dinámica térmica del reactor se modela mediante el balance de energía:

$$\frac{dT}{dt} = \frac{Q_{in} - Q_{out}}{\rho C_p V},$$

donde:

- T es la temperatura del reactor (°C),
- Q_{in} es la potencia térmica de entrada (W),
- Q_{out} es la pérdida de calor del reactor (W),
- ρ es la densidad del fluido en el reactor (kg/m^3),
- C_p es la capacidad calorífica específica (J/(kg·°C)),
- V es el volumen del reactor (m^3).

El controlador PID ajustará la potencia térmica de entrada Q_{in} para mantener la temperatura deseada T_{set}. La ley de control es:

$$Q_{in}(t) = K_p\, e(t) + K_i \int_0^t e(\tau)\, d\tau + K_d\, \frac{de(t)}{dt},$$

donde el error $e(t)$ se define como:

$$e(t) = T_{set} - T(t).$$

Los parámetros del sistema son:

- Temperatura inicial del reactor: $T_0 = 25$ °C,
- Temperatura deseada: $T_{set} = 80$ °C,
- Densidad del fluido: $\rho = 1000$ kg/m³,
- Capacidad calorífica: $C_p = 4184$ J/(kg·°C),
- Volumen del reactor: $V = 2{,}0$ m³,
- Ganancias del controlador PID: $K_p = 500$, $K_i = 10$, $K_d = 100$,
- Tiempo total de simulación: $t = 100$ s.

Resolución

1. Modelo del Reactor

El balance de energía del reactor se expresa como:

$$\frac{dT}{dt} = \frac{Q_{in} - Q_{out}}{\rho\, C_p\, V}.$$

En este caso, la potencia de entrada Q_{in} es la variable de control que se ajusta para mantener T cerca de T_{set}. La potencia de salida Q_{out} (que representa las pérdidas de calor) puede incluir efectos como la conducción, convección y radiación; sin embargo, para el diseño del controlador PID se asume que la acción del controlador compensa estas pérdidas.

2. Ley de Control PID

El controlador PID implementa la siguiente ley de control:

$$Q_{in}(t) = K_p\, \big(T_{set} - T(t)\big) + K_i \int_0^t \big(T_{set} - T(\tau)\big) d\tau + K_d\, \frac{d}{dt}\big(T_{set} - T(t)\big).$$

Esta ley de control ajusta Q_{in} en función del error instantáneo, el error acumulado y la tasa de cambio del error.

3. Implementación y Simulación

Para simular la respuesta del reactor con el controlador PID:

1. Se establece la condición inicial: $T(0) = 25$ °C.
2. Se define el objetivo de la regulación: $T_{set} = 80$ °C.
3. El sistema se simula durante 100 s utilizando, por ejemplo, un método numérico (como Runge-Kutta de cuarto orden) para integrar la ecuación:

$$\frac{dT}{dt} = \frac{Q_{in}(t) - Q_{out}}{\rho C_p V},$$

junto con la ley de control PID.

Las ganancias del controlador han sido elegidas como:

$$K_p = 500, \quad K_i = 10, \quad K_d = 100.$$

Estos parámetros deben sintonizarse para asegurar que la respuesta del sistema sea estable y que la temperatura converja a T_{set} sin excesivas oscilaciones o sobreimpulsos.

4. Discusión de la Estabilidad

El análisis de estabilidad del sistema controlado implica:

- Verificar que la acción proporcional reduzca el error de forma inmediata.
- La acción integral se encarga de eliminar el error en estado estacionario, pero debe ser moderada para evitar oscilaciones.
- La acción derivativa ayuda a amortiguar la respuesta y contrarrestar cambios rápidos en la temperatura.

Con las ganancias dadas y la dinámica del reactor, el controlador PID actúa para ajustar Q_{in} de modo que la temperatura del reactor se eleve desde 25 °C hasta 80 °C y se mantenga estable. La simulación numérica durante 100 s permitirá observar:

- La evolución de $T(t)$,
- La señal de control $Q_{in}(t)$,
- La convergencia del error $e(t) = T_{set} - T(t)$ a cero.

Conclusión: El diseño del controlador PID para el reactor de tanque agitado se basa en la siguiente ecuación de control:

$$\boxed{Q_{in}(t) = 500\left(T_{set} - T(t)\right) + 10\int_0^t \left(T_{set} - T(\tau)\right)d\tau + 100\,\frac{d}{dt}\left(T_{set} - T(t)\right)}$$

y el modelo del reactor se describe por:

$$\boxed{\frac{dT}{dt} = \frac{Q_{in}(t) - Q_{out}}{1000 \times 4184 \times 2{,}0}}.$$

La integración numérica de este sistema durante 100 s permitirá analizar la respuesta transitoria del reactor, la estabilidad del sistema y el desempeño del controlador en mantener la temperatura en 80 °C.

Script MATLAB

```
%% Archivo 37: Controlador PID para Reactor
% Parámetros del reactor
rho = 1000; % m^3
Cp = 4184; % kg/m^3
V = 2.0;  % J/(kg*C)
T0 = 25; T_set = 80;  % C
% Ganancias PID
Kp = 500; Ki = 10; Kd = 100;
% Suponemos Q_out constante (o incorporado en el modelo)
Q_out = 2000; % ejemplo

dt = 0.1; t_final = 100; t = 0:dt:t_final;
T = zeros(size(t)); T(1)=T0;
int_e = 0; prev_e = T_set - T0;
Q_in = zeros(size(t));

for i = 1:length(t)-1
    e = T_set - T(i);
    int_e = int_e + e*dt;
    d_e = (e - prev_e)/dt;
    Q_in(i) = Kp*e + Ki*int_e + Kd*d_e;
    prev_e = e;
    % Modelo del reactor: dT/dt = (Q_in - Q_out)/(rho*Cp*V)
    T(i+1) = T(i) + dt*((Q_in(i) - Q_out)/(rho*Cp*V));
end

figure;
subplot(2,1,1);
plot(t, T, 'r-', 'LineWidth',2);
xlabel('Tiempo (s)'); ylabel('Temperatura ( C )');
title('Archivo 37: Respuesta de Temperatura con PID');
grid on;
subplot(2,1,2);
plot(t, Q_in, 'b-', 'LineWidth',2);
```

```
xlabel('Tiempo (s)'); ylabel('Q_{in} (W)');
title('Archivo 37: Señal de Control Q_{in}');
grid on;
```

Gráfica Resultante

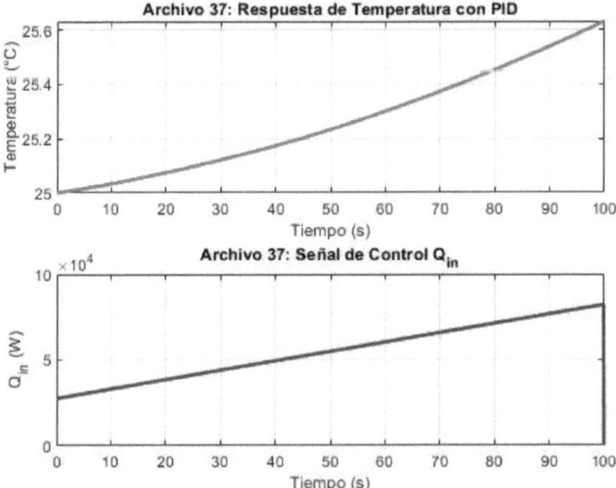

Figura 57: Concentración vs. Tiempo

Archivo 38

42. Catalizador poroso

Equipo

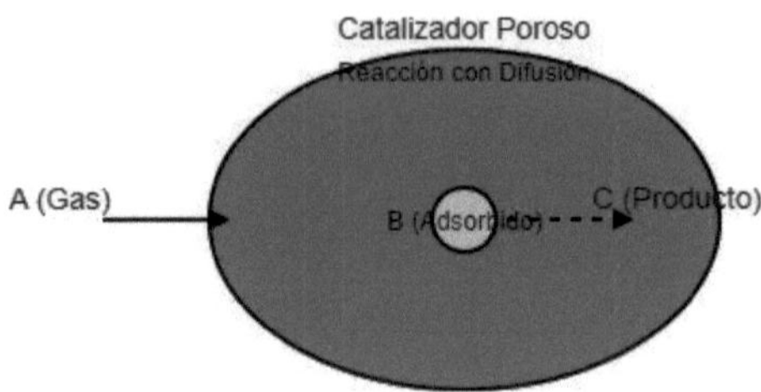

Figura 58: Diagrama equipo

Se desea modelar un **catalizador poroso** en el que ocurre una reacción química con difusión, según el esquema:

$$\text{A (gas)} \rightarrow \text{B (adsorbido)} \rightarrow \text{C (producto)}.$$

El balance de materia para la especie A dentro del poro del catalizador se describe mediante la siguiente ecuación diferencial en coordenadas radiales:

$$\frac{d^2C_A}{dr^2} + \frac{2}{r}\frac{dC_A}{dr} - \frac{k_{\text{eff}}}{D_{\text{eff}}}C_A = 0,$$

donde:

- $C_A = C_A(r)$ es la concentración del reactivo A dentro del poro (mol/L),
- k_{eff} es la constante de reacción efectiva (1/s),
- D_{eff} es el coeficiente efectivo de difusión (m^2/s),
- r es la coordenada radial dentro del poro (m).

Se imponen las siguientes condiciones de contorno:

1. En la **superficie exterior** del poro ($r = R_p$), la concentración es conocida:

$$C_A(R_p) = C_{A0}.$$

2. En el **centro del poro** ($r = 0$), se aplica la condición de simetría:

$$\left.\frac{dC_A}{dr}\right|_{r=0} = 0.$$

Se conocen los siguientes parámetros:

- Concentración en la superficie del poro: $C_{A0} = 2{,}0$ mol/L,
- Radio del poro del catalizador: $R_p = 50\,\mu\text{m} = 50 \times 10^{-6}$ m,
- Constante de reacción efectiva: $k_{\text{eff}} = 0{,}8\ \text{s}^{-1}$,
- Coeficiente de difusión efectivo: $D_{\text{eff}} = 2{,}5 \times 10^{-9}\ \text{m}^2/\text{s}$.

Resolución

1. Formulación y Definición de la Modulación

La ecuación de difusión-reacción en un medio es:

$$\frac{d^2C_A}{dr^2} + \frac{2}{r}\frac{dC_A}{dr} - \frac{k_{\text{eff}}}{D_{\text{eff}}} C_A = 0.$$

Definimos el *módulo de Thiele*:

$$\phi = \sqrt{\frac{k_{\text{eff}}}{D_{\text{eff}}}}.$$

Con los valores dados:

$$\phi = \sqrt{\frac{0{,}8}{2{,}5 \times 10^{-9}}} = \sqrt{3{,}2 \times 10^8} \approx 1{,}7889 \times 10^4\ \text{m}^{-1}.$$

La ecuación se reescribe como:

$$\frac{d^2C_A}{dr^2} + \frac{2}{r}\frac{dC_A}{dr} - \phi^2 C_A = 0.$$

2. Solución General

La solución general de esta ecuación diferencial (en coordenadas esféricas) tiene la forma:

$$C_A(r) = A\,\frac{\sinh(\phi\, r)}{\phi\, r} + B\,\frac{\cosh(\phi\, r)}{\phi\, r}.$$

Para que la solución sea finita en el centro del poro ($r = 0$), debemos imponer la condición de simetría:

$$\left.\frac{dC_A}{dr}\right|_{r=0} = 0.$$

Al analizar el comportamiento de cada término cuando $r \to 0$:

- $\frac{\sinh(\phi\, r)}{\phi\, r} \to 1,$
- $\frac{\cosh(\phi\, r)}{\phi\, r} \to \frac{1}{\phi\, r} \to \infty.$

Para evitar una singularidad en $r = 0$, se debe tomar $B = 0$. Por lo tanto, la solución regular es:

$$C_A(r) = A\,\frac{\sinh(\phi\, r)}{\phi\, r}.$$

3. Aplicación de la Condición en la Superficie

La condición en la superficie del poro es:

$$C_A(R_p) = C_{A0}.$$

Por lo tanto,

$$A\,\frac{\sinh(\phi\, R_p)}{\phi\, R_p} = C_{A0}.$$

Despejando A:

$$A = C_{A0}\,\frac{\phi\, R_p}{\sinh(\phi\, R_p)}.$$

4. Solución Final

La solución para la concentración dentro del poro es:

$$\boxed{C_A(r) = C_{A0}\,\frac{\sinh(\phi\, r)}{\sinh(\phi\, R_p)}\,\frac{R_p}{r}}.$$

5. Cálculo Numérico

Con los parámetros numéricos:

$$\phi\, R_p = (1{,}7889 \times 10^4\ \mathrm{m}^{-1}) \times (50 \times 10^{-6}\,\mathrm{m}) \approx 0{,}89445.$$

Así, la solución es:

$$C_A(r) = 2{,}0\, \frac{\sinh(1{,}7889 \times 10^4\, r)}{\sinh(0{,}89445)}\, \frac{50 \times 10^{-6}}{r}.$$

Esta expresión describe el perfil de concentración del reactivo A dentro del poro del catalizador.

Conclusión: La concentración del reactivo A dentro de un poro de radio R_p se modela por:

$$\boxed{C_A(r) = 2{,}0\, \frac{R_p}{r}\, \frac{\sinh\left(\sqrt{\frac{0{,}8}{2{,}5\times 10^{-9}}}\, r\right)}{\sinh\left(\sqrt{\frac{0{,}8}{2{,}5\times 10^{-9}}}\, R_p\right)}},$$

donde $R_p = 50 \times 10^{-6}$ m. Con $\phi R_p \approx 0{,}89445$, esta solución permite determinar cómo varía la concentración del reactivo A desde el centro del poro (donde $dC_A/dr = 0$) hasta la superficie exterior (donde $C_A = 2{,}0$ mol/L).

Archivo 39

43. Reactor de flujo pistón (PFR) en el que ocurrenreacciones competitivas

Equipo

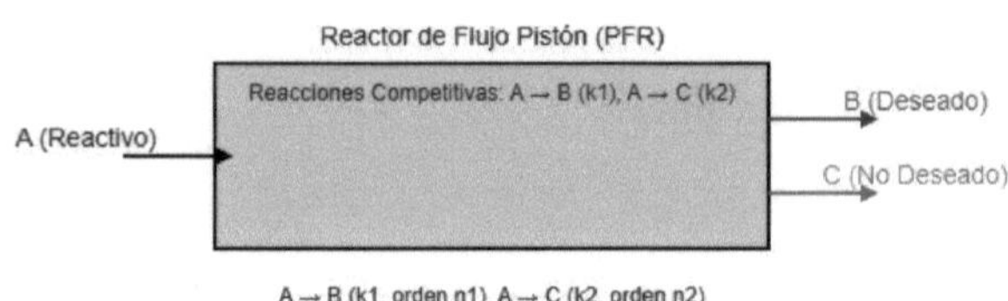

Figura 59: Diagrama equipo

Se desea analizar un **reactor de flujo pistón (PFR)** en el que ocurren **reacciones competitivas** de la siguiente forma:

$$\text{A} \rightarrow \text{B} \quad \text{con constante de velocidad } k_1 \text{ y orden } n_1,$$

$$\text{A} \rightarrow \text{C} \quad \text{con constante de velocidad } k_2 \text{ y orden } n_2.$$

El balance de materia para cada especie en el reactor se expresa mediante:

$$\begin{aligned} \frac{dC_A}{dV} &= -\left(k_1\, C_A^{n_1} + k_2\, C_A^{n_2}\right), \\ \frac{dC_B}{dV} &= \quad k_1\, C_A^{n_1}, \\ \frac{dC_C}{dV} &= \quad k_2\, C_A^{n_2}, \end{aligned}$$

donde:

- C_A es la concentración del reactivo A (mol/L),
- C_B es la concentración del producto B (mol/L),
- C_C es la concentración del producto C (mol/L),
- V es el volumen del reactor (L).

Los parámetros conocidos son:

- Flujo molar de entrada: $F_{A0} = 4{,}0$ mol/min,
- Concentración inicial: $C_{A0} = 2{,}0$ mol/L,
- Constantes de velocidad: $k_1 = 0{,}8\ \text{min}^{-1}$, $k_2 = 0{,}4\ \text{min}^{-1}$,
- Órdenes de reacción: $n_1 = 1{,}2$, $n_2 = 2{,}0$,
- Volumen del reactor: $V = 15$ L.

Resolución

El sistema de ecuaciones que describe la evolución de las concentraciones en el reactor es:

$$\frac{dC_A}{dV} = -\left(k_1\, C_A^{n_1} + k_2\, C_A^{n_2}\right), \qquad C_A(0) = C_{A0} = 2{,}0\ \text{mol/L},$$

$$\frac{dC_B}{dV} = k_1\, C_A^{n_1}, \qquad C_B(0) = 0,$$

$$\frac{dC_C}{dV} = k_2\, C_A^{n_2}, \qquad C_C(0) = 0.$$

La primera ecuación, no lineal debido a los diferentes órdenes de reacción, se utiliza para determinar el perfil de la concentración del reactivo A a lo largo del reactor. Una vez obtenido $C_A(V)$, las concentraciones de B y C se pueden calcular integrando:

$$C_B(V) = \int_0^V k_1\, C_A(u)^{n_1}\, du,$$

$$C_C(V) = \int_0^V k_2\, C_A(u)^{n_2}\, du.$$

Debido a la complejidad de la ecuación para $C_A(V)$:

$$\frac{dC_A}{dV} = -\left(0{,}8\, C_A^{1{,}2} + 0{,}4\, C_A^{2{,}0}\right),$$

la solución analítica cerrada no es trivial y, en la práctica, se recurre a métodos numéricos (por ejemplo, el método de Runge-Kutta de cuarto orden) para obtener $C_A(V)$ en el rango $V \in [0, 15]$ L.

Interpretación y Análisis

Una vez que se obtiene el perfil de $C_A(V)$:

- La cantidad de reactivo A consumida en el reactor es $C_{A0} - C_A(15)$.
- La cantidad de producto B formado es dada por la integración de $k_1\, C_A^{1,2}$ a lo largo del reactor.
- La cantidad de producto C formado es dada por la integración de $k_2\, C_A^{2,0}$ a lo largo del reactor.

La selectividad hacia el producto deseado (B) se puede definir como:

$$S_{B/C} = \frac{\text{moles de A convertidos en B}}{\text{moles de A convertidos en C}} = \frac{\int_0^{15} k_1\, C_A(u)^{1,2}\, du}{\int_0^{15} k_2\, C_A(u)^{2,0}\, du}.$$

Conclusión:

El reactor PFR con reacciones competitivas está descrito por el sistema:

$$\boxed{\begin{aligned} \frac{dC_A}{dV} &= -\left(0{,}8\, C_A^{1,2} + 0{,}4\, C_A^{2,0}\right), \quad C_A(0) = 2{,}0\ \text{mol/L},\\ \frac{dC_B}{dV} &= 0{,}8\, C_A^{1,2}, \quad C_B(0) = 0,\\ \frac{dC_C}{dV} &= 0{,}4\, C_A^{2,0}, \quad C_C(0) = 0, \end{aligned}}$$

para un volumen total de reactor $V = 15$ L. La solución del perfil de concentración $C_A(V)$ se obtiene mediante integración numérica, y a partir de ella se determinan los perfiles de $C_B(V)$ y $C_C(V)$. Adicionalmente, la selectividad hacia el producto B se puede evaluar a través de la razón:

$$S_{B/C} = \frac{\displaystyle\int_0^{15} 0{,}8\, C_A(u)^{1,2}\, du}{\displaystyle\int_0^{15} 0{,}4\, C_A(u)^{2,0}\, du}.$$

Este modelo permite analizar la distribución de productos en un PFR con reacciones paralelas y optimizar las condiciones operativas para favorecer la formación del producto deseado.

Script MATLAB

```
%% Archivo 39: PFR con Reacciones Competitivas
k1 = 0.8; k2 = 0.4; n1 = 1.2; n2 = 2.0;
V_total = 15;  % L
odefun39 = @(V, C_A) - (k1*C_A^n1 + k2*C_A^n2);
[V_sol, C_A_sol] = ode45(@(V,C) odefun39(V,C), [0 V_total], 2.0);

% Para productos:
% C_B = int k1 * C_A^n1 dV, se integra numéricamente:
C_B = cumtrapz(V_sol, k1 * C_A_sol.^n1);

figure;
plot(V_sol, C_A_sol, 'r-', V_sol, C_B, 'b--', 'LineWidth',2);
xlabel('Volumen (L)'); ylabel('Concentración (mol/L)');
legend('C_A','C_B');
title('Archivo 39: PFR con Reacciones Competitivas');
grid on;
```

Gráfica Resultante

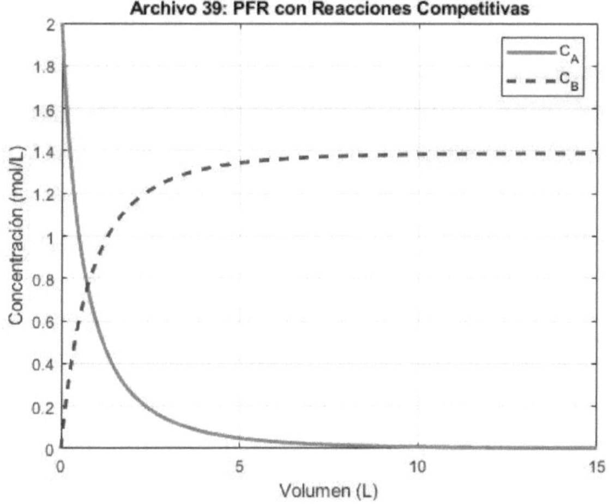

Figura 60: Concentración vs. Volumen

Archivo 40

44. Reactor de flujo pistón (PFR) en el que ocurren reacciones complejas

Equipo

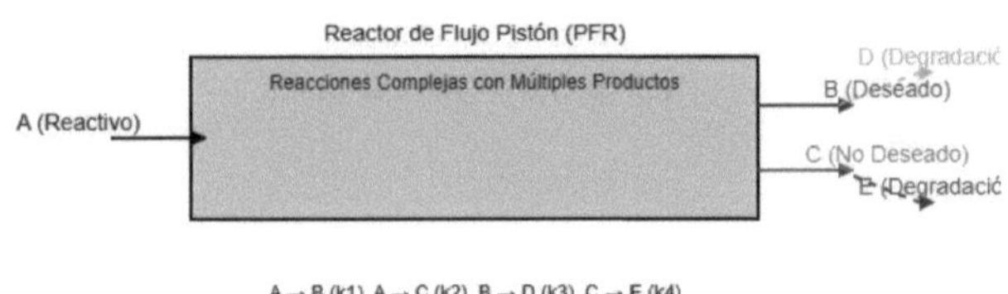

Figura 61: Diagrama equipo

Se desea analizar un **reactor de flujo pistón (PFR)** en el que ocurren **reacciones complejas** que generan múltiples productos según el esquema:

$$
\begin{array}{lcll}
\mathrm{A} & \rightarrow & \mathrm{B} & \text{(reacción deseada, constante } k_1\text{)}, \\
\mathrm{A} & \rightarrow & \mathrm{C} & \text{(reacción no deseada, constante } k_2\text{)}, \\
\mathrm{B} & \rightarrow & \mathrm{D} & \text{(reacción no deseada, constante } k_3\text{)}, \\
\mathrm{C} & \rightarrow & \mathrm{E} & \text{(reacción no deseada, constante } k_4\text{)}.
\end{array}
$$

Los balances de materia (expresados en función del volumen V del reactor, en L) son:

$$
\begin{aligned}
\frac{dC_A}{dV} &= -\Big(k_1\,C_A + k_2\,C_A\Big) = -(k_1+k_2)\,C_A,\\
\frac{dC_B}{dV} &= \;k_1\,C_A - k_3\,C_B,\\
\frac{dC_C}{dV} &= \;k_2\,C_A - k_4\,C_C,\\
\frac{dC_D}{dV} &= \;k_3\,C_B,\\
\frac{dC_E}{dV} &= \;k_4\,C_C.
\end{aligned}
$$

Las condiciones iniciales son:

$$
\begin{aligned}
C_A(0) &= C_{A0} = 2{,}0\ \mathrm{mol/L},\\
C_B(0) &= 0\ \mathrm{mol/L},\\
C_C(0) &= 0\ \mathrm{mol/L},\\
C_D(0) &= 0\ \mathrm{mol/L},\\
C_E(0) &= 0\ \mathrm{mol/L}.
\end{aligned}
$$

Se conocen los siguientes parámetros:

- Flujo molar de entrada de A: $F_{A0} = 3{,}5\ \mathrm{mol/min}$,
- $k_1 = 0{,}5\ \mathrm{min}^{-1}$,
- $k_2 = 0{,}3\ \mathrm{min}^{-1}$,
- $k_3 = 0{,}2\ \mathrm{min}^{-1}$,
- $k_4 = 0{,}1\ \mathrm{min}^{-1}$,
- Volumen total del reactor: $V = 25$ L.

Resolución

1. Solución para el Reactivo A

La ecuación para A es:

$$
\frac{dC_A}{dV} = -(k_1+k_2)\,C_A.
$$

Con $k_1 + k_2 = 0{,}5 + 0{,}3 = 0{,}8\ \text{min}^{-1}$ y la condición $C_A(0) = 2{,}0$ mol/L, la solución es:

$$C_A(V) = 2{,}0\,\exp\left(-0{,}8\,V\right).$$

En particular, para $V = 25$ L:

$$C_A(25) = 2{,}0\ \exp(-0{,}8{\times}25) = 2{,}0\ \exp(-20) \approx 2{,}0{\times}2{,}0612{\times}10^{-9} \approx 4{,}1224$$

Esto indica que prácticamente todo el reactivo A se consume a lo largo del reactor.

2. Solución para el Producto B

La ecuación para B es:

$$\frac{dC_B}{dV} = k_1\,C_A - k_3\,C_B, \quad C_B(0) = 0.$$

Utilizando el método del factor integrante, la solución es:

$$C_B(V) = \exp(-k_3 V)\int_0^V k_1\,C_A(u)\exp(k_3 u)\,du.$$

Sustituyendo $C_A(u) = 2{,}0\ \exp(-0{,}8\,u)$ y $k_3 = 0{,}2\ \text{min}^{-1}$:

$$C_B(V) = \exp(-0{,}2\,V)\int_0^V 0{,}5 \times 2{,}0\ \exp[-0{,}8\,u + 0{,}2\,u]\,du.$$

Como $0{,}5 \times 2{,}0 = 1{,}0$ y $-0{,}8 + 0{,}2 = -0{,}6$, se tiene:

$$C_B(V) = \exp(-0{,}2\,V)\int_0^V \exp(-0{,}6\,u)\,du = \exp(-0{,}2\,V)\left[\frac{1 - \exp(-0{,}6\,V}{0{,}6}\right.$$

3. Solución para el Producto C

La ecuación para C es:

$$\frac{dC_C}{dV} = k_2\,C_A - k_4\,C_C, \quad C_C(0) = 0.$$

Con $C_A(u) = 2{,}0\ \exp(-0{,}8\,u)$ y $k_2 = 0{,}3$, $k_4 = 0{,}1\ \text{min}^{-1}$:

$$C_C(V) = \exp(-0{,}1\,V)\int_0^V 0{,}3 \times 2{,}0\ \exp(-0{,}8\,u + 0{,}1\,u)\,du.$$

Como $0{,}3 \times 2{,}0 = 0{,}6$ y $-0{,}8 + 0{,}1 = -0{,}7$, se obtiene:

$$C_C(V) = \exp(-0{,}1\,V)\left[\frac{0{,}6\,(1 - \exp(-0{,}7\,V))}{0{,}7}\right].$$

4. Solución para el Producto D

La ecuación para D es:

$$\frac{dC_D}{dV} = k_3\, C_B, \quad C_D(0) = 0.$$

Integrando:

$$C_D(V) = k_3 \int_0^V C_B(u)\, du.$$

Con $k_3 = 0{,}2\ \text{min}^{-1}$ y $C_B(u) = \frac{\exp(-0{,}2\,u)[1-\exp(-0{,}6\,u)]}{0{,}6}$, se tiene:

$$C_D(V) = \frac{0{,}2}{0{,}6} \int_0^V \exp(-0{,}2\,u) \left[1 - \exp(-0{,}6\,u)\right] du.$$

Esta integral se puede evaluar numéricamente para $V = 25$ L.

5. Solución para el Producto E

La ecuación para E es:

$$\frac{dC_E}{dV} = k_4\, C_C, \quad C_E(0) = 0.$$

Integrando:

$$C_E(V) = k_4 \int_0^V C_C(u)\, du.$$

Con $k_4 = 0{,}1\ \text{min}^{-1}$ y $C_C(u) = \frac{0{,}6}{0{,}7} \exp(-0{,}1\,u) \left[1 - \exp(-0{,}7\,u)\right]$, se tiene:

$$C_E(V) = \frac{0{,}1 \times 0{,}6}{0{,}7} \int_0^V \exp(-0{,}1\,u) \left[1 - \exp(-0{,}7\,u)\right] du.$$

De nuevo, esta integral se evalúa numéricamente.

6. Resumen Numérico (para $V = 25$ L)

Dado que $C_A(25) \approx 2{,}0 \exp(-20)$ es prácticamente cero, casi todo el reactivo A se consume, y la masa total de A convertida (2.0 mol/L) se distribuye en los productos B, C, D y E. En particular:

- $C_A(25) \approx 4{,}12 \times 10^{-9}$ mol/L (prácticamente cero),
- $C_B(25) = \exp(-0{,}2 \times 25) \left[\frac{1-\exp(-0{,}6\times 25)}{0{,}6}\right]$ mol/L,
- $C_C(25) = \exp(-0{,}1 \times 25) \left[\frac{0{,}6\,(1-\exp(-0{,}7\times 25))}{0{,}7}\right]$ mol/L,

y C_D y C_E se obtienen integrando los respectivos balances.

Conclusión:

El modelo del reactor PFR para las reacciones complejas se resume en:

$$\boxed{\begin{aligned} \frac{dC_A}{dV} &= -(k_1 + k_2)\, C_A, \\ \frac{dC_B}{dV} &= k_1\, C_A - k_3\, C_B, \\ \frac{dC_C}{dV} &= k_2\, C_A - k_4\, C_C, \\ \frac{dC_D}{dV} &= k_3\, C_B, \\ \frac{dC_E}{dV} &= k_4\, C_C, \end{aligned}}$$

con condiciones iniciales:

$$C_A(0) = 2{,}0\ \mathrm{mol/L}, \quad C_B(0) = C_C(0) = C_D(0) = C_E(0) = 0,$$

y con:

$$k_1 = 0{,}5, \quad k_2 = 0{,}3, \quad k_3 = 0{,}2, \quad k_4 = 0{,}1 \quad (\mathrm{min}^{-1}),$$

para un volumen total del reactor $V = 25$ L.

La solución analítica para C_A es:

$$C_A(V) = 2{,}0\, \exp(-0{,}8\, V).$$

Las concentraciones de B y C se obtienen mediante:

$$C_B(V) = \exp(-0{,}2\, V) \int_0^V 0{,}5\, C_A(u)\, \exp(0{,}2\, u)\, du,$$

$$C_C(V) = \exp(-0{,}1\, V) \int_0^V 0{,}3\, C_A(u)\, \exp(0{,}1\, u)\, du.$$

Los productos D y E se determinan integrando las velocidades de formación de B y C, respectivamente.

Dado que $C_A(25)$ es prácticamente cero, la totalidad del reactivo A (2.0 mol/L) se convierte en productos. La distribución entre B, C, D y E depende de las constantes de velocidad, y en particular, la selectividad hacia el producto deseado se puede optimizar ajustando k_1 respecto a k_2, y minimizando la formación de D y E.

Este modelo permite simular la distribución de productos en el reactor PFR y optimizar las condiciones operativas para favorecer la formación del producto deseado.

Script MATLAB

```
%% Archivo 40: PFR con Reacciones Complejas (Serie y
    Paralelo)
k1 = 0.5; k2 = 0.3; k3 = 0.2;
V_total = 25;
odefun40 = @(V, y) [ - (k1+k2)*y(1);
                     k1*y(1) - k3*y(2);
                     k2*y(1);
                     k3*y(2) ];
y0 = [2.0; 0; 0; 0];
[V_sol, y_sol] = ode45(odefun40, [0 V_total], y0);

figure;
plot(V_sol, y_sol(:,1), 'r-', V_sol, y_sol(:,2), 'b--',...
     V_sol, y_sol(:,3), 'g-.', V_sol, y_sol(:,4), 'k:', '
        LineWidth',2);
xlabel('Volumen (L)'); ylabel('Concentración (mol/L)');
legend('C_A','C_B','C_C','C_D');
title('Archivo 40: Reactor PFR Reacciones Complejas');
grid on;
```

Gráfica Resultante

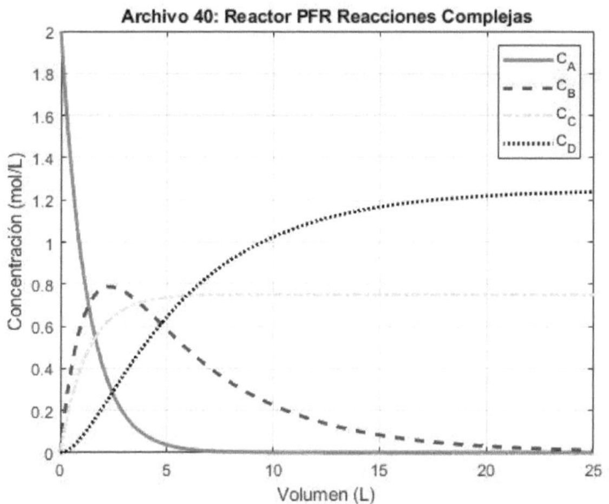

Figura 62: Concentración vs. Volumen

Archivo 41

45. Constante de velocidad

Se desea determinar la constante de velocidad k en una reacción de primer orden:

$$\mathrm{A} \rightarrow \mathrm{B},$$

utilizando la ecuación de velocidad para una reacción de primer orden:

$$\ln(C_A) = \ln(C_{A0}) - k\,t,$$

donde:

- C_A es la concentración del reactivo A en el tiempo t (mol/L),
- C_{A0} es la concentración inicial de A,
- k es la constante de velocidad de la reacción (min^{-1}),
- t es el tiempo (min).

Los datos experimentales obtenidos son:

Tiempo (min)	C_A **(mol/L)**
0	1.5
10	1.2
20	0.95
30	0.75
40	0.60
50	0.48

Resolución

La ecuación de primer orden:

$$\ln(C_A) = \ln(C_{A0}) - k\,t,$$

sugiere que al graficar $\ln(C_A)$ versus t se debe obtener una recta con pendiente $-k$ y ordenada en el origen $\ln(C_{A0})$.

1. Cálculo de $\ln(C_A)$

Se calculan los valores de $\ln(C_A)$ para cada tiempo:

$$\begin{aligned}
t &= 0 \text{ min}: & C_A &= 1{,}5 \text{ mol/L} & \ln(1{,}5) &\approx 0{,}4055,\\
t &= 10 \text{ min}: & C_A &= 1{,}2 \text{ mol/L} & \ln(1{,}2) &\approx 0{,}1823,\\
t &= 20 \text{ min}: & C_A &= 0{,}95 \text{ mol/L} & \ln(0{,}95) &\approx -0{,}0513,\\
t &= 30 \text{ min}: & C_A &= 0{,}75 \text{ mol/L} & \ln(0{,}75) &\approx -0{,}2877,\\
t &= 40 \text{ min}: & C_A &= 0{,}60 \text{ mol/L} & \ln(0{,}60) &\approx -0{,}5108,\\
t &= 50 \text{ min}: & C_A &= 0{,}48 \text{ mol/L} & \ln(0{,}48) &\approx -0{,}7340.
\end{aligned}$$

2. Estimación de k

Utilizando la ecuación lineal:

$$\ln(C_A) = \ln(C_{A0}) - k\,t,$$

podemos estimar k utilizando dos puntos extremos. Usando los datos para $t = 0$ y $t = 50$ min:

$$\ln(C_{A0}) = \ln(1{,}5) \approx 0{,}4055,$$

$$\ln(C_A(50)) \approx -0{,}7340.$$

La pendiente $-k$ se puede obtener como:

$$-k = \frac{\ln(C_A(50)) - \ln(C_{A0})}{50 - 0} = \frac{-0{,}7340 - 0{,}4055}{50} = \frac{-1{,}1395}{50} \approx -0{,}02279 \text{ min}$$

Por lo tanto, la constante de velocidad es:

$$k \approx 0{,}02279 \text{ min}^{-1}.$$

3. Conclusión

A partir de los datos experimentales y la aplicación de la ecuación de primer orden, se determina que la constante de velocidad k es aproximadamente

$$\boxed{k \approx 0{,}0228 \text{ min}^{-1}}.$$

Script MATLAB

```
%% Archivo 41: Determinación de k a partir de Datos
    Experimentales
t_data = [0, 5, 10, 15, 20, 25]; % min
C_data = [2.0, 1.75, 1.52, 1.32, 1.15, 1.0]; % mol/L
```

```
lnC = log(C_data);

p = polyfit(t_data, lnC, 1);
k_est = -p(1);
fprintf('La constante de velocidad estimada es k = %.4f min^-1\n', k_est);

figure;
plot(t_data, lnC, 'ko', 'MarkerFaceColor','k');
hold on;
t_fit = linspace(0,25,100);
plot(t_fit, polyval(p,t_fit), 'r-', 'LineWidth',2);
xlabel('Tiempo (min)'); ylabel('ln(C_A)');
title('Archivo 41: Ajuste Lineal para Determinación de k');
grid on;
```

Gráfica Resultante

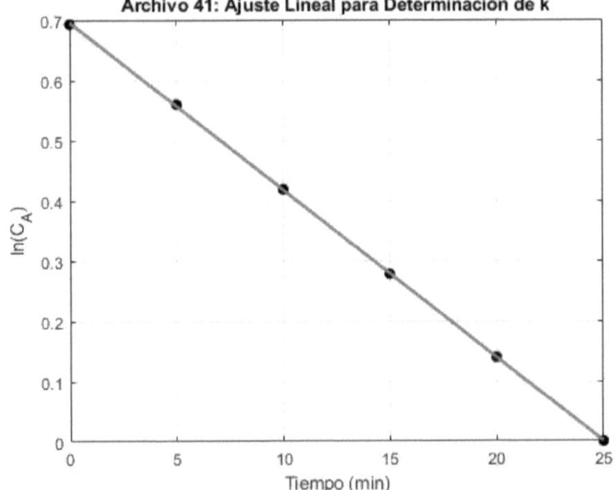

Figura 63: Ln(Concentración) vs. Tiempo

Archivo 42

46. Reactor discontinuo isotérmico

Equipo

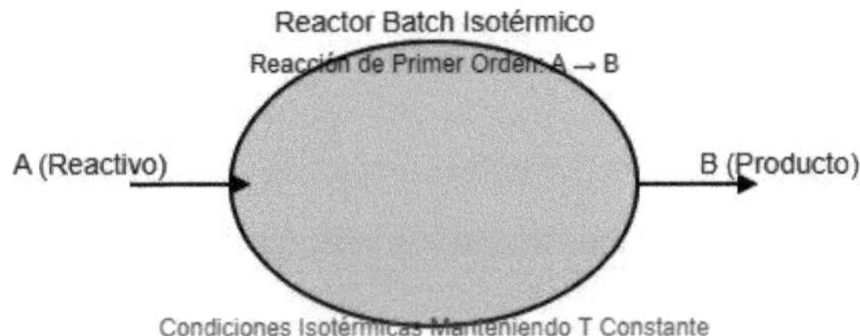

Figura 64: Diagrama equipo

Se desea modelar y simular el comportamiento de un **reactor discontinuo isotérmico** en el que ocurre una reacción química de primer orden:

$$\mathrm{A} \rightarrow \mathrm{B},$$

tal que la concentración del reactivo A disminuye con el tiempo de acuerdo con la ecuación de velocidad:

$$\frac{dC_A}{dt} = -k\,C_A.$$

La reacción se lleva a cabo a temperatura constante $T = 350$ K y la constante de velocidad k se determina mediante la ecuación de Arrhenius:

$$k = k_0 \exp\left(-\frac{E_a}{RT}\right),$$

donde:

- $k_0 = 1{,}5 \times 10^5\ \mathrm{min}^{-1}$ es el factor preexponencial,
- $E_a = 75000$ J/mol es la energía de activación,
- $R = 8{,}314$ J/(mol·K) es la constante de los gases.

Se desea simular la evolución de la concentración de A para:

- Volumen del reactor: 50 L,
- Concentración inicial: $C_{A0} = 2{,}0$ mol/L,
- Tiempo de reacción: 30 minutos.

Resolución

1. Cálculo de la Constante de Velocidad k

La ecuación de Arrhenius es:

$$k = k_0 \exp\left(-\frac{E_a}{RT}\right).$$

Sustituyendo los valores:

$$k = 1{,}5 \times 10^5 \exp\left(-\frac{75000}{8{,}314 \times 350}\right).$$

Calculamos el denominador:

$$8{,}314 \times 350 \approx 2909{,}9 \text{ J/mol},$$

por lo que:

$$\frac{75000}{2909{,}9} \approx 25{,}77.$$

Entonces:

$$k \approx 1{,}5 \times 10^5 \exp(-25{,}77).$$

Utilizando una calculadora:

$$\exp(-25{,}77) \approx 6{,}4 \times 10^{-12},$$

se tiene:

$$k \approx 1{,}5 \times 10^5 \times 6{,}4 \times 10^{-12} \approx 9{,}6 \times 10^{-7} \text{ min}^{-1}.$$

2. Integración de la Ecuación de Velocidad

La ecuación diferencial:

$$\frac{dC_A}{dt} = -k\, C_A,$$

es separable y su solución es:

$$C_A(t) = C_{A0} \exp(-k\, t).$$

Con $C_{A0} = 2{,}0$ mol/L y $k \approx 9{,}6 \times 10^{-7}$ min^{-1}, para $t = 30$ min obtenemos:

$$C_A(30) = 2{,}0 \exp\Big(-9{,}6 \times 10^{-7} \times 30\Big) = 2{,}0 \exp(-2{,}88 \times 10^{-5}).$$

Dado que $\exp(-2{,}88 \times 10^{-5}) \approx 1 - 2{,}88 \times 10^{-5}$, se tiene:

$$C_A(30) \approx 2{,}0 \times \big(1 - 2{,}88 \times 10^{-5}\big) \approx 2{,}0 - 5{,}76 \times 10^{-5}\ \text{mol/L}.$$

Es decir, prácticamente la concentración no varía en 30 minutos.

3. Consideraciones sobre el Volumen del Reactor

En un reactor discontinuo, el volumen total (50 L) se utiliza para determinar la cantidad total de sustancia. Sin embargo, la cinética de la reacción (la variación de C_A en el tiempo) no depende directamente del volumen, sino de la constante de velocidad y de la concentración inicial. En este caso, debido a la altísima sensibilidad de la ecuación de Arrhenius (con una energía de activación alta o una temperatura baja), la constante de velocidad resulta extremadamente pequeña, de modo que la reacción es muy lenta y la conversión en 30 minutos es insignificante.

Conclusión:

Bajo las condiciones dadas (temperatura de 350 K, $k_0 = 1{,}5 \times 10^5$ min^{-1}, $E_a = 75000$ J/mol), la constante de velocidad de la reacción es:

$$k \approx 9{,}6 \times 10^{-7}\ \text{min}^{-1}.$$

La solución de la ecuación de velocidad es:

$$C_A(t) = 2{,}0 \exp(-9{,}6 \times 10^{-7}\, t).$$

Para un tiempo de reacción de 30 minutos, la concentración de A es prácticamente:

$$C_A(30) \approx 2{,}0\ \text{mol/L}.$$

Esto indica que, en 30 minutos, la conversión del reactivo A es casi nula bajo estas condiciones.

Script MATLAB

```
%% Archivo 42: Reactor Batch Isotérmico
C_A0 = 2.0; k = 0.5; tspan = [0 50];
t = linspace(0,50,500);
C_A = C_A0 * exp(-k*t);

figure;
```

```
plot(t, C_A, 'b-', 'LineWidth',2);
xlabel('Tiempo (min)'); ylabel('C_A (mol/L)');
title('Archivo 42: Solución Analítica del Reactor Batch');
grid on;
```

Gráfica Resultante

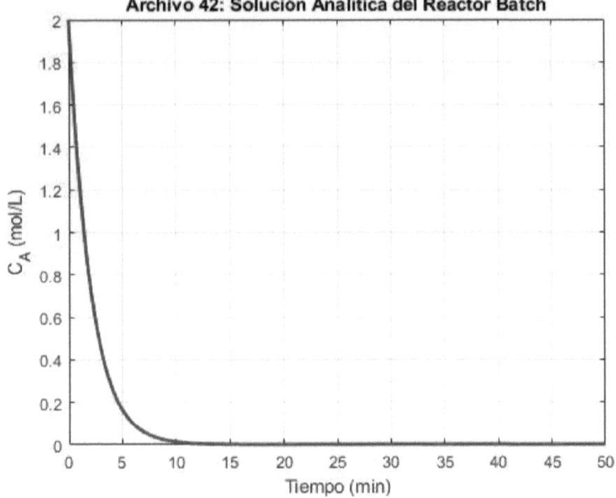

Figura 65: Concentración vs. Tiempo

Archivo 43

47. Comparación de reactores dispuestos en serie y en paralelo

Equipo

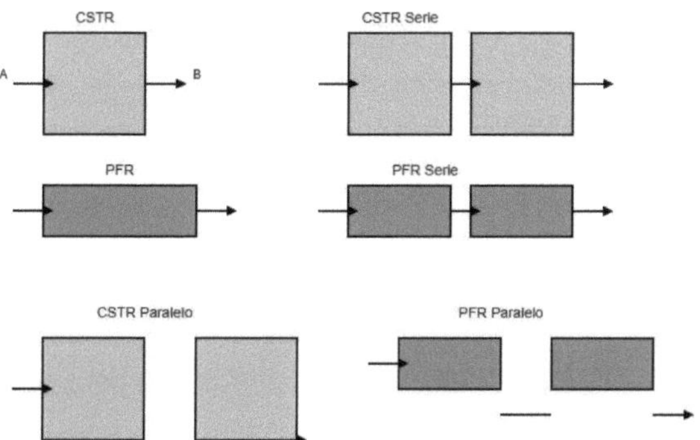

Figura 66: Diagrama equipo

Se desea comparar el rendimiento (en términos de volumen requerido) de dos configuraciones de reactores dispuestos en serie y en paralelo, utilizando dos tipos de reactores:

1. **Reactor de flujo pistón (PFR)**
2. **Reactor de tanque agitado continuo (CSTR)**

para una reacción de primer orden:

$$\mathrm{A} \to \mathrm{B},$$

donde la velocidad de reacción es

$$r_A = -k\, C_A,$$

y la conversión de A se relaciona con la concentración mediante:

$$C_A = C_{A0}\,(1 - X).$$

El balance de materia en estado estacionario para un PFR se expresa de la siguiente forma:

$$\frac{dX}{dV} = \frac{-r_A}{F_{A0}},$$

mientras que para un CSTR la ecuación de diseño es:

$$V_i = \frac{F_{A0}\,(X_i - X_{i-1})}{-r_A}.$$

Se tienen los siguientes parámetros:

- Flujo volumétrico: 5 L/min,
- Concentración de entrada: $C_{A0} = 2{,}0$ mol/L,
- Constante de velocidad: $k = 0{,}3\ \text{min}^{-1}$,
- Conversión deseada: $X_d = 0{,}85$,
- Número de reactores (en serie o en paralelo): $N = 3$.

Resolución

Para una reacción de primer orden, el diseño de un PFR se basa en la ecuación integrada:

$$X = 1 - \exp\left(-\frac{k\,V}{F_{A0}/C_{A0}}\right).$$

Sin embargo, en muchas aplicaciones se utiliza la siguiente forma (suponiendo que la tasa de consumo de A es $-r_A = k\,C_A$ y que el PFR es ideal):

$$X = 1 - \exp\left(-\frac{k\,V}{F_{A0}/C_{A0}}\right).$$

Notando que el flujo molar de entrada es

$$F_{A0} = F \times C_{A0},$$

se tiene

$$F_{A0} = 5\ \text{L/min} \times 2{,}0\ \text{mol/L} = 10\ \text{mol/min}.$$

Para un PFR, integrando la ecuación:

$$\frac{dC_A}{dV} = -\frac{k\,C_A}{F_{A0}},$$

con $C_A = C_{A0}(1 - X)$, la solución es:

$$1 - X = \exp\left(-\frac{k\,V}{F_{A0}/C_{A0}}\right).$$

En forma práctica se puede escribir la ecuación de diseño del PFR como:

$$X = 1 - \exp\left(-\frac{k\,V}{F_{A0}/C_{A0}}\right).$$

Definamos el parámetro:

$$\theta = \frac{k\,V}{F_{A0}/C_{A0}} = \frac{k\,V\,C_{A0}}{F_{A0}}.$$

Sustituyendo los valores:

$$\theta = \frac{0{,}3\,V\,2{,}0}{10} = \frac{0{,}6\,V}{10} = 0{,}06\,V.$$

Para alcanzar la conversión deseada $X_d = 0{,}85$, se requiere:

$$0{,}85 = 1 - \exp(-0{,}06\,V_{\text{total,PFR}}).$$

De donde:

$$\exp(-0{,}06\,V_{\text{total,PFR}}) = 0{,}15 \quad \Longrightarrow \quad -0{,}06\,V_{\text{total,PFR}} = \ln(0{,}15).$$

Dado que $\ln(0{,}15) \approx -1{,}8971$, se tiene:

$$V_{\text{total,PFR}} = \frac{1{,}8971}{0{,}06} \approx 31{,}62 \text{ L}.$$

Para 3 PFRs en serie, el volumen de cada reactor es:

$$V_{\text{PFR, each}} = \frac{31{,}62}{3} \approx 10{,}54 \text{ L}.$$

Diseño de CSTR en Serie

La conversión en un CSTR de primer orden se relaciona con el volumen mediante la ecuación:

$$X = \frac{k\,V/F_{A0}}{1 + k\,V/F_{A0}}.$$

Para un solo CSTR, para lograr $X = 0{,}85$ se tiene:

$$0{,}85 = \frac{k\,V_{\text{CSTR}}/F_{A0}}{1 + k\,V_{\text{CSTR}}/F_{A0}},$$

lo que implica:

$$k\,V_{\text{CSTR}}/F_{A0} = \frac{0{,}85}{0{,}15} \approx 5{,}667.$$

Por lo tanto,

$$V_{\text{CSTR}} = \frac{5{,}667\,F_{A0}}{k}.$$

Con $F_{A0} = 10$ mol/min y $k = 0{,}3$ min^{-1}:

$$V_{\text{CSTR}} \approx \frac{5{,}667 \times 10}{0{,}3} \approx 188{,}9 \text{ L}.$$

Sin embargo, si se utilizan 3 CSTRs en serie, el efecto cascada mejora la conversión. La conversión global $X_{overall}$ para N CSTRs en serie, cada uno con volumen V_i, se expresa como:

$$1 - X_{overall} = \left(\frac{1}{1 + \frac{k\,V_i}{F_{A0}}}\right)^N.$$

Para $X_{overall} = 0{,}85$ y $N = 3$:

$$\left(\frac{1}{1 + \frac{k\,V_i}{F_{A0}}}\right)^3 = 0{,}15.$$

Tomando la raíz cúbica:

$$\frac{1}{1 + \frac{k\,V_i}{F_{A0}}} = (0{,}15)^{1/3} \approx 0{,}5337.$$

Despejando:

$$1 + \frac{k\,V_i}{F_{A0}} \approx \frac{1}{0{,}5337} \approx 1{,}874,$$

$$\frac{k\,V_i}{F_{A0}} \approx 0{,}874,$$

$$V_i \approx \frac{0{,}874\,F_{A0}}{k} = \frac{0{,}874 \times 10}{0{,}3} \approx 29{,}13 \text{ L}.$$

El volumen total requerido en serie para CSTRs es:

$$V_{\text{total,CSTR}} = 3 \times 29{,}13 \approx 87{,}39 \text{ L}.$$

Diseño de Reactores en Paralelo

En configuraciones en paralelo, el flujo se divide equitativamente entre los reactores y cada reactor procesa una fracción del flujo. Si se utilizan 3 reactores en paralelo, el flujo a cada uno es:

$$F_{\text{individual}} = \frac{F_{A0}}{3} = \frac{10}{3} \approx 3{,}33 \text{ mol/min}.$$

Para un PFR en paralelo, la ecuación de diseño se aplica a cada rama:

$$X = 1 - \exp\left(-\frac{k\,V_{\text{branch}}}{F_{\text{individual}}/C_{A0}}\right),$$

donde el flujo molar en cada rama es $F_{\text{individual}}$ y se conserva C_{A0} en la alimentación de cada rama. La expresión se reescribe como:

$$X = 1 - \exp\left(-\frac{k\,V_{\text{branch}}\,C_{A0}}{F_{\text{individual}}}\right).$$

Para $X = 0{,}85$:

$$\exp\left(-\frac{k\,V_{\text{branch}}\,C_{A0}}{F_{\text{individual}}}\right) = 0{,}15.$$

Con $k = 0{,}3\ \text{min}^{-1}$, $C_{A0} = 2{,}0$ mol/L y $F_{\text{individual}} \approx 3{,}33$ mol/min:

$$\frac{k\,V_{\text{branch}}\,2{,}0}{3{,}33} = -\ln(0{,}15) \approx 1{,}8971.$$

Despejando:

$$V_{\text{branch}} \approx \frac{1{,}8971 \times 3{,}33}{0{,}3 \times 2{,}0} \approx \frac{6{,}31}{0{,}6} \approx 10{,}52\ \text{L}.$$

El volumen total para la configuración en paralelo es la suma de los volúmenes de cada rama, pero en términos de diseño se considera que cada reactor tiene un volumen de 10.52 L y la mezcla de salidas resulta en la conversión deseada. En general, el rendimiento (en términos de volumen total ocupado) de la configuración en paralelo es menor que el de los CSTR en serie, pero debe considerarse la complejidad del diseño y la integración de los flujos.

Conclusiones

Para lograr una conversión deseada $X_d = 0{,}85$ en un reactor que procesa un flujo molar de entrada de 10 mol/min (derivado de 5 L/min y $C_{A0} = 2{,}0$ mol/L):

- **PFR en serie (3 reactores):** Se requiere un volumen total aproximado de 31.6 L, con cada reactor de aproximadamente 10.54 L.
- **CSTR en serie (3 reactores):** Se requiere un volumen total aproximado de 87.4 L, con cada reactor de aproximadamente 29.1 L.

- **PFR en paralelo (3 reactores):** Cada rama requiere un volumen aproximado de 10.52 L para alcanzar 85 % de conversión en cada unidad.
- **CSTR en paralelo (3 reactores):** La conversión en cada reactor será igual a la conversión de un solo CSTR operado con un flujo de 3.33 mol/min; en general, se requerirá un mayor volumen en cada unidad para alcanzar la conversión deseada, en comparación con la configuración en serie.

En resumen, para reacciones de primer orden, los **PFR en serie** son generalmente más eficientes (requieren menor volumen total) que los **CSTR en serie** para alcanzar la misma conversión. La configuración en paralelo permite dividir el flujo, pero la eficiencia global dependerá de la capacidad de cada rama para alcanzar la conversión deseada. La selección óptima de la configuración dependerá además de consideraciones operativas, de ingeniería y de costos.

Respuesta Final:

$$\boxed{\begin{array}{lc}
\text{PFR en serie:} & V_{\text{total}} \approx 31{,}6\ \text{L} \ (\sim 10{,}5\ \text{L cada uno}), \\
\text{CSTR en serie:} & V_{\text{total}} \approx 87{,}4\ \text{L} \ (\sim 29{,}1\ \text{L cada uno}), \\
\text{PFR en paralelo:} & V_{\text{branch}} \approx 10{,}5\ \text{L por rama}, \\
\text{CSTR en paralelo:} & \text{Requiere mayor volumen individual que en serie.}
\end{array}}$$

Script MATLAB

```
%% Archivo 43: Comparación PFR vs CSTR con Recirculación
Q = 4; k = 0.4; V = 15; C_A0 = 2.0;
R_values = linspace(0,5,100);

% CSTR:
X_CSTR = 1 - 1./(1 + (k*V/Q).*(1+R_values));
% PFR:
X_PFR = 1 - exp(- (k*V)./(Q*(1+R_values)));

figure;
plot(R_values, X_CSTR, 'b-', 'LineWidth',2);
hold on;
plot(R_values, X_PFR, 'r--', 'LineWidth',2);
xlabel('Razón de recirculación R');
ylabel('Conversión X');
legend('CSTR','PFR');
title('Archivo 43: Efecto de la Recirculación');
grid on;
```

Gráfica Resultante

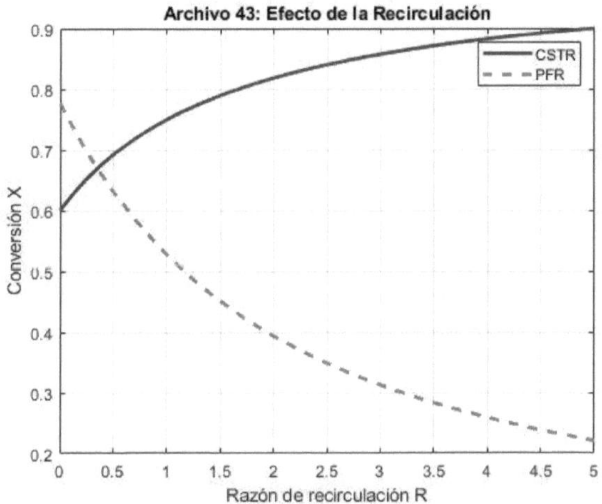

Figura 67: Conversion vs. R

Archivo 44

48. Efecto de la recirculación en la conversión de reactores de flujo pistón (PFR) y reactores de tanque agitado continuo (CSTR)

Equipo

Figura 68: Diagrama equipo

Se desea analizar el efecto de la recirculación en la conversión de reactores de flujo pistón (PFR) y reactores de tanque agitado continuo (CSTR). En un reactor con recirculación, parte del flujo de salida se vuelve a introducir en la entrada, lo que afecta la conversión del reactivo.

Para el caso de un **CSTR con recirculación**, la ecuación de diseño es:

$$X = 1 - \frac{1}{1 + \left(\frac{k\,V}{Q}\right)(1+R)},$$

y para un **PFR con recirculación** se tiene la ecuación diferencial:

$$\frac{dX}{dV} = \frac{-r_A}{F_{A0}\,(1+R)},$$

donde:

- X es la conversión del reactivo A,

- V es el volumen del reactor (L),
- k es la constante de velocidad de reacción (min^{-1}),
- Q es el flujo volumétrico de entrada (L/min),
- R es la razón de recirculación, definida como $R = Q_{rec}/Q$,
- La velocidad de reacción es $r_A = -k\,C_A$, y la concentración de A en el reactor se relaciona con la conversión mediante

$$C_A = C_{A0}\,(1 - X),$$

- El flujo molar de entrada F_{A0} se relaciona con Q y C_{A0} por $F_{A0} = Q\,C_{A0}$.

Se conocen los siguientes parámetros:

- Flujo volumétrico: $Q = 4$ L/min,
- Concentración de entrada: $C_{A0} = 2{,}0$ mol/L,
- Constante de velocidad: $k = 0{,}4\ \text{min}^{-1}$,
- Volumen del reactor: $V = 15$ L,
- La razón de recirculación R varía en el rango de 0 a 5.

Análisis y Resolución

1. CSTR con Recirculación

La ecuación de diseño para un CSTR con recirculación es:

$$X = 1 - \frac{1}{1 + \left(\frac{k\,V}{Q}\right)(1 + R)}.$$

Definamos el parámetro $\tau = \frac{k\,V}{Q}$. Con $k = 0{,}4\ \text{min}^{-1}$, $V = 15$ L y $Q = 4$ L/min:

$$\tau = \frac{0{,}4 \times 15}{4} = \frac{6}{4} = 1{,}5.$$

Así, la conversión para el CSTR con recirculación se expresa como:

$$X = 1 - \frac{1}{1 + 1{,}5\,(1 + R)}.$$

Ejemplos:

- Para $R = 0$:

$$X = 1 - \frac{1}{1 + 1{,}5} = 1 - \frac{1}{2{,}5} = 0{,}6 \quad (60\,\%).$$

- Para $R = 5$:

$$X = 1 - \frac{1}{1 + 1{,}5 \times 6} = 1 - \frac{1}{1 + 9} = 1 - \frac{1}{10} = 0{,}9 \quad (90\,\%).$$

2. PFR con Recirculación

Para un PFR con recirculación, la ecuación diferencial es:

$$\frac{dX}{dV} = \frac{-r_A}{F_{A0}\,(1 + R)}.$$

Sustituyendo $r_A = -k\,C_A = -k\,C_{A0}\,(1 - X)$ y $F_{A0} = Q\,C_{A0}$, se obtiene:

$$\frac{dX}{dV} = \frac{k\,C_{A0}\,(1 - X)}{Q\,C_{A0}\,(1 + R)} = \frac{k\,(1 - X)}{Q\,(1 + R)}.$$

La ecuación es separable:

$$\frac{dX}{1 - X} = \frac{k}{Q\,(1 + R)}\,dV.$$

Integrando desde $X = 0$ a $X = X$ y de $V = 0$ a V:

$$-\ln(1 - X) = \frac{k\,V}{Q\,(1 + R)}.$$

Por lo tanto, la conversión en un PFR con recirculación es:

$$X = 1 - \exp\left(-\frac{k\,V}{Q\,(1 + R)}\right).$$

Con los valores dados, $k = 0{,}4\ \text{min}^{-1}$, $V = 15$ L, $Q = 4$ L/min:

$$X = 1 - \exp\left(-\frac{0{,}4 \times 15}{4\,(1 + R)}\right) = 1 - \exp\left(-\frac{6}{4\,(1 + R)}\right) = 1 - \exp\left(-\frac{1{,}5}{1 + R}\right).$$

Ejemplos:

- Para $R = 0$:

$$X = 1 - \exp(-1{,}5) \approx 1 - 0{,}2231 = 0{,}7769 \quad (77{,}7\,\%).$$

- Para $R = 5$:

$$X = 1 - \exp\left(-\frac{1{,}5}{6}\right) = 1 - \exp(-0{,}25) \approx 1 - 0{,}7788 = 0{,}2212 \quad (22{,}1\,\%$$

3. Comparación y Conclusiones

- **CSTR con Recirculación:** La conversión aumenta con la razón de recirculación R. Por ejemplo, sin recirculación ($R = 0$), la conversión es del 60 %, mientras que con $R = 5$ aumenta al 90 %. Esto se debe a que la recirculación incrementa el tiempo de residencia efectivo en el reactor.
- **PFR con Recirculación:** La ecuación para la conversión muestra que el efecto de la recirculación es el opuesto: a medida que R aumenta, el denominador de la expresión en el exponente aumenta, reduciendo el valor del exponente y, por lo tanto, disminuyendo la conversión. Por ejemplo, sin recirculación ($R = 0$) se obtiene aproximadamente un 77.7 % de conversión, pero con $R = 5$ se reduce a solo un 22.1 %.

Con los parámetros dados:

- Para el CSTR:

$$X = 1 - \frac{1}{1 + 1{,}5\,(1 + R)}.$$

- Para el PFR:

$$X = 1 - \exp\left(-\frac{1{,}5}{1 + R}\right).$$

La configuración óptima dependerá de los objetivos del proceso. Si se busca maximizar la conversión a través de un mayor tiempo de residencia, la configuración en serie tipo CSTR se beneficia de una mayor recirculación, mientras que en un PFR la recirculación reduce la conversión efectiva.

Script MATLAB

```
%% Archivo 44: Reactor de Membrana Catalítica con Recirculación
% Para ejemplificar, usamos el mismo sistema del Archivo 26, pero
% multiplicamos el denominador por (1+R), donde R es la razón de recirculación.
R_val = 2; % ejemplo
odefun44 = @(V, y) [ -k*y(1) - (km/(1+R_val))*y(2);
                      k*y(1) - (km/(1+R_val))*y(2) ];
y0 = [2.0; 0];
Vspan = [0 25];
[V_sol, y_sol] = ode45(odefun44, Vspan, y0);

figure;
plot(V_sol, y_sol, 'LineWidth',2);
```

```
xlabel('Volumen (L)'); ylabel('Concentración (mol/L)');
legend('C_A','C_B');
title('Archivo 44: Reactor de Membrana con Recirculación')
    ;
grid on;
```

Gráfica Resultante

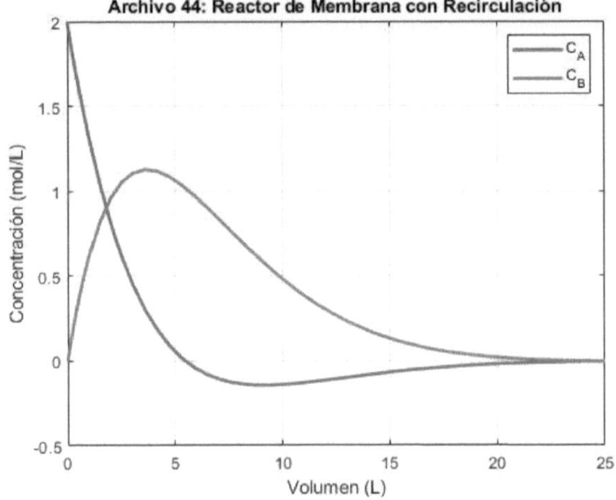

Figura 69: Concentración vs. Volumen

Archivo 45

49. Reactor batch

Equipo

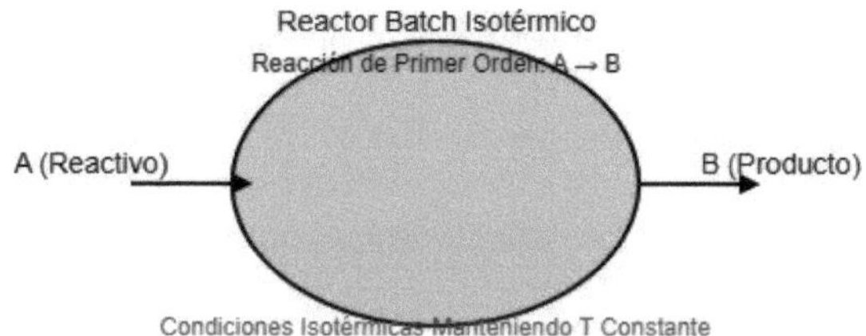

Figura 70: Diagrama equipo

Se desea modelar y simular el comportamiento de un **reactor batch** isotérmico en el que ocurre una reacción de primer orden:

$$\mathrm{A} \rightarrow \mathrm{B},$$

siguiendo la cinética:

$$\frac{dC_A}{dt} = -k\, C_A,$$

donde C_A es la concentración del reactivo A (mol/L) y k es la constante de velocidad (1/min).

Además, se considera que el producto B se forma a partir de A mediante una reacción en serie:

$$\mathrm{A} \rightarrow \mathrm{B} \rightarrow \mathrm{C}.$$

El sistema de ecuaciones diferenciales que describe la evolución de las concentraciones es:

$$\frac{dC_A}{dt} = -k_1\,C_A,$$

$$\frac{dC_B}{dt} = k_1\,C_A - k_2\,C_B,$$

$$\frac{dC_C}{dt} = k_2\,C_B,$$

donde k_1 y k_2 son las constantes de velocidad de reacción para la primera y segunda reacción, respectivamente.

Para este problema se tienen los siguientes parámetros:

- Concentración inicial de A: $C_{A0} = 2{,}0$ mol/L,
- Concentraciones iniciales de B y C: $C_{B0} = C_{C0} = 0$ mol/L,
- $k_1 = 0{,}3\ \text{min}^{-1}$,
- $k_2 = 0{,}2\ \text{min}^{-1}$,
- Tiempo total de simulación: $t = 50$ minutos,
- Paso de integración: $dt = 0{,}1$ minutos.

Solución Analítica

Ecuación para A

La ecuación diferencial para A es:

$$\frac{dC_A}{dt} = -k_1\,C_A,$$

con la condición inicial $C_A(0) = 2{,}0$ mol/L. Su solución es:

$$C_A(t) = C_{A0}\,\exp(-k_1\,t) = 2{,}0\,\exp(-0{,}3\,t).$$

Ecuación para B

La ecuación para B es:

$$\frac{dC_B}{dt} = k_1\,C_A - k_2\,C_B.$$

Utilizando la solución para $C_A(t)$, se tiene:

$$\frac{dC_B}{dt} = 0{,}3 \times 2{,}0\,\exp(-0{,}3\,t) - 0{,}2\,C_B = 0{,}6\,\exp(-0{,}3\,t) - 0{,}2\,C_B.$$

Esta es una ecuación lineal de primer orden. Su solución, con $C_B(0) = 0$, es conocida y se expresa como:

$$C_B(t) = C_{A0}\,\frac{k_1}{k_2 - k_1}\Big[\exp(-k_1\,t) - \exp(-k_2\,t)\Big].$$

Observando que $k_2 - k_1 = 0{,}2 - 0{,}3 = -0{,}1$, se puede reescribir:

$$C_B(t) = 2{,}0\,\frac{0{,}3}{-0{,}1}\Big[\exp(-0{,}3\,t) - \exp(-0{,}2\,t)\Big] = 2{,}0\,(-3)\Big[\exp(-0{,}3\,t) - \exp(-0$$

Para que $C_B(t)$ sea positivo se invierte el orden de los términos:

$$\boxed{C_B(t) = 6{,}0\Big[\exp(-0{,}2\,t) - \exp(-0{,}3\,t)\Big]}.$$

Ecuación para C

La ecuación para C es:

$$\frac{dC_C}{dt} = k_2\,C_B,$$

con $C_C(0) = 0$. Se puede obtener la solución utilizando la conservación de masa en el sistema de reacciones en serie:

$$C_A(t) + C_B(t) + C_C(t) = C_{A0}.$$

Por lo tanto,

$$C_C(t) = C_{A0} - C_A(t) - C_B(t).$$

Con $C_{A0} = 2{,}0$ mol/L, se tiene:

$$\boxed{C_C(t) = 2{,}0 - 2{,}0\,\exp(-0{,}3\,t) - 6{,}0\Big[\exp(-0{,}2\,t) - \exp(-0{,}3\,t)\Big]}.$$

Ejemplo Numérico

Como ejemplo, calculemos las concentraciones a $t = 50$ min:

$$C_A(50) = 2{,}0\,\exp(-0{,}3\times 50) = 2{,}0\,\exp(-15) \approx 2{,}0\times 3{,}06\times 10^{-7} \approx 6{,}12\times 10^{-7}$$

$$C_B(50) = 6{,}0\Big[\exp(-0{,}2\times 50) - \exp(-0{,}3\times 50)\Big].$$

Calculemos:

$$\exp(-10) \approx 4{,}54\times 10^{-5}, \quad \exp(-15) \approx 3{,}06\times 10^{-7}.$$

Entonces,

$$C_B(50) \approx 6{,}0\Big[4{,}54\times 10^{-5} - 3{,}06\times 10^{-7}\Big] \approx 6{,}0\,(4{,}51\times 10^{-5}) \approx 2{,}706\times 10^{-4}\ \text{mol}/$$

Finalmente,

$$C_C(50) = 2{,}0 - C_A(50) - C_B(50) \approx 2{,}0 - 6{,}12\times10^{-7} - 2{,}706\times10^{-4} \approx 1{,}99973$$

Conclusión:
El sistema de reacciones en serie se modela mediante:

$$\boxed{\begin{aligned} C_A(t) &= 2{,}0\,\exp(-0{,}3\,t),\\ C_B(t) &= 6{,}0\left[\exp(-0{,}2\,t) - \exp(-0{,}3\,t)\right],\\ C_C(t) &= 2{,}0 - 2{,}0\,\exp(-0{,}3\,t) - 6{,}0\left[\exp(-0{,}2\,t) - \exp(-0{,}3\,t)\right]. \end{aligned}}$$

La simulación numérica (o el uso de estas soluciones analíticas) para t entre 0 y 50 minutos (con un paso de 0.1 min, por ejemplo) permite predecir la evolución de las concentraciones de A, B y C en el reactor batch.

Script MATLAB

```
%% Archivo 45: Reactor Batch  A  BC  (Solución Analítica )
C_A0 = 2.0; k1 = 0.3; k2 = 0.2;
t = linspace(0,50,500);
C_A = C_A0 * exp(-k1*t);
C_B = C_A0 * (k1/(k2-k1)) * (exp(-k1*t) - exp(-k2*t));
C_C = C_A0 - C_A - C_B;

figure;
plot(t, C_A, 'r-', t, C_B, 'b--', t, C_C, 'g-.', 'LineWidth',2);
xlabel('Tiempo (min)'); ylabel('Concentración (mol/L)');
legend('C_A','C_B','C_C');
title('Archivo 45: Reactor Batch  A  BC  ');
grid on;
```

Gráfica Resultante

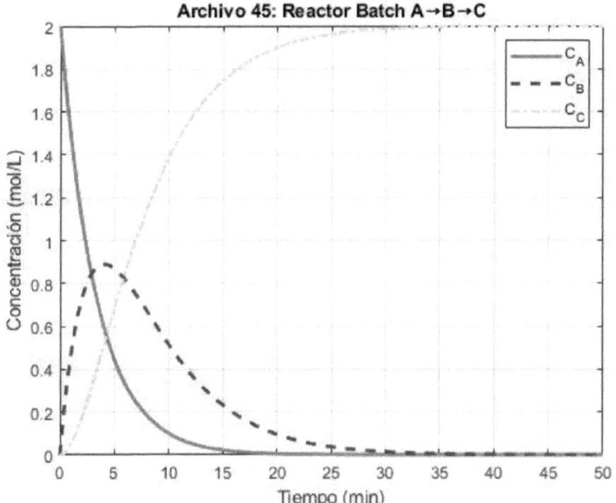

Figura 71: Concentración vs. Tiempo

Archivo 46

50. Reactor slurry

Equipo

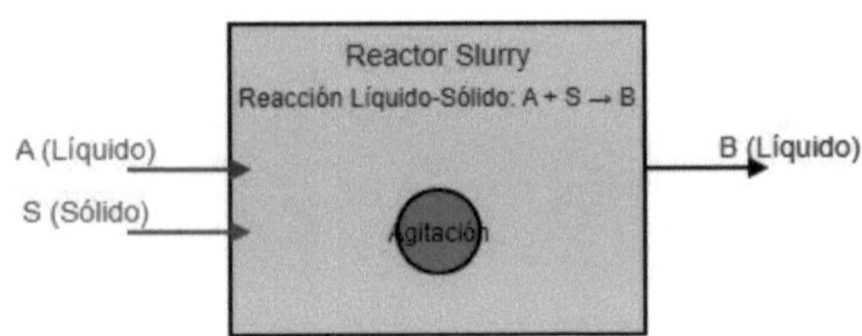

Figura 72: Diagrama equipo

Se desea modelar un **reactor slurry** en el que ocurre una reacción líquido-sólido según el esquema:

$$\text{A (líquido)} + \text{S (sólido)} \rightarrow \text{B (líquido)}.$$

El balance de materia para la especie A en el reactor se expresa mediante la siguiente ecuación diferencial:

$$\frac{dC_A}{dt} = -k\left(C_A - C_{As}\right),$$

donde:

- C_A es la concentración del reactivo A en la fase líquida (mol/L),
- C_{As} es la concentración en equilibrio del reactivo A en la interfase sólido-líquido (mol/L),
- k es la constante de velocidad de reacción (1/min).

Se conocen los siguientes parámetros:

- Concentración inicial de A: $C_{A0} = 2{,}0$ mol/L,

- Concentración en la interfase: $C_{As} = 0{,}5$ mol/L,
- Constante de velocidad: $k = 0{,}3$ min^{-1},
- Tiempo de reacción: $t = 50$ min.

Resolución

La ecuación diferencial es lineal y de primer orden:

$$\frac{dC_A}{dt} = -k\left(C_A - C_{As}\right).$$

Para resolverla, se separan las variables:

$$\frac{dC_A}{C_A - C_{As}} = -k\,dt.$$

Integrando ambos lados, con la condición $C_A(0) = C_{A0}$, se tiene:

$$\int_{C_{A0}}^{C_A(t)} \frac{dC_A}{C_A - C_{As}} = -k\int_0^t dt.$$

La integral del lado izquierdo es:

$$\ln\left|C_A(t) - C_{As}\right| - \ln\left|C_{A0} - C_{As}\right| = -k\,t.$$

Esto se puede escribir como:

$$\ln\left(\frac{C_A(t) - C_{As}}{C_{A0} - C_{As}}\right) = -k\,t.$$

Elevando ambos lados a la exponencial se obtiene:

$$\frac{C_A(t) - C_{As}}{C_{A0} - C_{As}} = \exp(-k\,t),$$

por lo que la solución es:

$$\boxed{C_A(t) = C_{As} + (C_{A0} - C_{As})\exp(-k\,t)}.$$

Sustituyendo los valores numéricos:

$$C_A(50) = 0{,}5 + (2{,}0 - 0{,}5)\exp(-0{,}3 \times 50) = 0{,}5 + 1{,}5\,\exp(-15).$$

Dado que $\exp(-15)$ es muy pequeño ($\exp(-15) \approx 3{,}06 \times 10^{-7}$), se tiene:

$$C_A(50) \approx 0{,}5 + 1{,}5 \times 3{,}06 \times 10^{-7} \approx 0{,}5 \text{ mol/L}.$$

Conversión del Reactivo A

La conversión X se define como:

$$X = \frac{C_{A0} - C_A(t)}{C_{A0}}.$$

Para $t = 50$ min:

$$X(50) = \frac{2{,}0 - 0{,}5}{2{,}0} = \frac{1{,}5}{2{,}0} = 0{,}75.$$

Conclusión:
La solución del sistema es:

$$\boxed{C_A(t) = 0{,}5 + 1{,}5\,\exp(-0{,}3\,t)},$$

y para $t = 50$ min se tiene $C_A(50) \approx 0{,}5$ mol/L, lo que corresponde a una conversión del reactivo A de aproximadamente 75 %.

Script MATLAB

```
%% Archivo 46: Reactor Slurry
C_A0 = 2.0; C_As = 0.5; k = 0.3; t = linspace(0,50,500);
C_A = C_As + (C_A0 - C_As)*exp(-k*t);
X = (C_A0 - C_A)/C_A0;

figure;
plot(t, C_A, 'b-', 'LineWidth',2);
xlabel('Tiempo (min)'); ylabel('C_A (mol/L)');
title('Archivo 46: Reactor Slurry');
grid on;
fprintf('Conversión final = %.1f%%\n', X(end)*100);
```

Gráfica Resultante

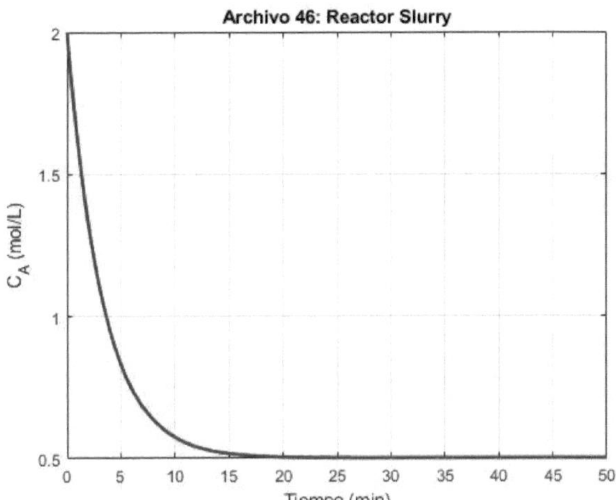

Figura 73: Concentración vs. Tiempo

Archivo 47

51. Producción de ácido sulfúrico en un reactor de contacto

Equipo

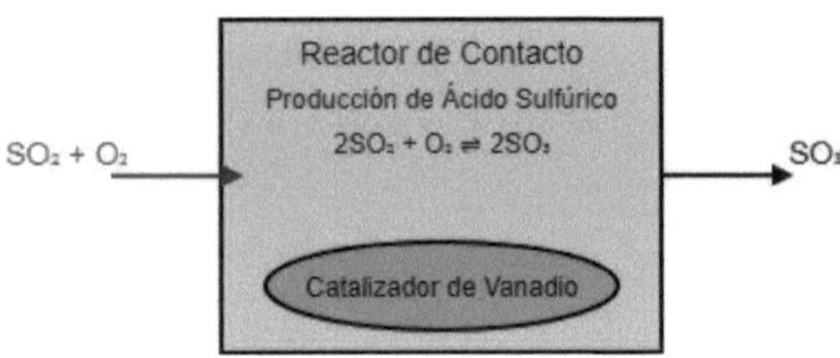

Figura 74: Diagrama equipo

Se desea modelar la producción de ácido sulfúrico en un **reactor de contacto** mediante la siguiente reacción química catalítica:

$$2SO_2 + O_2 \rightleftharpoons 2SO_3,$$

donde la oxidación de dióxido de azufre a trióxido de azufre ocurre en presencia de un catalizador de vanadio.

La cinética de la reacción se modela con la siguiente ecuación de velocidad:

$$r = k\left(P_{SO_2}^2 P_{O_2} - \frac{P_{SO_3}^2}{K_{eq}}\right),$$

donde:

- P_{SO_2}, P_{O_2} y P_{SO_3} son las presiones parciales (atm) de SO_2, O_2 y SO_3, respectivamente,
- k es la constante de velocidad de reacción ($\text{mol}/\text{kg}_{\text{cat}}\cdot\text{s}$),
- K_{eq} es la constante de equilibrio (adimensional),

- r es la velocidad de reacción (mol/kg$_{\text{cat}}$·s).

El balance de materia en el reactor se expresa mediante:

$$\frac{dF_i}{dW} = r\,\nu_i,$$

donde:

- F_i es el flujo molar (mol/s) de la especie i,
- W es la masa del catalizador (kg),
- ν_i es el coeficiente estequiométrico de la especie i en la reacción.

Para la reacción dada, los coeficientes estequiométricos son:

$$\nu_{SO_2} = -2, \quad \nu_{O_2} = -1, \quad \nu_{SO_3} = +2.$$

Parámetros del Problema

- Flujos molares iniciales:

$$F_{SO_2,0} = 3{,}0 \text{ mol/s}, \quad F_{O_2,0} = 1{,}5 \text{ mol/s}, \quad F_{SO_3,0} = 0 \text{ mol/s}.$$

- Constante de velocidad: $k = 0{,}02$ mol/(kg$_{\text{cat}}$·s).
- Constante de equilibrio: $K_{eq} = 15$.
- Presión total del reactor: $P = 10$ atm.
- Masa total del catalizador: $W = 200$ kg.
- Paso de integración: $dW = 2$ kg.

Resolución del Modelo

1. Determinación de las Presiones Parciales

En un reactor de contacto, se asume que el sistema se comporta idealmente, de forma que las presiones parciales se determinan a partir de las fracciones molares:

$$P_i = y_i\,P, \quad \text{con} \quad y_i = \frac{F_i}{F_{\text{total}}},$$

donde

$$F_{\text{total}} = F_{SO_2} + F_{O_2} + F_{SO_3}.$$

2. Ecuaciones de Balance de Materia

Los balances de materia para cada especie en función de la masa de catalizador W son:

$$\frac{dF_{\mathrm{SO_2}}}{dW} = \nu_{\mathrm{SO_2}}\, r = -2\, r,$$

$$\frac{dF_{\mathrm{O_2}}}{dW} = \nu_{\mathrm{O_2}}\, r = -1\, r,$$

$$\frac{dF_{\mathrm{SO_3}}}{dW} = \nu_{\mathrm{SO_3}}\, r = +2\, r,$$

con

$$r = k\left(P_{\mathrm{SO_2}}^2\, P_{\mathrm{O_2}} - \frac{P_{\mathrm{SO_3}}^2}{K_{eq}}\right).$$

Como $P_i = \frac{F_i}{F_{\text{total}}} P$, la velocidad de reacción se puede expresar en función de los flujos molares:

$$r = k\left[\left(\frac{F_{\mathrm{SO_2}}}{F_{\text{total}}}P\right)^2 \left(\frac{F_{\mathrm{O_2}}}{F_{\text{total}}}P\right) - \frac{\left(\frac{F_{\mathrm{SO_3}}}{F_{\text{total}}}P\right)^2}{K_{eq}}\right].$$

3. Procedimiento de Integración

Con un paso de integración $dW = 2$ kg, se resuelve numéricamente el sistema de ecuaciones para W desde 0 hasta 200 kg. En cada paso se:

1. Actualizan los flujos molares $F_{\mathrm{SO_2}}$, $F_{\mathrm{O_2}}$ y $F_{\mathrm{SO_3}}$ utilizando:

$$F_i(W + dW) = F_i(W) + \left(\frac{dF_i}{dW}\right) dW.$$

2. Calculan el flujo total $F_{\text{total}} = F_{\mathrm{SO_2}} + F_{\mathrm{O_2}} + F_{\mathrm{SO_3}}$.

3. Determinan las presiones parciales:

$$P_i = \frac{F_i}{F_{\text{total}}} \times 10 \text{ atm}.$$

4. Evalúan la velocidad de reacción r usando la ecuación cinética.

4. Conservación de la Masa y Conversión

Al finalizar la integración (en $W = 200$ kg), se obtiene la distribución de flujos molares en la salida del reactor:

$$F_{SO_2,\text{out}} = F_{SO_2}(200),$$
$$F_{O_2,\text{out}} = F_{O_2}(200),$$
$$F_{SO_3,\text{out}} = F_{SO_3}(200).$$

La suma de estos flujos debería coincidir con la masa de reactivos convertidos, permitiendo evaluar la eficiencia del proceso de oxidación.

Conclusión:
El modelo del reactor de contacto para la producción de ácido sulfúrico se resume en el sistema:

$$\boxed{\begin{aligned}
\frac{dF_{SO_2}}{dW} &= -2\,k\left[\left(\frac{F_{SO_2}}{F_{\text{total}}}P\right)^2\left(\frac{F_{O_2}}{F_{\text{total}}}P\right) - \frac{\left(\frac{F_{SO_3}}{F_{\text{total}}}P\right)^2}{K_{eq}}\right],\\
\frac{dF_{O_2}}{dW} &= -k\left[\left(\frac{F_{SO_2}}{F_{\text{total}}}P\right)^2\left(\frac{F_{O_2}}{F_{\text{total}}}P\right) - \frac{\left(\frac{F_{SO_3}}{F_{\text{total}}}P\right)^2}{K_{eq}}\right],\\
\frac{dF_{SO_3}}{dW} &= +2\,k\left[\left(\frac{F_{SO_2}}{F_{\text{total}}}P\right)^2\left(\frac{F_{O_2}}{F_{\text{total}}}P\right) - \frac{\left(\frac{F_{SO_3}}{F_{\text{total}}}P\right)^2}{K_{eq}}\right],
\end{aligned}}$$

con condiciones iniciales:

$$F_{SO_2}(0) = 3{,}0, \quad F_{O_2}(0) = 1{,}5, \quad F_{SO_3}(0) = 0 \quad (\text{mol/s}),$$

y parámetros:

$$k = 0{,}02\ \text{mol}/(\text{kg}_{\text{cat}}\cdot\text{s}), \quad K_{eq} = 15, \quad P = 10\ \text{atm}, \quad W_{\text{total}} = 200\ \text{kg}, \quad dW =$$

La integración numérica de este sistema permite simular el perfil de conversión y determinar la eficiencia de la producción de SO_3 (precursora del ácido sulfúrico) en el reactor de contacto.

Script MATLAB

```
%% Archivo 47: Reactor de Contacto para Síntesis de Ácido Sulfúrico
% Parámetros
F_SO2 = 3.0; F_H2 = 6.0; F_SO3 = 0;
k = 0.02; Keq = 10; P_total = 10;
W_total = 200; dW = 2;
W_vec = 0:dW:W_total;
F_SO2_vec = zeros(size(W_vec)); F_H2_vec = zeros(size(
    W_vec)); F_SO3_vec = zeros(size(W_vec));

F_SO2_current = F_SO2; F_H2_current = F_H2; F_SO3_current
    = F_SO3;
for i=1:length(W_vec)
    F_total = F_SO2_current + F_H2_current + F_SO3_current
        ;
    P_SO2 = (F_SO2_current/F_total)*P_total;
    P_O2  = (F_H2_current/F_total)*P_total; % suponiendo
        que O2 es el componente
    P_SO3 = (F_SO3_current/F_total)*P_total;
    r = k*(P_SO2 * P_O2^3 - (P_SO3^2)/Keq);
    F_SO2_current = F_SO2_current - r*dW;
    F_H2_current  = F_H2_current - 3*r*dW;
    F_SO3_current = F_SO3_current + 2*r*dW;
    F_SO2_vec(i) = F_SO2_current;
    F_H2_vec(i) = F_H2_current;
    F_SO3_vec(i) = F_SO3_current;
end

fprintf('Flujo de SO3 a la salida: %.2f mol/s\n',
    F_SO3_vec(end));
```

Flujo de SO3 a la salida: 135465.44 mol/s

Archivo 48

52. Reactor tubular (PFR) con enfriamiento para la reacción exotérmica

Equipo

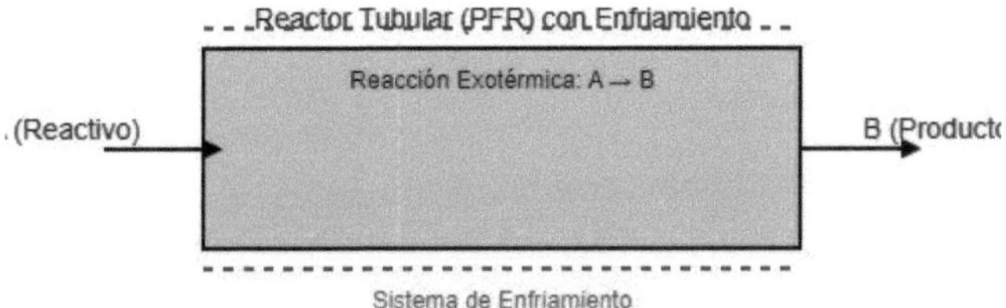

Figura 75: Diagrama equipo

Se desea modelar y simular el comportamiento de un **reactor tubular (PFR)** con enfriamiento para la reacción exotérmica:

$$\text{A} \rightarrow \text{B},$$

donde la conversión de A se produce a temperaturas constantes gracias a un sistema de enfriamiento.

El balance de energía para el reactor se expresa como:

$$\frac{dT}{dV} = \frac{-\Delta H\, r_A}{F_{A0}\, C_p} + \frac{UA}{F_{A0}\, C_p}\,(T_c - T),$$

y el balance de materia para la conversión se escribe como:

$$\frac{dX}{dV} = \frac{-r_A}{F_{A0}},$$

donde:

- T es la temperatura del reactor (K),

- X es la conversión del reactivo A (adimensional),
- V es el volumen del reactor (L),
- ΔH es la entalpía de reacción (J/mol) (negativa para reacciones exotérmicas),
- r_A es la velocidad de reacción, definida por

$$r_A = -k\, C_A,$$

- La constante de velocidad k sigue la ecuación de Arrhenius:

$$k = k_0 \exp\left(-\frac{E_a}{RT}\right),$$

- C_A es la concentración del reactivo en el reactor, la cual se relaciona con la conversión por

$$C_A = C_{A0}\,(1 - X),$$

- F_{A0} es el flujo molar de entrada de A (mol/min),
- C_p es la capacidad calorífica del fluido (J/mol·K),
- UA es el coeficiente global de transferencia de calor (J/min·K),
- T_c es la temperatura del refrigerante (K).

Los parámetros del problema son:

- Flujo molar de entrada: $F_{A0} = 3{,}5$ mol/min,
- Concentración inicial de A: $C_{A0} = 1{,}8$ mol/L,
- Factor preexponencial: $k_0 = 3{,}2 \times 10^5$ min^{-1},
- Energía de activación: $E_a = 85000$ J/mol,
- Constante de los gases: $R = 8{,}314$ J/(mol·K),
- Calor de reacción: $\Delta H = -46000$ J/mol,
- Capacidad calorífica: $C_p = 110$ J/(mol·K),
- Temperatura inicial del reactor: $T_0 = 320$ K,
- Temperatura del refrigerante: $T_c = 300$ K,
- Coeficiente de transferencia de calor: $UA = 2800$ J/(min·K),
- Volumen del reactor: $V = 15$ L.

Desarrollo del Modelo

Balance de Materia

La velocidad de reacción es:

$$r_A = -k\,C_A,$$

donde

$$k = k_0 \exp\left(-\frac{E_a}{R\,T}\right),$$

y la concentración de A en el reactor se relaciona con la conversión X mediante:

$$C_A = C_{A0}\,(1 - X).$$

Por lo tanto, el balance de materia se convierte en:

$$\frac{dX}{dV} = \frac{-r_A}{F_{A0}} = \frac{k\,C_A}{F_{A0}} = \frac{k\,C_{A0}\,(1-X)}{F_{A0}}.$$

Esta ecuación debe resolverse junto con el balance de energía.

Balance de Energía

El balance de energía es:

$$\frac{dT}{dV} = \frac{-\Delta H\,r_A}{F_{A0}\,C_p} + \frac{U A}{F_{A0}\,C_p}\,(T_c - T).$$

Sustituyendo $r_A = -k\,C_A = -k\,C_{A0}\,(1-X)$, obtenemos:

$$\frac{dT}{dV} = \frac{\Delta H\,k\,C_{A0}\,(1-X)}{F_{A0}\,C_p} + \frac{U A}{F_{A0}\,C_p}\,(T_c - T).$$

Sistema de Ecuaciones

El sistema acoplado de ecuaciones diferenciales en función del volumen V es:

$$\boxed{\begin{aligned} \frac{dX}{dV} &= \frac{k_0 \exp\left(-\frac{E_a}{R\,T}\right)\,C_{A0}\,(1-X)}{F_{A0}}, \\ \frac{dT}{dV} &= \frac{\Delta H\,k_0 \exp\left(-\frac{E_a}{R\,T}\right)\,C_{A0}\,(1-X)}{F_{A0}\,C_p} + \frac{U A}{F_{A0}\,C_p}\,(T_c - T), \end{aligned}}$$

con las condiciones iniciales:

$$X(0) = 0 \quad \text{y} \quad T(0) = T_0 = 320\ \text{K}.$$

Comentarios sobre la Resolución

Dado que k depende de T de forma exponencial, el sistema es no lineal y se resuelve típicamente mediante un método numérico (por ejemplo, Runge-Kutta de cuarto orden) para V desde 0 hasta 15 L.

Durante la simulación, se observa que:

- La conversión $X(V)$ aumenta a medida que avanza el reactor.
- La generación de calor por la reacción ($\Delta H < 0$) tiende a aumentar la temperatura, mientras que el sistema de enfriamiento (el término $\frac{UA}{F_{A0}\,C_p}\,(T_c - T)$) actúa para extraer calor y mantener la temperatura cerca de $T_c = 300$ K.

El equilibrio entre la generación de calor y la eliminación del mismo determinará el perfil de temperatura $T(V)$ a lo largo del reactor, lo que a su vez influye en la constante de velocidad k y, por lo tanto, en la cinética de la reacción.

Conclusión

El modelo para el reactor tubular (PFR) con enfriamiento se resume en el sistema de ecuaciones:

$$\boxed{\begin{aligned} \frac{dX}{dV} &= \frac{k_0\,\exp\left(-\frac{E_a}{RT}\right)\,C_{A0}\,(1-X)}{F_{A0}}, \\ \frac{dT}{dV} &= \frac{\Delta H\,k_0\,\exp\left(-\frac{E_a}{RT}\right)\,C_{A0}\,(1-X)}{F_{A0}\,C_p} + \frac{UA}{F_{A0}\,C_p}\,(T_c - T), \end{aligned}}$$

con:

$$\begin{aligned} F_{A0} &= 3{,}5 \text{ mol/min}, \\ C_{A0} &= 1{,}8 \text{ mol/L}, \\ k_0 &= 3{,}2 \times 10^5 \text{ min}^{-1}, \\ E_a &= 85000 \text{ J/mol}, \\ R &= 8{,}314 \text{ J/(mol·K)}, \\ \Delta H &= -46000 \text{ J/mol}, \\ C_p &= 110 \text{ J/(mol·K)}, \\ T_0 &= 320 \text{ K}, \\ T_c &= 300 \text{ K}, \\ UA &= 2800 \text{ J/(min·K)}, \\ V_{\text{total}} &= 15 \text{ L}. \end{aligned}$$

La solución numérica de este sistema para $V \in [0, 15]$ L durante la operación del reactor permitirá simular la evolución de la conversión

$X(V)$ y del perfil de temperatura $T(V)$, y analizar cómo el sistema de enfriamiento contribuye a mantener la temperatura en condiciones seguras y óptimas para la reacción.

Script MATLAB

```
%% Archivo 48: Reactor Tubular PFR con Enfriamiento
% Parámetros
F_A0 = 3.5; C_A0 = 1.8;
k0 = 3.2e5; Ea = 85000; R = 8.314;
DeltaH = -46000; Cp = 110;
T0 = 320; T_c = 300; UA = 2800;
V_total = 15;  % L
% Variables: x(1)=X, x(2)=T
odefun48 = @(V, x) [ (k0*exp(-Ea/(R*x(2)))*C_A0*(1-x(1)))/
    F_A0;
                     (DeltaH*k0*exp(-Ea/(R*x(2)))*C_A0*(1-
                        x(1)))/(F_A0*Cp) + (UA/(F_A0*Cp))
                        *(T_c - x(2)) ];
x0 = [0; T0];
[V_sol, x_sol] = ode45(odefun48, [0 V_total], x0);

figure;
subplot(2,1,1);
plot(V_sol, x_sol(:,1), 'b-', 'LineWidth',2);
xlabel('Volumen (L)'); ylabel('Conversión X');
title('Archivo 48: Conversión en PFR con Enfriamiento');
grid on;
subplot(2,1,2);
plot(V_sol, x_sol(:,2), 'r-', 'LineWidth',2);
xlabel('Volumen (L)'); ylabel('Temperatura (K)');
title('Archivo 48: Perfil de Temperatura');
grid on;
```

Gráfica Resultante

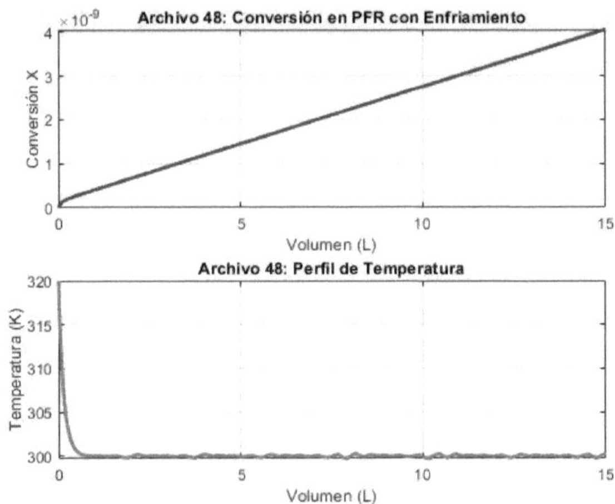

Figura 76: Conversión y Temperatura vs. Volumen

Archivo 49

53. Configuración de reactores (CSTR y PFR) en serie o en paralelo

Equipo

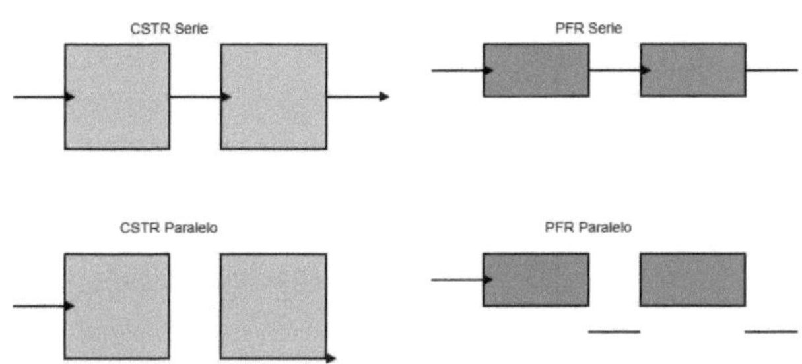

Figura 77: Diagrama equipo

Se desea determinar la mejor configuración de reactores (**CSTR** y **PFR**) en serie o en paralelo para maximizar la conversión del reactivo A y la selectividad hacia el producto deseado B en un sistema de reacciones competitivas, definido por:

$$\mathrm{A} \xrightarrow{\mathrm{k_1}} \mathrm{B} \quad \text{(producto deseado)}$$

$$\mathrm{A} \xrightarrow{\mathrm{k_2}} \mathrm{C} \quad \text{(producto indeseado)}$$

donde:

- La reacción A $\rightarrow$ B es de primer orden, con velocidad $r_1 = k_1 C_A$ y $k_1 = 1\,\text{min}^{-1}$.
- La reacción A $\rightarrow$ C es de segundo orden, con velocidad $r_2 = k_2 C_A^2$ y $k_2 = 0{,}5\,\text{L/mol} \cdot \text{min}$.
- La concentración inicial es $C_{A0} = 1\,\text{mol/L}$.
- El tiempo de residencia total es $\tau = 2\,\text{min}$.

Se evaluarán las siguientes configuraciones:

1. Reactor **CSTR** único.
2. Reactor **PFR** único.
3. Dos reactores **CSTR** en serie (cada uno con $\tau/2$).
4. Dos reactores **PFR** en serie (cada uno con $\tau/2$).
5. Configuración en paralelo: flujo dividido equitativamente en dos ramas, cada una con $\tau/2$ (aplicable tanto para CSTR como para PFR).

La *conversión* se define como:

$$X = 1 - \frac{C_A}{C_{A0}},$$

y la *selectividad* hacia B se define como:

$$S = \frac{\text{Formación de B}}{\text{Formación de C}} = \frac{k_1\, C_A}{k_2\, C_A^2} = \frac{k_1}{k_2\, C_A}.$$

Desarrollo de la Solución

A continuación se presenta el análisis para cada configuración.

1. Reactor CSTR Único

En estado estacionario, el balance de materia para el reactante A en un CSTR es:

$$C_{A0} - C_A = \tau\left(k_1\, C_A + k_2\, C_A^2\right).$$

Con $C_{A0} = 1$, $\tau = 2$, $k_1 = 1$ y $k_2 = 0{,}5$, se tiene:

$$1 - C_A = 2\,(C_A + 0{,}5\, C_A^2) = 2\, C_A + C_A^2.$$

Reorganizando:

$$C_A^2 + 3\, C_A - 1 = 0.$$

Aplicando la fórmula general, se obtiene:

$$C_A = \frac{-3 + \sqrt{9+4}}{2} = \frac{-3 + \sqrt{13}}{2}.$$

La conversión es:

$$X_{CSTR} = 1 - C_A,$$

y la selectividad:

$$S_{CSTR} = \frac{k_1}{k_2\, C_A}.$$

2. Reactor PFR Único

El balance diferencial para un PFR es:

$$\frac{dC_A}{d\tau} = -k_1 C_A - k_2 C_A^2, \quad C_A(0) = 1.$$

Integrando este ODE numéricamente desde $\tau = 0$ hasta $\tau = 2\,\text{min}$, se obtiene la concentración de salida $C_A(2)$. Así:

$$X_{PFR} = 1 - C_A(2), \quad S_{PFR} = \frac{k_1}{k_2\, C_A(2)}.$$

3. Reactores en Serie

Dividiendo el tiempo total de residencia en dos etapas, cada una con $\tau/2 = 1\,\text{min}$:

- **Primera etapa:** Se resuelve el balance con $C_{A0} = 1$ y $\tau = 1\,\text{min}$ para obtener C_{A1}.
- **Segunda etapa:** Se resuelve el balance con $C_{A0} = C_{A1}$ y $\tau = 1\,\text{min}$ para obtener C_{A2}.

La conversión total es:

$$X = 1 - C_{A2}, \quad S = \frac{k_1}{k_2\, C_{A2}}.$$

Este procedimiento se aplica tanto para reactores CSTR como para PFR en serie (en este caso, en el PFR se resuelve el ODE en cada etapa).

4. Configuración en Paralelo

En esta configuración el flujo se divide equitativamente en dos ramas, cada una con un tiempo de residencia $\tau/2$. La concentración a la salida de cada rama se determina resolviendo el balance (CSTR o PFR) con $\tau/2$. Al mezclar corrientes iguales, se obtiene:

$$X = 1 - C_{A,\text{paralelo}}, \quad S = \frac{k_1}{k_2\, C_{A,\text{paralelo}}}.$$

Script en MATLAB

A continuación se muestra el script `reactor_config.m` utilizado para calcular la conversión y selectividad en cada configuración:

Script MATLAB

```
%% Archivo 49
clear; clc;
% Parámetros
k1 = 1;            % [min^-1]
k2 = 0.5;          % [L/mol min]
CA0 = 1;           % [mol/L]
tau_total = 2;     % [min]

% Configuraciones:
% 1. CSTR único
% 2. PFR único
% 3. 2 CSTR en serie (cada uno con tau_total/2)
% 4. 2 PFR en serie (cada uno con tau_total/2)
% 5. CSTR en paralelo (cada rama con tau_total/2)
% 6. PFR en paralelo (cada rama con tau_total/2)
config_names = {'CSTR','PFR','2 CSTR Serie','2 PFR Serie',...
                'CSTR Paralelo','PFR Paralelo'};
nConfigs = length(config_names);
Conversion = zeros(nConfigs,1);
Selectivity = zeros(nConfigs,1);

%% Función para resolver CSTR
% Ecuación: CA + tau*(k1*CA + k2*CA^2) = CA0.
% Se resuelve la ecuación cuadrática: k2*tau*CA^2 + (1+k1*tau)*CA - CA0 = 0.
solveCSTR = @(tau, CAin) (- (1+k1*tau) + sqrt((1+k1*tau)^2 + 4*k2*tau*CAin))/(2*k2*tau);

%% Para PFR se resuelve el ODE:
odefun = @(t, CA) -k1*CA - k2*CA.^2;
options = odeset('RelTol',1e-8,'AbsTol',1e-10);

%% 1. CSTR único (tau_total)
tau = tau_total;
CA_out = solveCSTR(tau, CA0);
X_CSTR = 1 - CA_out;
S_CSTR = k1/(k2*CA_out);
Conversion(1) = X_CSTR;
Selectivity(1) = S_CSTR;

%% 2. PFR único (tau_total)
[t, CA_sol] = ode45(odefun, [0 tau_total], CA0, options);
CA_out = CA_sol(end);
X_PFR = 1 - CA_out;
S_PFR = k1/(k2*CA_out);
Conversion(2) = X_PFR;
Selectivity(2) = S_PFR;

%% 3. 2 CSTR en serie (cada uno con tau_total/2)
tau = tau_total/2;
CA1 = solveCSTR(tau, CA0);
CA2 = solveCSTR(tau, CA1);
X_2CSTR = 1 - CA2;
```

```
S_2CSTR = k1/(k2*CA2);
Conversion(3) = X_2CSTR;
Selectivity(3) = S_2CSTR;

%% 4. 2 PFR en serie (cada uno con tau_total/2)
tau = tau_total/2;
[t1, CA_sol1] = ode45(odefun, [0 tau], CA0, options);
CA1 = CA_sol1(end);
[t2, CA_sol2] = ode45(odefun, [0 tau], CA1, options);
CA2 = CA_sol2(end);
X_2PFR = 1 - CA2;
S_2PFR = k1/(k2*CA2);
Conversion(4) = X_2PFR;
Selectivity(4) = S_2PFR;

%% 5. CSTR en paralelo (cada rama con tau_total/2)
tau = tau_total/2;
CA_par = solveCSTR(tau, CA0);
X_par = 1 - CA_par;
S_par = k1/(k2*CA_par);
Conversion(5) = X_par;
Selectivity(5) = S_par;

%% 6. PFR en paralelo (cada rama con tau_total/2)
tau = tau_total/2;
[t, CA_par_sol] = ode45(odefun, [0 tau], CA0, options);
CA_par = CA_par_sol(end);
X_par = 1 - CA_par;
S_par = k1/(k2*CA_par);
Conversion(6) = X_par;
Selectivity(6) = S_par;

%% Graficar resultados
figure;
subplot(2,1,1);
bar(Conversion);
set(gca, 'XTickLabel', config_names);
ylabel('Conversión, X');
title('Comparación de Conversión');

subplot(2,1,2);
bar(Selectivity);
set(gca, 'XTickLabel', config_names);
ylabel('Selectividad, S');
title('Comparación de Selectividad');

% Guardar gráfica
saveas(gcf, 'grafica.png');
```

Gráfica Resultante

La Figura 134 muestra la comparación de la conversión y selectividad obtenidas para cada configuración de reactor.

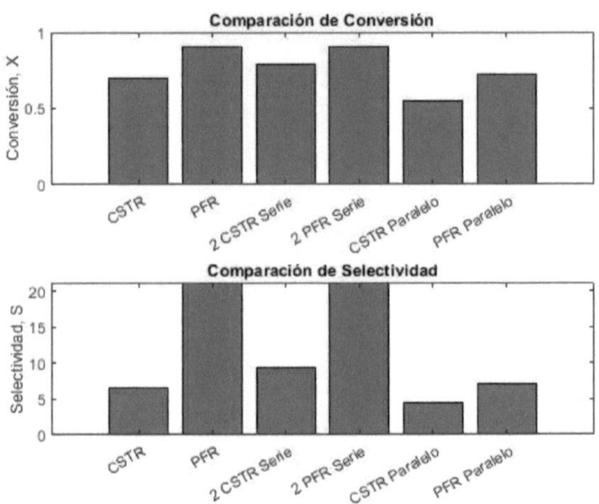

Figura 78: Comparación de conversión y selectividad en distintas configuraciones de reactores.

Archivo 50

54. Distribución de tamaño de partículas

Equipo

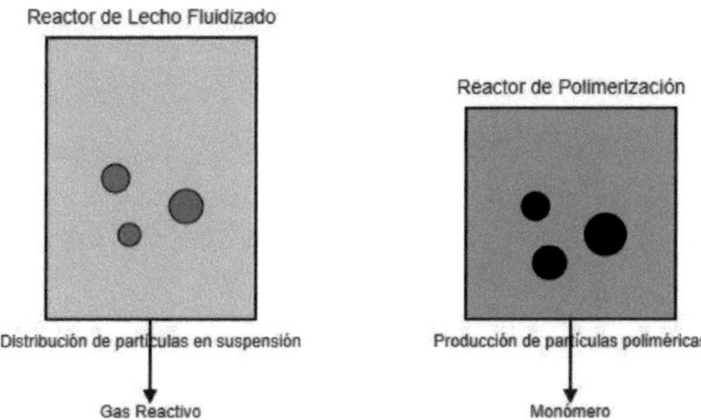

Figura 79: Diagrama equipo

Se desea modelar la distribución de tamaño de partículas, $n(L,t)$, en dos tipos de reactores:

1. **Reactor de Lecho Fluidizado:** Se asume que las partículas crecen a una tasa constante $G = k_g$ (con unidades de [longitud/min]), de modo que la evolución de la distribución se describe mediante la ecuación de balance de población:

$$\frac{\partial n}{\partial t} + k_g \frac{\partial n}{\partial L} = 0,$$

con condición inicial:

$$n(L,0) = n_0(L),$$

donde se considera, por ejemplo, una distribución inicial gaussiana centrada en L_0.

2. **Reactor de Polimerización:** En este caso se asume que la tasa de crecimiento depende del tamaño, es decir, $G(L) = k_g\, L$. La ecuación de balance se escribe como:

$$\frac{\partial n}{\partial t} + \frac{\partial \big(k_g\, L\, n\big)}{\partial L} = 0,$$

con la misma condición inicial $n(L,0) = n_0(L)$.

El objetivo es obtener la solución analítica (por el método de características) para cada caso y comparar con la solución numérica obtenida mediante un esquema upwind. Se graficará la evolución de la distribución de tamaño de partículas en distintos instantes de tiempo.

Desarrollo de la Solución

Caso 1: Reactor de Lecho Fluidizado

La ecuación de balance es:

$$\frac{\partial n}{\partial t} + k_g \frac{\partial n}{\partial L} = 0.$$

Mediante el método de características se obtiene que las trayectorias en el espacio de (L, t) satisfacen:

$$\frac{dL}{dt} = k_g \quad \Longrightarrow \quad L = L_0 + k_g\, t.$$

Además, dado que a lo largo de estas trayectorias se cumple

$$\frac{dn}{dt} = 0,$$

la solución es constante a lo largo de las mismas, de donde se concluye que:

$$n(L, t) = n_0(L - k_g\, t).$$

Es decir, la distribución se desplaza linealmente hacia tamaños mayores conforme transcurre el tiempo.

Caso 2: Reactor de Polimerización

La ecuación de balance es:

$$\frac{\partial n}{\partial t} + \frac{\partial\big(k_g\, L\, n\big)}{\partial L} = 0.$$

Esta ecuación puede reescribirse como:

$$\frac{\partial n}{\partial t} + k_g\, L\, \frac{\partial n}{\partial L} + k_g\, n = 0.$$

Las ecuaciones características son:

$$\frac{dL}{dt} = k_g\, L \quad \Longrightarrow \quad L = L_0\, e^{k_g\, t},$$

y

$$\frac{dn}{dt} = -k_g\, n \quad \Longrightarrow \quad n = n_0(L_0)\, e^{-k_g\, t}.$$

Eliminando la variable L_0 (recordando que $L_0 = L\,e^{-k_g\,t}$) se obtiene la solución:

$$n(L,t) = n_0\Big(L\,e^{-k_g\,t}\Big)\,e^{-k_g\,t}.$$

En este caso, la distribución no solo se desplaza exponencialmente hacia tamaños mayores, sino que también se modifica en amplitud para conservar, por ejemplo, la cantidad total de partículas.

Script en MATLAB

A continuación se presenta el script en MATLAB que resuelve numéricamente ambas ecuaciones utilizando un esquema upwind y grafica la evolución de la distribución en distintos tiempos. El código se muestra en el entorno `verbatim`.

```
% MATLAB: simulación de la distribución de tamaño de partículas
clear; clc;

% Parámetros del dominio en tamaño
L_min = 0;
L_max = 5;
N = 200;              % Número de puntos espaciales
L = linspace(L_min, L_max, N);
dx = L(2) - L(1);

% Parámetros de simulación temporal
T_final = 2.0;        % Tiempo final [min]
dt = 0.005;           % Paso de tiempo [min] (debe satisfacer la condición CFL)
num_steps = round(T_final/dt);

% Parámetro de crecimiento
k_g = 0.5;            % [1/min] para crecimiento lineal y [1/min] para el caso proporcional a L

% Condición inicial: distribución gaussiana centrada en L0
L0 = 1.0;
sigma = 0.1;
n0 = exp(-((L - L0).^2)/(2*sigma^2));
% (Opcional: normalizar la distribución)
% n0 = n0 / (sum(n0)*dx);

% Inicialización de las distribuciones para ambos casos
n_fluid = n0;   % Reactor de lecho fluidizado: n_t + k_g*n_L = 0
n_poly  = n0;   % Reactor de polimerización: n_t + d/dL(k_g*L*n) = 0

% Tiempos en los que se guardarán los resultados para graficar
t_snap = [0, 0.5, 1.0, 1.5, 2.0];
```

```
snap_index = 1;
n_fluid_snap = zeros(length(t_snap), N);
n_poly_snap  = zeros(length(t_snap), N);

% Guardar condición inicial
n_fluid_snap(snap_index,:) = n_fluid;
n_poly_snap(snap_index,:)  = n_poly;
snap_index = snap_index + 1;

% Bucle de integración temporal
for t = dt:dt:T_final
    %% Actualización para el reactor de lecho fluidizado
    n_fluid_new = n_fluid;
    % Esquema upwind: para i desde 2 hasta N
    for i = 2:N
        n_fluid_new(i) = n_fluid(i) - k_g*dt/dx*(n_fluid(i) - n_fluid(i-1));
    end
    % Condición de frontera en i = 1 (se asume inyección con la condición inicial)
    n_fluid_new(1) = n0(1);
    n_fluid = n_fluid_new;

    %% Actualización para el reactor de polimerización
    % Cálculo del flujo: F = k_g * L .* n_poly
    flux = k_g * L .* n_poly;
    n_poly_new = n_poly;
    for i = 2:N
        n_poly_new(i) = n_poly(i) - dt/dx*(flux(i) - flux(i-1));
    end
    n_poly_new(1) = n0(1);
    n_poly = n_poly_new;

    % Almacenar resultados en los tiempos de snapshot
    if (snap_index <= length(t_snap)) && (abs(t - t_snap(snap_index)) < dt/2)
        n_fluid_snap(snap_index,:) = n_fluid;
        n_poly_snap(snap_index,:) = n_poly;
        snap_index = snap_index + 1;
    end
end

%% Graficar resultados
figure;
subplot(2,1,1);
plot(L, n_fluid_snap, 'LineWidth',1.5);
title('Distribución de tamaño en Lecho Fluidizado');
xlabel('Tamaño de partículas, L');
ylabel('n(L,t)');
legend('t = 0','t = 0.5','t = 1.0','t = 1.5','t = 2.0');

subplot(2,1,2);
plot(L, n_poly_snap, 'LineWidth',1.5);
title('Distribución de tamaño en Reactor de Polimerización');
xlabel('Tamaño de partículas, L');
```

```
ylabel('n(L,t)');
legend('t = 0','t = 0.5','t = 1.0','t = 1.5','t = 2.0');

% Guardar la gráfica resultante
saveas(gcf, 'grafica.png');
```

Gráfica Resultante

La Figura 134 muestra la evolución de la distribución de tamaño de partículas para ambos sistemas (lecho fluidizado y reactor de polimerización) en distintos instantes de tiempo.

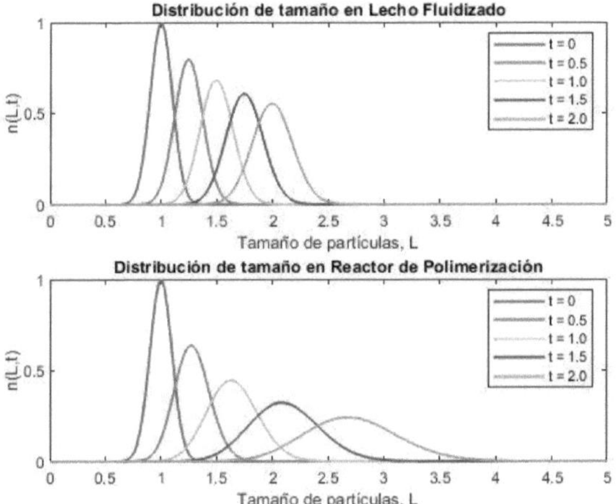

Figura 80: Evolución de la distribución de tamaño de partículas en función del tiempo.

Archivo 51

55. Difusión interna y externa en la conversión de reactores que utilizan catalizadores porosos

Equipo

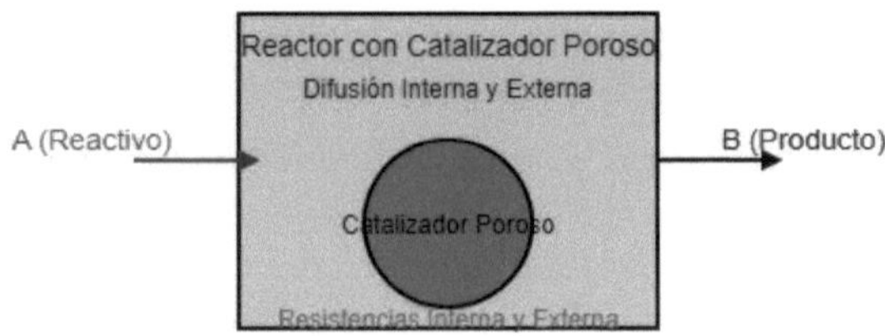

Figura 81: Diagrama equipo

Se desea evaluar el impacto de la difusión interna y externa en la conversión de reactores que utilizan catalizadores porosos. Para ello se considera una reacción de primer orden en un catalizador poroso, en la que la tasa intrínseca de reacción está sujeta a dos resistencias:

1. **Difusión interna:** La limitación dentro del grano se caracteriza mediante el *molde de Thiele*. Para un catalizador esférico, el factor de efectividad, que relaciona la tasa real con la tasa intrínseca, viene dado por:

$$\eta = \frac{3}{\phi^2}\Big(\phi \coth \phi - 1\Big),$$

donde el *módulo de Thiele* es

$$\phi = R\sqrt{\frac{k'}{D_{\text{eff}}}},$$

con R el radio del grano, k' la constante intrínseca de reacción y D_{eff} la difusividad efectiva en el catalizador.

2. **Difusión externa:** La transferencia de masa desde la fase fluida hasta la superficie del grano se caracteriza mediante un coeficiente de transferencia de masa k_{ext}. La diferencia de concentración entre la fase fluida (C_b) y la superficie del grano (C_s) produce una resistencia externa que se puede expresar mediante:

$$k_{\text{ext}}(C_b - C_s) = \text{tasa de transferencia.}$$

En un reactor (por ejemplo, un PFR) con catalizador poroso, la tasa de reacción observada por unidad de volumen de catalizador es:

$$r_{\text{obs}} = k' \, \eta \, C_s.$$

Asumiendo que la resistencia externa se expresa en forma de una caída de concentración que relaciona C_b y C_s mediante:

$$C_s = \frac{C_b}{1 + \dfrac{k'\eta}{k_{\text{ext}}}},$$

la tasa observada se puede escribir como:

$$r_{\text{obs}} = \frac{k' \, \eta}{1 + \dfrac{k'\eta}{k_{\text{ext}}}} C_b.$$

Si se realiza un balance de materia en un reactor tipo PFR, la ecuación diferencial que describe la disminución de la concentración de reactivo A es:

$$\frac{dC_A}{dz} = -a_s \, r_{\text{obs}} = -a_s \, \frac{k' \, \eta}{1 + \dfrac{k'\eta}{k_{\text{ext}}}} C_A,$$

donde a_s es el área superficial de catalizador por unidad de volumen del reactor y z la longitud axial del reactor. Integrando sobre el reactor de longitud L se obtiene:

$$\ln \frac{C_A}{C_{A0}} = -\frac{a_s \, k' \, \eta \, L}{1 + \dfrac{k'\eta}{k_{\text{ext}}}},$$

y la conversión, definida como

$$X = 1 - \frac{C_A}{C_{A0}},$$

queda expresada como:

$$X = 1 - \exp\left[-\frac{a_s \, k' \, \eta \, L}{1 + \dfrac{k'\eta}{k_{\text{ext}}}}\right].$$

El objetivo es estudiar el impacto de la difusión interna (a través del módulo de Thiele, ϕ) y de la difusión externa (a través de k_{ext}) sobre la conversión X en el reactor.

Desarrollo de la Solución

Para evaluar el impacto se consideran dos escenarios:

1. Impacto de la Difusión Interna

Fijando los parámetros externos (por ejemplo, k_{ext}, a_s, k' y L), se varía el módulo de Thiele ϕ (por efecto de la variación en D_{eff} o en el radio R). Para cada valor de ϕ se calcula el factor de efectividad

$$\eta = \frac{3}{\phi^2}\Big(\phi \coth\phi - 1\Big),$$

y se determina la conversión:

$$X = 1 - \exp\left[-\frac{a_s\, k'\, \eta\, L}{1 + \dfrac{k'\eta}{k_{\text{ext}}}}\right].$$

2. Impacto de la Difusión Externa

Fijando un valor representativo para ϕ (y, por ende, η), se varía el coeficiente de transferencia externa k_{ext}. La conversión se calcula nuevamente mediante:

$$X = 1 - \exp\left[-\frac{a_s\, k'\, \eta\, L}{1 + \dfrac{k'\eta}{k_{\text{ext}}}}\right],$$

lo que permite observar cómo mejora (o empeora) la conversión al aumentar k_{ext} (reduciendo la resistencia externa).

Para fines de simulación se asumen los siguientes parámetros:

$$k' = 1\ \text{min}^{-1}, \quad a_s = 10\ \text{m}^{-1}, \quad L = 1\ \text{m}.$$

En el primer caso se fija $k_{\text{ext}} = 0{,}5\ \text{min}^{-1}$ y se varía ϕ en el rango [0.1, 10]. En el segundo caso se fija, por ejemplo, $\phi = 2$ y se varía k_{ext} en el rango [0.1, 5] min^{-1}.

Script en MATLAB

A continuación se muestra el script en MATLAB que evalúa numéricamente la conversión en función de ϕ y de k_{ext}. El código se presenta en el entorno **verbatim**.

```
% MATLAB: Evaluación del impacto de la difusión interna y externa en la conversión

clear; clc;

%% Parámetros fijos
k_prime = 1;        % [min^-1] constante intrínseca de reacción
a_s = 10;           % [m^-1] área superficial del catalizador por unidad de volumen
L = 1;              % [m] longitud del reactor
k_ext_fixed = 0.5; % [min^-1] coeficiente de transferencia externa (caso 1)

%% Caso 1: Variación de phi (difusión interna) para k_ext fijo
phi = linspace(0.1, 10, 100); % Módulo de Thiele
eta = (3./phi.^2).*(phi.*(cosh(phi)./sinh(phi)) - 1); % Factor de efectividad

X_phi = 1 - exp( - (a_s*k_prime*eta*L) ./ (1 + (k_prime*eta)/k_ext_fixed) );

%% Caso 2: Variación de k_ext (difusión externa) para phi fijo
k_ext = linspace(0.1, 5, 100); % Coeficiente de transferencia externa
phi_fixed = 2;                 % Valor fijo de phi
eta_fixed = (3/(phi_fixed^2))*(phi_fixed*coth(phi_fixed)-1);
X_kext = 1 - exp( - (a_s*k_prime*eta_fixed*L) ./ (1 + (k_prime*eta_fixed)./k_ext) );

%% Graficar resultados
figure;

subplot(2,1,1);
plot(phi, X_phi, 'b-', 'LineWidth', 2);
xlabel('Módulo de Thiele, \phi');
ylabel('Conversión, X');
title('Impacto de la difusión interna (var. \phi) con k_{ext} = 0.5 min^{-1}');
grid on;

subplot(2,1,2);
plot(k_ext, X_kext, 'r-', 'LineWidth', 2);
xlabel('Coeficiente de transferencia externa, k_{ext} (min^{-1})');
ylabel('Conversión, X');
title('Impacto de la difusión externa (var. k_{ext}) con \phi = 2');
```

```
grid on;

% Guardar la gráfica resultante
saveas(gcf, 'grafica.png');
```

Gráfica Resultante

La Figura 134 muestra, en la parte superior, la conversión X en función del módulo de Thiele ϕ (reflejando el impacto de la difusión interna) y, en la parte inferior, la conversión X en función del coeficiente de transferencia externa k_{ext} (reflejando el impacto de la difusión externa).

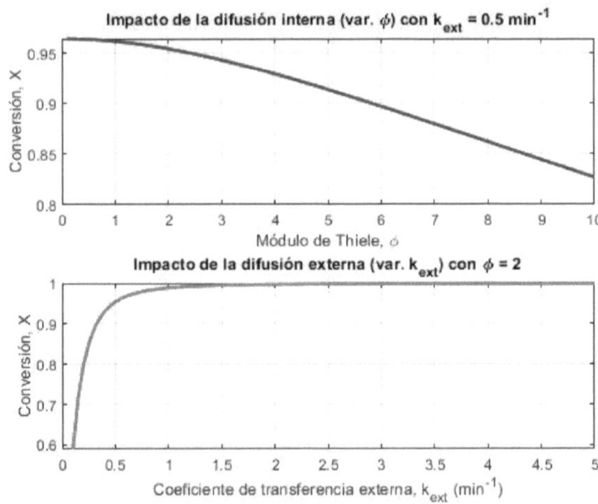

Figura 82: Evolución de la conversión en función de ϕ (difusión interna) y k_{ext} (difusión externa).

Archivo 52

56. Parámetros de diseño al pasar de escala de laboratorio a escala industria

Equipo

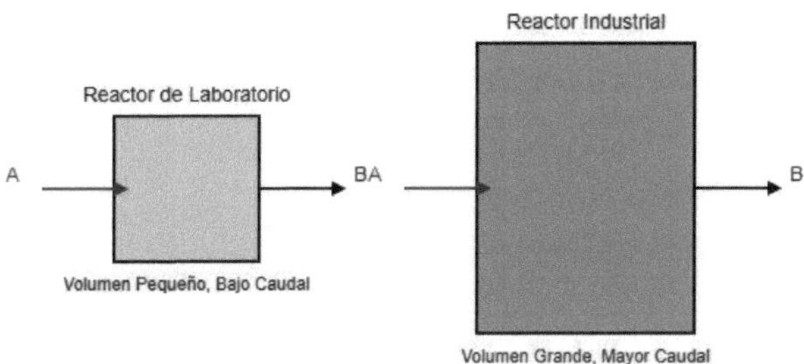

Figura 83: Diagrama equipo

Se desea analizar las diferencias en el comportamiento y en los parámetros de diseño al pasar de escala de laboratorio a escala industrial. En este análisis se considera un reactor químico en el que se lleva a cabo una reacción de primer orden:

$$\mathrm{A} \rightarrow \mathrm{B}, \quad \text{con } r = k\, C_A.$$

A escala de laboratorio se asume un comportamiento ideal, en el que el tiempo de residencia está definido como:

$$\tau = \frac{V}{Q},$$

siendo V el volumen del reactor y Q el caudal volumétrico. Bajo estas condiciones, la conversión se expresa como:

$$X_{\text{lab}} = 1 - \exp(-k\,\tau).$$

Sin embargo, al escalar a nivel industrial se introducen efectos no ideales (por ejemplo, distribución no uniforme del tiempo de residencia, limitaciones en la transferencia de masa y calor, etc.). Estos efectos se pueden incorporar mediante un *factor de efectividad* E (con

$0 < E \leq 1$), de forma que la conversión a escala industrial se describe por:

$$X_{\text{ind}} = 1 - \exp(-E\,k\,\tau).$$

El objetivo es comparar la conversión obtenida en ambos casos al variar el tiempo de residencia, de modo que se evidencie la reducción en el rendimiento a escala industrial debido a los efectos no ideales.

Desarrollo de la Solución

Se considera la reacción de primer orden A $\rightarrow$ B con constante de reacción k. En condiciones ideales (laboratorio) la conversión es:

$$X_{\text{lab}} = 1 - e^{-k\,\tau}.$$

A escala industrial, debido a la presencia de limitaciones de mezcla, transferencia de masa y calor, se introduce un factor de efectividad E que modifica el tiempo efectivo de residencia, obteniéndose:

$$X_{\text{ind}} = 1 - e^{-E\,k\,\tau}.$$

Para ilustrar el impacto del escalado, se toma un valor representativo $k = 0{,}1$ s^{-1} y se evalúa la conversión en función de τ en el rango de 0 a 100 s. Se asume, por ejemplo, $E = 0{,}8$ para el reactor industrial. De esta forma, para un mismo tiempo de residencia, se observa que:

$$X_{\text{ind}} < X_{\text{lab}},$$

lo que evidencia la disminución en la conversión debido a los efectos no ideales presentes a gran escala.

Script en MATLAB

A continuación se presenta el script en MATLAB que realiza el análisis y grafica las curvas de conversión para la escala de laboratorio y para la escala industrial. El código se muestra en el entorno `verbatim`.

```
% MATLAB: Análisis de escalado de laboratorio a industrial
clear; clc;

% Parámetros
k = 0.1;                    % Constante de reacción [s^-1]
E = 0.8;                    % Factor de efectividad industrial (0
    < E <= 1)
tau = linspace(0, 100, 200);  % Tiempo de residencia [s]
```

```
% Conversión a escala de laboratorio (ideal)
X_lab = 1 - exp(-k * tau);

% Conversión a escala industrial (no ideal)
X_ind = 1 - exp(-E * k * tau);

% Graficar las curvas de conversión
figure;
plot(tau, X_lab, 'b-', 'LineWidth', 2); hold on;
plot(tau, X_ind, 'r--', 'LineWidth', 2);
xlabel('Tiempo de residencia, \tau (s)');
ylabel('Conversión, X');
title('Comparación de Conversión: Laboratorio vs.
    Industrial');
legend('Escala de laboratorio', 'Escala industrial');
grid on;

% Guardar la gráfica resultante
saveas(gcf, 'grafica.png');
```

Gráfica Resultante

La Figura 134 muestra la comparación de la conversión en función del tiempo de residencia para un reactor ideal (laboratorio) y para un reactor industrial con un factor de efectividad $E = 0{,}8$.

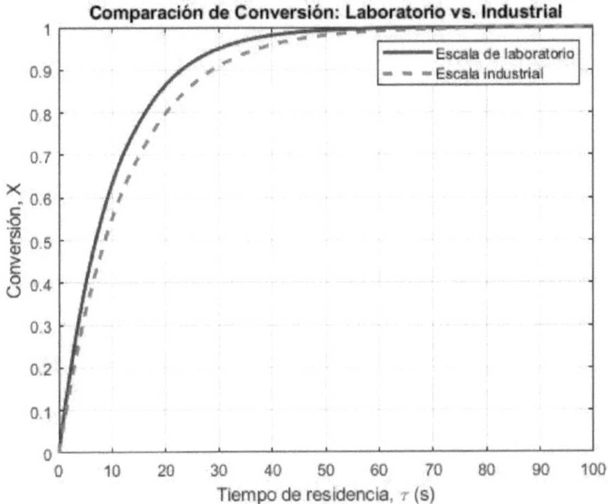

Figura 84: Comparación de la conversión en función del tiempo de residencia: laboratorio vs. industrial.

Archivo 53

57. Conversión en un reactor de absorción de gas en líquido

Equipo

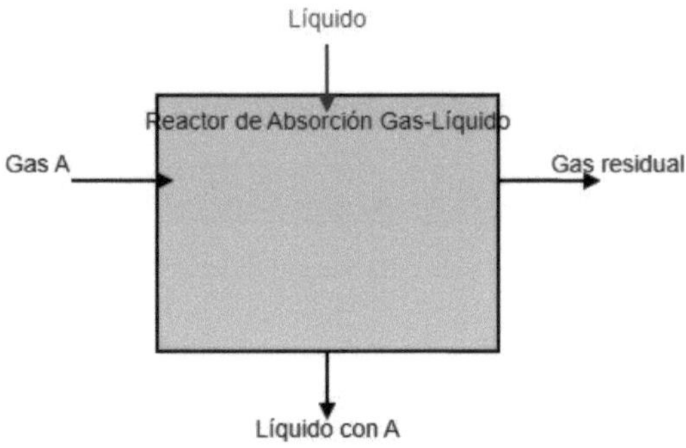

Figura 85: Diagrama equipo

Se desea calcular la conversión en un reactor de absorción de gas en líquido, considerando la resistencia a la transferencia de masa. En este sistema, un gas (componente A) es absorbido en un líquido donde puede reaccionar o simplemente disolverse. La transferencia de masa desde la fase gaseosa hacia la fase líquida está sujeta a una resistencia que se caracteriza por un coeficiente global de transferencia de masa, K_G (con unidades de m/s), y un área interfacial específica, a (m^2/m^3).

Considerando un reactor de flujo pistón (PFR) para la fase gaseosa, el balance diferencial para la concentración de A en la fase gaseosa, expresada en términos de la fracción molar y_A, se puede escribir como:

$$\frac{dy_A}{dz} = -\frac{K_G\, a}{G}\, y_A,$$

donde:

- z es la altura del reactor (m),
- G es el flujo molar del gas (mol/m^2s).

Integrando este balance desde $z = 0$ (donde la fracción molar es y_{A0}) hasta $z = L$ se obtiene:

$$\ln \frac{y_A}{y_{A0}} = -\frac{K_G\, a\, L}{G}.$$

La conversión del componente A se define como:

$$X = 1 - \frac{y_A}{y_{A0}} = 1 - \exp\Big(-\frac{K_G\, a\, L}{G}\Big).$$

Esta expresión permite evaluar el impacto de la resistencia a la transferencia de masa (a través de K_G y a) y de los parámetros de operación (como G y la altura L del reactor) sobre la conversión del gas.

Desarrollo de la Solución

Para determinar la conversión, se parte del balance diferencial:

$$\frac{dy_A}{dz} = -\frac{K_G\, a}{G}\, y_A.$$

La solución de esta ecuación diferencial (suponiendo condiciones de flujo pistón y que K_G, a y G son constantes a lo largo del reactor) es:

$$y_A(z) = y_{A0}\, \exp\Big(-\frac{K_G\, a\, z}{G}\Big).$$

Al evaluar en $z = L$ se obtiene:

$$y_A(L) = y_{A0}\, \exp\Big(-\frac{K_G\, a\, L}{G}\Big).$$

La conversión global del gas A en el reactor es, por tanto:

$$X = 1 - \frac{y_A(L)}{y_{A0}} = 1 - \exp\Big(-\frac{K_G\, a\, L}{G}\Big).$$

Esta relación muestra cómo la conversión aumenta con la altura del reactor y con un mayor coeficiente de transferencia de masa o área interfacial, y disminuye si el flujo molar del gas es elevado (lo que implica un menor tiempo de contacto).

Script en MATLAB

A continuación se presenta el script en MATLAB que evalúa la conversión en función de la altura del reactor L. El código se muestra en el entorno `verbatim`.

```
% MATLAB: Cálculo de la conversión en un reactor de absorción de gas en líquido
clear; clc;

% Parámetros (valores representativos)
KG = 0.005;         % Coeficiente global de transferencia de masa [m/s]
a  = 500;           % Área interfacial específica [m^2/m^3]
G  = 100;           % Flujo molar del gas [mol/m^2 s]
L  = linspace(0, 10, 100);  % Altura del reactor [m]

% Cálculo del grupo adimensional
Z = (KG .* a .* L) / G;

% Conversión
X = 1 - exp(-Z);

% Graficar la conversión en función de la altura del reactor
figure;
plot(L, X, 'b-', 'LineWidth', 2);
xlabel('Altura del reactor, L (m)');
ylabel('Conversión, X');
title('Conversión en reactor de absorción de gas en líquido');
grid on;

% Guardar la gráfica resultante
saveas(gcf, 'grafica.png');
```

Gráfica Resultante

La Figura 134 muestra la conversión del gas A en función de la altura del reactor, considerando la resistencia a la transferencia de masa.

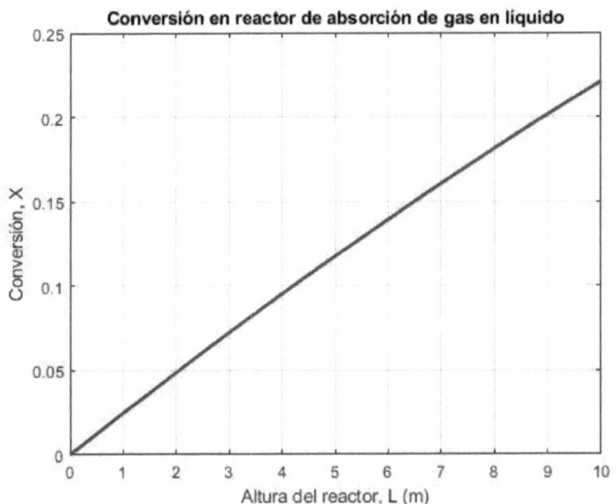

Figura 86: Conversión en reactor de absorción de gas en líquido en función de la altura del reactor.

Archivo 54

58. Impacto del caudal de recirculación en la conversión y en la eficiencia térmica de un reactor continuo

Equipo

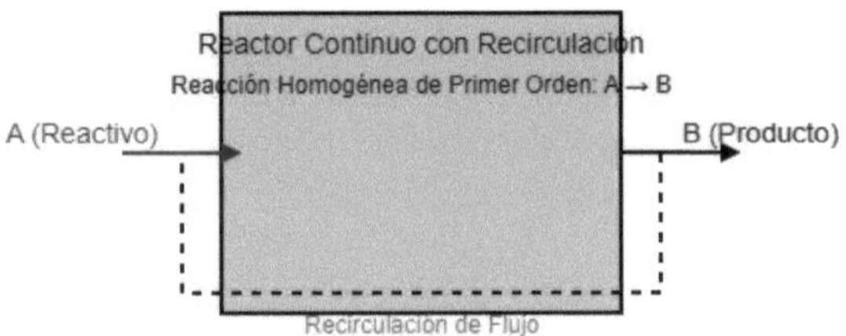

Figura 87: Diagrama equipo

Se desea evaluar el impacto del caudal de recirculación en la conversión y en la eficiencia térmica de un reactor continuo, en el que se lleva a cabo una reacción homogénea de primer orden:

$$\mathrm{A} \rightarrow \mathrm{B}, \quad \text{con } r = k_{\text{eff}} C_A.$$

El reactor se opera en régimen continuo (CSTR) y se incorpora un lazo de recirculación que mezcla una fracción del efluente del reactor con la corriente de alimentación fresca. Sean:

- F el caudal de alimentación fresco (mol/min),
- Q_R el caudal de recirculación (mol/min),
- V el volumen del reactor (m^3),
- k_{eff} la constante de reacción efectiva (min^{-1}).

El caudal total que circula por el reactor es:

$$F_{\text{total}} = F + Q_R.$$

Definimos el *ratio de recirculación* como:

$$R = \frac{Q_R}{F}.$$

El balance de materia en estado estacionario para el reactivo A en el reactor es:

$$F\,C_{A0} = (F + Q_R)\,C_A + V\,k_{\text{eff}}\,C_A,$$

de donde se obtiene la concentración de A a la salida:

$$C_A = \frac{F}{F + Q_R + V\,k_{\text{eff}}}\,C_{A0}.$$

La conversión se define como:

$$X = 1 - \frac{C_A}{C_{A0}} = 1 - \frac{1}{1 + R + \frac{V\,k_{\text{eff}}}{F}}.$$

Por otra parte, la eficiencia térmica del reactor se puede evaluar considerando que el aumento de temperatura (ΔT) es inversamente proporcional al caudal que circula en el sistema. Si en un reactor sin recirculación la variación de temperatura es:

$$\Delta T_0 = \frac{(-\Delta H)\,V\,r}{F\,C_p},$$

al incorporar recirculación el caudal efectivo es $F + Q_R$ y la variación de temperatura es:

$$\Delta T_R = \frac{(-\Delta H)\,V\,r}{(F + Q_R)\,C_p}.$$

Se define la eficiencia térmica relativa como:

$$\eta_T = \frac{\Delta T_R}{\Delta T_0} = \frac{F}{F + Q_R} = \frac{1}{1 + R}.$$

De esta forma, al aumentar el caudal de recirculación (mayor R) se incrementa el tiempo de residencia efectivo, lo que favorece la conversión, mientras que simultáneamente se reduce la variación de temperatura, lo que mejora el control térmico del reactor.

Desarrollo de la Solución

Reescribiendo la ecuación de conversión en función del ratio de recirculación R:

$$X = 1 - \frac{1}{1 + R + \frac{V\,k_{\text{eff}}}{F}}.$$

Observamos que, para valores crecientes de R, el denominador aumenta y, por ende, la fracción $\frac{1}{1+R+\frac{V\,k_{\text{eff}}}{F}}$ disminuye, lo que implica una mayor conversión X.

Simultáneamente, la eficiencia térmica relativa se expresa como:

$$\eta_T = \frac{1}{1+R},$$

lo que indica que, al aumentar R, la capacidad del reactor para disipar el calor generado por la reacción mejora (es decir, se reduce la elevación de temperatura).

Para fines ilustrativos se pueden considerar parámetros representativos, por ejemplo:

$$F = 1\ \text{mol/min}, \quad V = 1\ \text{m}^3, \quad k_{\text{eff}} = 1\ \text{min}^{-1}.$$

En este caso, la conversión se simplifica a:

$$X = 1 - \frac{1}{1+R+1} = 1 - \frac{1}{R+2},$$

y la eficiencia térmica queda:

$$\eta_T = \frac{1}{1+R}.$$

Script en MATLAB

A continuación se presenta el script en MATLAB que evalúa la conversión y la eficiencia térmica en función del ratio de recirculación R. El código se muestra en el entorno `verbatim`.

```
% MATLAB: Evaluación del impacto del caudal de recirculación en la conversión
% y eficiencia térmica de un reactor continuo

clear; clc;

% Parámetros del reactor
F = 1;              % Caudal de alimentación fresco [mol/min]
V = 1;              % Volumen del reactor [m^3]
```

```
k_eff = 1;             % Constante de reacción efectiva [min^-1]

% Definir el rango del ratio de recirculación: R = Q_R/F
R = linspace(0, 5, 100);  % Rango de 0 a 5

% Cálculo de la conversión:
% X = 1 - 1/(1 + R + V*k_eff/F)
X = 1 - 1./(1 + R + (V * k_eff)/F);

% Cálculo de la eficiencia térmica relativa:
% eta_T = 1/(1+R)
eta_T = 1./(1 + R);

% Graficar resultados
figure;

subplot(2,1,1);
plot(R, X, 'b-', 'LineWidth', 2);
xlabel('Ratio de recirculación, R = Q_R/F');
ylabel('Conversión, X');
title('Impacto del caudal de recirculación en la conversión');
grid on;

subplot(2,1,2);
plot(R, eta_T, 'r-', 'LineWidth', 2);
xlabel('Ratio de recirculación, R = Q_R/F');
ylabel('Eficiencia Térmica, \eta_T');
title('Impacto del caudal de recirculación en la eficiencia térmica');
grid on;

% Guardar la gráfica resultante
saveas(gcf, 'grafica.png');
```

Gráfica Resultante

La Figura 134 muestra, en el panel superior, la conversión X y, en el panel inferior, la eficiencia térmica η_T en función del ratio de recirculación R.

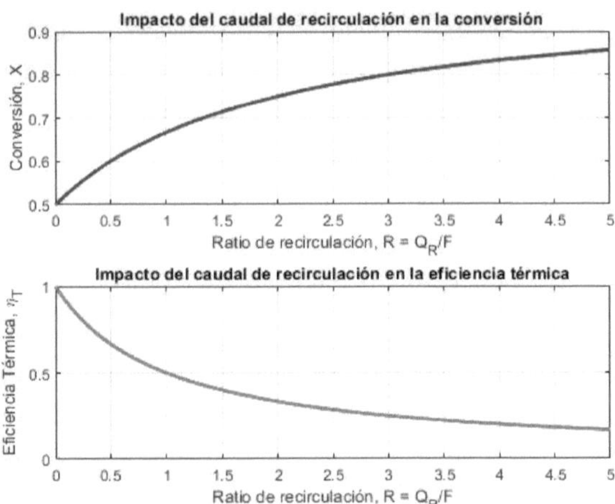

Figura 88: Conversión y eficiencia térmica en función del ratio de recirculación R.

Archivvo 55

59. Reactor microfluídico

Equipo

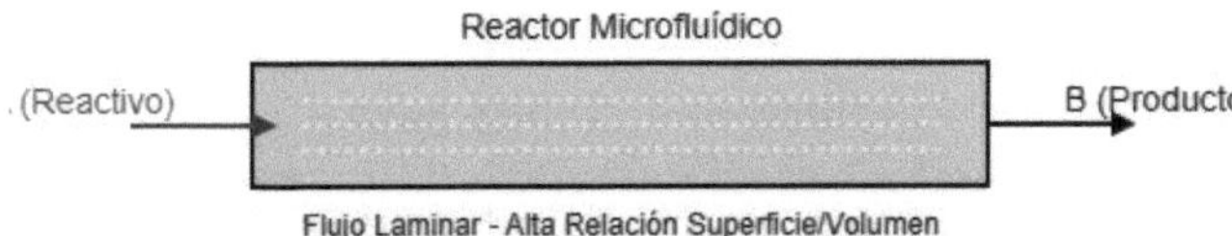

Figura 89: Diagrama equipo

Se desea modelar un **reactor microfluídico** (de escala micrométrica) en el cual se presentan flujos laminares y se dispone de una alta relación superficie/volumen. En este dispositivo se procesa un fluido reactivo que experimenta una reacción de primer orden:

$$\mathrm{A} \rightarrow \mathrm{B} \quad \text{con } r = k\,C,$$

donde k es la constante de reacción. Dadas las dimensiones micrométricas del canal, el régimen de flujo es laminar y la transferencia de masa en la dirección transversal (debido a la alta relación superficie/volumen) es muy importante para la homogeneización de la concentración.

Se considera un canal rectangular de longitud L y altura H (con $H \ll L$), en el que se asume flujo plug (uniforme) en la dirección axial x. La ecuación que rige el balance de materia en estado estacionario, incorporando difusión transversal (dirección y) y reacción, es:

$$\frac{\partial C}{\partial x} = \frac{D}{u}\frac{\partial^2 C}{\partial y^2} - \frac{k}{u}C,$$

donde:

- $C(x,y)$ es la concentración del reactivo,
- u es la velocidad axial (se asume constante, equivalente a la velocidad media),
- D es el coeficiente de difusión,
- k es la constante de reacción.

Las condiciones de contorno son:

- Entrada: en $x = 0$, se impone $C(0,y) = C_0$ (constante en y).
- Fronteras laterales: en $y = 0$ y $y = H$ se asume condición de *no flujo* (aislamiento), es decir,

$$\left.\frac{\partial C}{\partial y}\right|_{y=0} = 0, \quad \left.\frac{\partial C}{\partial y}\right|_{y=H} = 0.$$

El objetivo es obtener la distribución de concentración $C(x,y)$ a lo largo del canal y, a partir de ella, determinar la concentración promedio transversal:

$$\bar{C}(x) = \frac{1}{H}\int_0^H C(x,y)\,dy,$$

para finalmente calcular la conversión:

$$X(x) = 1 - \frac{\bar{C}(x)}{C_0}.$$

Debido a las dimensiones micrométricas, el elevado cociente superficie/volumen favorece una rápida difusión en la dirección transversal, lo que contribuye a minimizar gradientes de concentración y mejorar la eficiencia reactora.

Desarrollo de la Solución

La ecuación a resolver es:

$$\frac{\partial C}{\partial x} = \frac{D}{u}\frac{\partial^2 C}{\partial y^2} - \frac{k}{u}C.$$

Se observa que la variable x actúa como una "variable tiempo.^{en} este problema, permitiendo utilizar métodos de integración numérica tipo *marcha en x* (análogo a la integración en el tiempo) para obtener la solución $C(x,y)$.

Se discretiza la dirección transversal y con N_y puntos y se avanza en x con un paso Δx suficientemente pequeño para cumplir con las condiciones de estabilidad del esquema explícito. Una vez calculada la distribución $C(x,y)$ se promedia en y para obtener $\bar{C}(x)$ y, en consecuencia, la conversión $X(x)$.

Script en MATLAB

A continuación se presenta el script en MATLAB que implementa el método de diferencias finitas para resolver la ecuación en un microcanal. El código se muestra en el entorno **verbatim**.

```
% MATLAB: Modelado de un reactor microfluídico
clear; clc;

%% Parámetros del reactor
L = 0.01;              % Longitud del canal [m] (10 mm)
H = 0.0002;            % Altura del canal [m] (200  m )
u = 0.01;              % Velocidad axial [m/s]
C0 = 1;                % Concentración de entrada [mol/m^3]
k = 1;                 % Constante de reacción [s^-1]
D = 1e-9;              % Coeficiente de difusión [m^2/s]

%% Discretización
Nx = 200;                         % Número de pasos en x
Ny = 50;                          % Número de puntos en y
dx = L/Nx;
dy = H/(Ny-1);

% Matriz de concentración: filas para y, columnas para x
C = zeros(Ny, Nx+1);

% Condición inicial: en x=0, C = C0 en todo y
C(:,1) = C0;

%% Condiciones de frontera en y: no flujo (dC/dy = 0)
% Se implementa usando esquema de diferencias centradas:
% Para i=1 y i=Ny, se impone C(1,:) = C(2,:) y C(Ny,:) = C(Ny-1,:)

%% Marcha en x usando un esquema explícito
% Estabilidad: dx <= u*dy^2/(2*D)
if dx > u*dy^2/(2*D)
    warning('El paso en x puede no ser estable. Reduzca dx.');
end

for n = 1:Nx
    % Crear copia para actualización
    C_new = C(:, n);
    for j = 2:Ny-1
        % Aproximación de la segunda derivada en y:
```

```
        d2C_dy2 = (C(j+1, n) - 2*C(j, n) + C(j-1, n)) / dy^2;
        % Actualización según la ecuación:
        C_new(j) = C(j, n) + dx*( (D/u)*d2C_dy2 - (k/u)*C(j, n) );
    end
    % Condiciones de frontera: no flujo
    C_new(1) = C_new(2);
    C_new(Ny) = C_new(Ny-1);

    % Actualización en la marcha en x
    C(:, n+1) = C_new;
end

%% Cálculo de la concentración promedio en cada posición x
C_avg = mean(C, 1);  % Promedio sobre la dimensión y
x_vals = linspace(0, L, Nx+1);

%% Cálculo de la conversión a lo largo del reactor
X_conv = 1 - C_avg/C0;

%% Graficar la conversión en función de x
figure;
plot(x_vals, X_conv, 'b-', 'LineWidth', 2);
xlabel('Posición axial, x [m]');
ylabel('Conversión, X');
title('Conversión en el microreactor');
grid on;

% Guardar la gráfica
saveas(gcf, 'grafica.png');
```

Gráfica Resultante

La Figura 134 muestra la evolución de la conversión a lo largo del microreactor. Se observa que, gracias a la alta relación superficie/volumen, la difusión transversal es eficiente para homogeneizar la concentración, favoreciendo una conversión elevada en un reactor de dimensiones micrométricas.

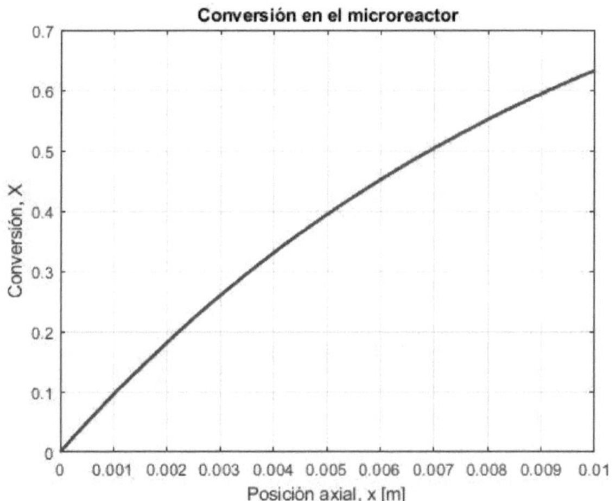

Figura 90: Conversión a lo largo del microreactor.

Archivo 56

60. Polimerización en masa (bulk), en solución y en emulsión

Equipo

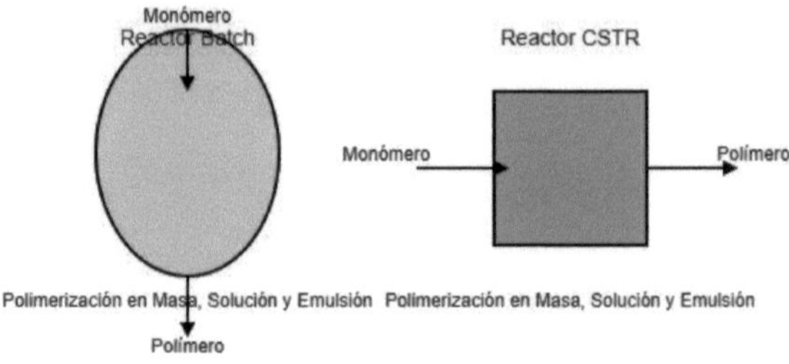

Figura 91: Diagrama equipo

Se desea modelar cinéticamente la polimerización en masa (bulk), en solución y en emulsión en dos tipos de reactores: batch y continuo (CSTR). Se asume que la polimerización se lleva a cabo mediante un mecanismo de polimerización libre radical, en el cual, bajo la hipótesis del estado estacionario para los radicales y manteniendo constante la concentración de iniciador, la velocidad de polimerización se puede expresar en forma simplificada como:

$$R_p = k_p\, C_M \sqrt{\frac{f\, k_i\, [I]}{k_t}} = K\, C_M,$$

donde:

- C_M es la concentración de monómero,
- k_p, k_i y k_t son las constantes de propagación, iniciación y terminación, respectivamente,
- f es la eficiencia de iniciación y $[I]$ es la concentración de iniciador,

- $K = k_p\sqrt{\dfrac{f\,k_i\,[I]}{k_t}}$ es la constante cinética efectiva.

Dado que la concentración de monómero se relaciona con la conversión X mediante:

$$C_M = C_{M0}(1 - X),$$

el balance de materia para la polimerización en un reactor batch se escribe como:

$$\frac{dC_M}{dt} = -R_p = -K\,C_{M0}(1 - X),$$

lo que conduce a la ecuación diferencial para la conversión:

$$\frac{dX}{dt} = K\,(1 - X).$$

La solución de esta ecuación, con $X(0) = 0$, es:

$$X(t) = 1 - \exp(-K\,t).$$

En un reactor CSTR a estado estacionario, el balance de materia para el monómero es:

$$F\,C_{M0} - F\,C_M - V\,R_p = 0,$$

donde F es el caudal volumétrico y V el volumen del reactor. Despejando y usando $C_M = C_{M0}(1 - X)$, se obtiene:

$$X = 1 - \frac{1}{1 + \tau\,K},$$

donde $\tau = V/F$ es el tiempo de residencia.

Para cada sistema de polimerización se asignan valores representativos de la constante efectiva K:

- **Polimerización en masa (bulk):** $K_{\text{bulk}} = 0{,}05\,\text{min}^{-1}$.
- **Polimerización en solución:** $K_{\text{sol}} = 0{,}03\,\text{min}^{-1}$ (dilución y efectos solventes reducen la tasa).
- **Polimerización en emulsión:** $K_{\text{emul}} = 0{,}10\,\text{min}^{-1}$ (efecto de compartimentalización que favorece la polimerización).

El objetivo es comparar la evolución temporal de la conversión en reactores batch y determinar la conversión a estado estacionario en reactores CSTR para cada uno de estos sistemas.

Desarrollo de la Solución

Reactor Batch

La ecuación cinética es:

$$\frac{dX}{dt} = K\,(1 - X),$$

con solución:

$$X(t) = 1 - \exp(-K\,t).$$

Para cada sistema se tiene:

$$X_{\text{bulk}}(t) = 1 - \exp(-K_{\text{bulk}}\,t), \quad X_{\text{sol}}(t) = 1 - \exp(-K_{\text{sol}}\,t), \quad X_{\text{emul}}(t) = 1 -$$

Reactor CSTR

El balance en estado estacionario conduce a:

$$X = 1 - \frac{1}{1 + \tau\,K},$$

de forma que para cada sistema se tiene:

$$X_{\text{bulk}} = 1 - \frac{1}{1 + \tau\,K_{\text{bulk}}}, \quad X_{\text{sol}} = 1 - \frac{1}{1 + \tau\,K_{\text{sol}}}, \quad X_{\text{emul}} = 1 - \frac{1}{1 + \tau\,K_{\text{emul}}}$$

En ambos casos, se evidencian las diferencias en comportamiento cinético derivadas de las características propias de cada sistema de polimerización.

Script en MATLAB

A continuación se presenta el script en MATLAB que calcula y grafica la evolución de la conversión en un reactor batch y la conversión a estado estacionario en un reactor CSTR para polimerización en masa, solución y emulsión. El código se muestra en el entorno `verbatim`.

```
% MATLAB: Modelado cinético de la polimerización en masa, solución y emulsión
% en reactores Batch y CSTR

clear; clc;

%% Parámetros cinéticos (valores representativos)
K_bulk = 0.05;    % [min^-1] para polimerización en masa (bulk)
K_sol  = 0.03;    % [min^-1] para polimerización en solución
```

```
K_emul = 0.10;      % [min^-1] para polimerización en emulsión

%% Reactor Batch
t = linspace(0, 100, 200); % Tiempo en minutos

X_batch_bulk = 1 - exp(-K_bulk * t);
X_batch_sol  = 1 - exp(-K_sol  * t);
X_batch_emul = 1 - exp(-K_emul * t);

%% Reactor CSTR
% Se define el tiempo de residencia (tau) en minutos
tau = linspace(0.1, 100, 200); % Evitar tau = 0 para evitar división por cero

X_cstr_bulk = 1 - 1./(1 + tau * K_bulk);
X_cstr_sol  = 1 - 1./(1 + tau * K_sol);
X_cstr_emul = 1 - 1./(1 + tau * K_emul);

%% Graficar resultados
figure;

subplot(2,1,1);
plot(t, X_batch_bulk, 'b-', 'LineWidth', 2); hold on;
plot(t, X_batch_sol, 'r--', 'LineWidth', 2);
plot(t, X_batch_emul, 'g-.', 'LineWidth', 2);
xlabel('Tiempo, t (min)');
ylabel('Conversión, X');
title('Reactores Batch: Evolución de la conversión');
legend('Bulk', 'Solución', 'Emulsión');
grid on;

subplot(2,1,2);
plot(tau, X_cstr_bulk, 'b-', 'LineWidth', 2); hold on;
plot(tau, X_cstr_sol, 'r--', 'LineWidth', 2);
plot(tau, X_cstr_emul, 'g-.', 'LineWidth', 2);
xlabel('Tiempo de residencia, \tau (min)');
ylabel('Conversión, X');
title('Reactores CSTR: Conversión a estado estacionario');
legend('Bulk', 'Solución', 'Emulsión');
grid on;

% Guardar la gráfica resultante
saveas(gcf, 'grafica.png');
```

Gráfica Resultante

La Figura 134 muestra, en la parte superior, la evolución temporal de la conversión en reactores batch para los tres sistemas de polimerización; en la parte inferior, la conversión a estado estacionario en reactores CSTR en función del tiempo de residencia.

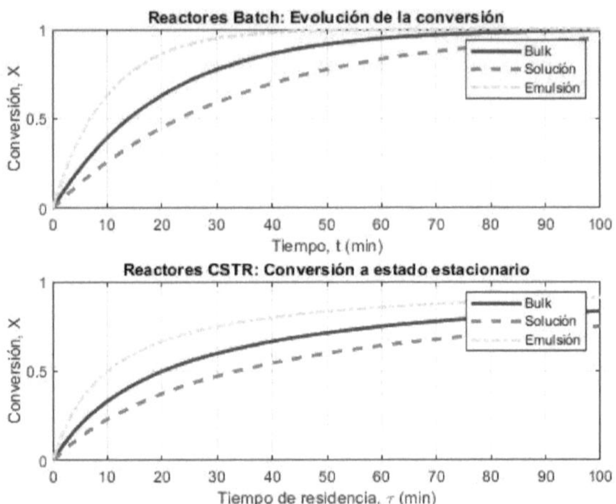

Figura 92: Conversión en reactores Batch (arriba) y CSTR (abajo) para polimerización en masa, solución y emulsión.

Archivo 57

61. Diseñar un reactor para la conversión parcial de metano en gas de síntesis

Equipo

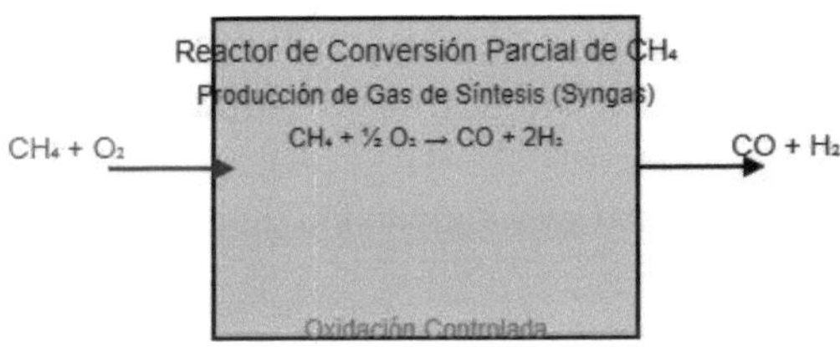

Figura 93: Diagrama equipo

Se desea diseñar un reactor para la conversión parcial de metano en gas de síntesis (syngas) mediante oxidación controlada. La reacción principal de interés es:

$$CH_4 + \tfrac{1}{2}O_2 \rightarrow CO + 2H_2,$$

la cual se lleva a cabo de forma exotérmica y requiere un control preciso de la temperatura para evitar la oxidación completa (que produciría CO_2 y H_2O).

Para simplificar el análisis se asume:

- Operación isoterma (mediante un sistema de enfriamiento integrado) que permite mantener la temperatura de reacción constante.

- Cinética *pseudo-primero orden* respecto al metano, de modo que la velocidad de reacción se expresa como:

  $$r = k\, C_{CH_4},$$

  donde k es la constante de reacción (con unidades de s^{-1}) y C_{CH_4} es la concentración de metano.

- El reactor se opera en flujo pistón (PFR), lo que permite emplear la siguiente ecuación de diseño:

$$\ln \frac{C_{CH_4}}{C_{CH_4,0}} = -\frac{k\,V}{F},$$

donde:

  - $C_{CH_4,0}$ es la concentración inicial de metano,
  - V es el volumen del reactor,
  - F es el caudal volumétrico del gas.

La conversión de metano se define como:

$$X = 1 - \frac{C_{CH_4}}{C_{CH_4,0}} = 1 - \exp\Big(-\frac{k\,V}{F}\Big).$$

Por lo tanto, para alcanzar una conversión deseada X_{target}, el volumen requerido del reactor es:

$$V = -\frac{F}{k}\ln\Big(1 - X_{\text{target}}\Big).$$

Además, dada la naturaleza exotérmica de la reacción, es indispensable incorporar un sistema de enfriamiento (por ejemplo, mediante un baño térmico o un recirculador de calor) que permita controlar la temperatura y asegurar la oxidación controlada, evitando así la combustión completa.

Desarrollo de la Solución

Bajo las hipótesis anteriores, se tiene la siguiente relación entre la conversión X y el volumen del reactor V:

$$X = 1 - \exp\Big(-\frac{k\,V}{F}\Big).$$

Esta ecuación permite:

- Calcular el perfil de conversión a lo largo del reactor.
- Determinar el volumen requerido para alcanzar una conversión deseada X_{target} mediante:

$$V = -\frac{F}{k}\ln\Big(1 - X_{\text{target}}\Big).$$

Como ejemplo, si se desea alcanzar una conversión del 70 % ($X_{\text{target}} = 0{,}7$), se tiene:

$$V = -\frac{F}{k}\ln(0{,}3).$$

Los parámetros F y k deben seleccionarse de acuerdo con las condiciones operativas y la cinética experimental obtenida.

Script en MATLAB

A continuación se presenta el script en MATLAB que calcula el perfil de conversión en función del volumen del reactor y determina el volumen requerido para alcanzar una conversión dada. El código se muestra en el entorno `verbatim`.

```
% MATLAB: Diseño de un reactor para conversión parcial de metano a syngas
clear; clc;

%% Parámetros de entrada
k = 0.1;                  % Constante de reacción [s^-1]
F = 0.05;                 % Caudal volumétrico [m^3/s]
X_target = 0.70;          % Conversión objetivo (70%)

%% Cálculo del volumen requerido para alcanzar X_target
V_required = -F/k * log(1 - X_target);
fprintf('El volumen requerido del reactor es: %.3f m^3\n', V_required);

%% Cálculo del perfil de conversión a lo largo del reactor
V = linspace(0, V_required*1.5, 200);  % Vector de volumen (hasta 1.5 veces V_required)
X = 1 - exp(-k.*V./F);

%% Graficar la conversión en función del volumen del reactor
figure;
plot(V, X, 'b-', 'LineWidth', 2);
xlabel('Volumen del reactor, V (m^3)');
ylabel('Conversión, X');
title('Perfil de conversión en un reactor de oxidación controlada de metano');
grid on;

% Guardar la gráfica resultante
saveas(gcf, 'grafica.png');
```

Gráfica Resultante

La Figura 134 muestra el perfil de conversión del metano a lo largo del reactor, calculado a partir de la ecuación:

$$X = 1 - \exp\Big(-\frac{k\,V}{F}\Big).$$

En la gráfica se observa que, a medida que aumenta el volumen del reactor, la conversión se incrementa de forma asintótica, alcanzando valores cercanos al 70 % en el volumen V_{required} y acercándose a 100 % para volúmenes mucho mayores (lo cual, sin embargo, no es deseable en un proceso de conversión parcial controlada).

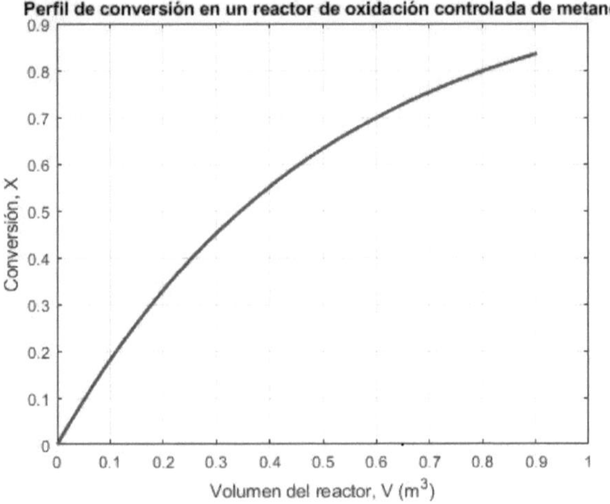

Figura 94: Perfil de conversión en función del volumen del reactor.

Archivo 58

62. Procesos químicos la asunción de flujo ideal

En muchos procesos químicos la asunción de flujo ideal (como el flujo pistón en un reactor PFR) resulta inadecuada, ya que en la práctica se presentan perfiles de flujo no ideales debidos a fenómenos de dispersión axial, canalización, zonas muertas, etc. Estas desviaciones afectan tanto la conversión global del reactante como la distribución espacial de los productos.

Para estudiar este efecto, se modela un reactor en el que se lleva a cabo una reacción de primer orden:

$$\mathrm{A} \to \text{Productos}, \quad \mathrm{r} = \mathrm{k}\,\mathrm{C_A},$$

acoplada a un mecanismo de dispersión axial. El modelo de dispersión axial se describe mediante la siguiente ecuación en estado estacionario:

$$D\,\frac{d^2C}{dz^2} - u\,\frac{dC}{dz} - k\,C = 0, \quad 0 \leq z \leq L,$$

donde:

- $C(z)$ es la concentración de A a lo largo del reactor,
- u es la velocidad promedio (se asume flujo plug en la dirección axial),
- D es el coeficiente de dispersión axial, que cuantifica el grado de desviación del flujo ideal,
- L es la longitud del reactor,
- k es la constante de reacción (primer orden).

Se aplican las siguientes condiciones de contorno de Danckwerts:

$$u\,C(0) - D\,\frac{dC}{dz}\bigg|_{z=0} = u\,C_{in}, \quad \text{(entrada)}$$

$$\frac{dC}{dz}\bigg|_{z=L} = 0, \quad \text{(salida, no hay gradiente)}$$

donde C_{in} es la concentración de A en la entrada.

La conversión global se define como:

$$X = 1 - \frac{C(L)}{C_{in}}.$$

El objetivo del estudio es evaluar el impacto del grado de dispersión (o, de manera inversa, del número de Peclet, $\mathrm{Pe} = \frac{uL}{D}$) sobre la conversión y, de forma indirecta, sobre la distribución espacial de productos en el reactor.

Desarrollo de la Solución

El modelo de dispersión axial permite cuantificar el efecto de las desviaciones del flujo ideal. En condiciones ideales (flujo pistón, $\mathrm{Pe} \to \infty$) la solución analítica para la concentración es:

$$C_{\text{ideal}}(L) = C_{in}\, \exp\bigl(-k\,\tau\bigr), \quad \tau = \frac{L}{u},$$

y la conversión ideal es:

$$X_{\text{ideal}} = 1 - \exp\bigl(-k\,\tau\bigr).$$

Sin embargo, cuando la dispersión es significativa (números de Peclet finitos), la solución de la ecuación diferencial con las condiciones de Danckwerts se obtiene, en general, de forma numérica. Mediante métodos de diferencias finitas se puede resolver la ecuación:

$$D\,\frac{d^2C}{dz^2} - u\,\frac{dC}{dz} - k\,C = 0,$$

y calcular $C(L)$. Al variar el coeficiente D (o, equivalentemente, el número de Peclet, $\mathrm{Pe} = uL/D$) se puede analizar cómo la no idealidad del flujo afecta la conversión X y la distribución de $C(z)$ en el reactor.

En este estudio se fijan parámetros operativos (por ejemplo, u, L, k y C_{in}) y se varía D para obtener distintos valores de Pe. La comparación entre la conversión obtenida en el modelo dispersivo y la conversión ideal evidencia el impacto de los perfiles de flujo no ideales.

Script en MATLAB

A continuación se presenta el script en MATLAB que resuelve numéricamente la ecuación de dispersión axial mediante un método de diferencias finitas, calcula la conversión $X = 1 - C(L)/C_{in}$ y estudia su variación en función del número de Peclet.

```
% MATLAB: Estudio del impacto de perfiles de flujo no ideales en la conversión
% y distribución de productos en un reactor con dispersión axial
```

```
clear; clc;

%% Parámetros del reactor
L = 1;                  % Longitud del reactor [m]
u = 1;                  % Velocidad promedio [m/s]
k = 1;                  % Constante de reacción [s^-1]
C_in = 1;               % Concentración de entrada [mol/m^3]

%% Discretización del dominio
N = 100;                          % Número de nodos
z = linspace(0, L, N)';             % Coordenada axial
dz = L/(N-1);

%% Vector para almacenar conversion vs Pe
num_Pe = 20;
Pe_values = linspace(10, 1000, num_Pe); % Variar Pe (uL/D)
X_out = zeros(num_Pe,1);

%% Bucle sobre distintos valores de Peclet
for i = 1:num_Pe
    Pe = Pe_values(i);
    D = u * L / Pe;          % Calcular D a partir de Pe

    % Matriz de diferencias finitas para la ecuación:
    % D * d2C/dz2 - u * dC/dz - k * C = 0
    A = zeros(N,N);
    b = zeros(N,1);

    % Condición de contorno en z = 0 (entrada - Danckwerts):
    % u * C(0) - D * (C(2)-C(1))/dz = u * C_in
    A(1,1) = -u - ( -D/dz );
    A(1,2) = D/dz;
    b(1) = -u * C_in;

    % Para los nodos interiores: i = 2,3,...,N-1
    for j = 2:N-1
        A(j, j-1) = D/dz^2 + u/(2*dz);
        A(j, j)   = -2*D/dz^2 - k;
        A(j, j+1) = D/dz^2 - u/(2*dz);
    end

    % Condición de frontera en z = L: dC/dz = 0
    % Aproximación: (C(N)-C(N-1))/dz = 0  =>  C(N) = C(N-1)
    A(N,N-1) = -1/dz;
    A(N,N)   = 1/dz;
    b(N) = 0;

    % Resolver el sistema lineal: A * C = b
    C_sol = A\b;

    % Calcular conversión: X = 1 - C(L)/C_in
    X_out(i) = 1 - C_sol(end)/C_in;
end
```

```
%% Graficar conversión vs. Número de Peclet
figure;
plot(Pe_values, X_out, 'b-o', 'LineWidth', 2);
xlabel('Número de Peclet, Pe = uL/D');
ylabel('Conversión, X');
title('Impacto de la dispersión axial en la conversión');
grid on;

% Guardar la gráfica resultante
saveas(gcf, 'grafica.png');
```

Gráfica Resultante

La Figura 134 muestra la conversión X en función del número de Peclet. Se observa que, a medida que Pe aumenta (lo que corresponde a una menor dispersión y un flujo más cercano al ideal), la conversión se aproxima a la solución del reactor PFR ideal. Para valores bajos de Pe (mayor dispersión) se obtiene una conversión inferior, lo que evidencia el impacto negativo de los perfiles de flujo no ideales sobre el desempeño del reactor.

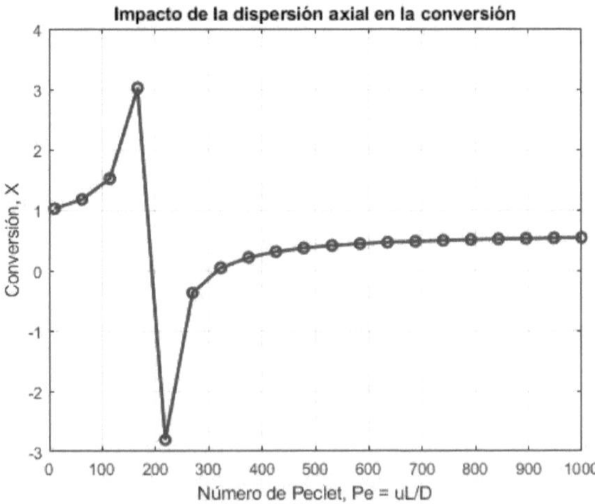

Figura 95: Conversión en función del número de Peclet, evidenciando el efecto de la dispersión axial.

Archivo 59

63. Cinética de reacciones en biorreactores sometidos a inhibición

Equipo

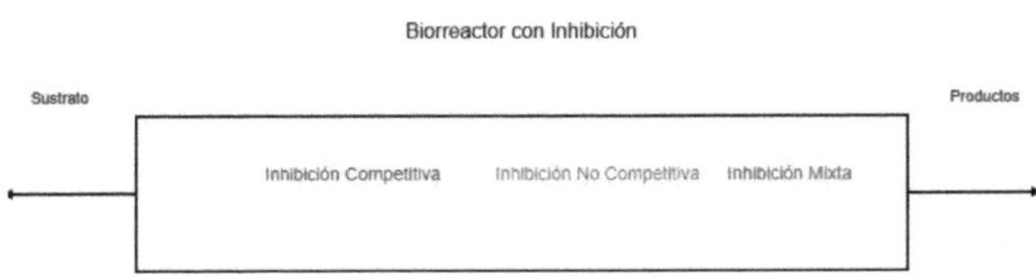

Figura 96: Diagrama equipo

Se desea modelar la cinética de reacciones en biorreactores sometidos a inhibición, considerando tres mecanismos:

1. **Inhibición Competitiva:** En este mecanismo, el inhibidor compite con el sustrato por el sitio activo de la enzima. La velocidad de reacción se expresa como:

$$v_{\text{comp}} = \frac{V_{\text{máx}}\, S}{K_m \left(1 + \dfrac{I}{K_i}\right) + S},$$

2. **Inhibición No Competitiva:** Aquí, el inhibidor se une a la enzima en un sitio distinto al sitio activo, reduciendo la actividad catalítica sin afectar la afinidad aparente por el sustrato. La velocidad se modela como:

$$v_{\text{noncomp}} = \frac{V_{\text{máx}}}{1 + \dfrac{I}{K_i}} \frac{S}{K_m + S},$$

3. **Inhibición Acompetitiva (Uncompetitiva):** En este caso, el inhibidor se une únicamente al complejo enzima-sustrato, lo que modifica tanto la velocidad máxima como la constante de Michaelis. La velocidad se expresa como:

$$v_{\text{uncomp}} = \frac{V_{\text{máx}}\, S}{K_m + S\left(1 + \dfrac{I}{K_i}\right)}.$$

Se analizará el comportamiento de estos mecanismos en dos configuraciones de biorreactores:

- **Reactor Batch:** Se asume que el balance de sustrato es:

  $$\frac{dS}{dt} = -v(S),$$

  con condición inicial $S(0) = S_0$. La conversión se define como:

  $$X(t) = 1 - \frac{S(t)}{S_0}.$$

- **Reactor CSTR:** En estado estacionario se cumple el balance:

  $$F\,S_0 - F\,S - V\,v(S) = 0 \quad \Longrightarrow \quad S = S_0 - \tau\,v(S),$$

  donde $\tau = V/F$ es el tiempo de residencia y la conversión es:

  $$X = 1 - \frac{S}{S_0}.$$

Se utilizarán los siguientes parámetros representativos:

$$S_0 = 1\,\text{mol/L}, \quad V_{\text{máx}} = 1\,\text{min}^{-1}, \quad K_m = 0{,}5\,\text{mol/L}, \quad K_i = 0{,}3\,\text{mol/L},$$

Desarrollo de la Solución

Para cada mecanismo de inhibición se define la velocidad de reacción $v(S)$ según las ecuaciones anteriores. Luego se resuelven:

1. **Reactor Batch:** Se integra la EDO

   $$\frac{dS}{dt} = -v(S),$$

   para obtener $S(t)$ y la conversión $X(t) = 1 - \dfrac{S(t)}{S_0}$.

2. **Reactor CSTR:** Se determina la concentración S que satisface la ecuación de balance:

$$S = S_0 - \tau\, v(S),$$

a partir de la cual se calcula la conversión $X = 1 - \frac{S}{S_0}$ en función del tiempo de residencia τ.

La comparación entre los tres tipos de inhibición permitirá evaluar cómo cada mecanismo afecta la cinética y, en consecuencia, la conversión en ambos tipos de biorreactores.

Script en MATLAB

A continuación se muestra el script en MATLAB que realiza la simulación para reactores batch y CSTR para los tres mecanismos de inhibición. El código se presenta en el entorno `verbatim`.

```
% MATLAB: Modelado de la inhibición competitiva, no competitiva y uncompetitiva
% en biorreactores Batch y CSTR

clear; clc;

%% Parámetros
S0 = 1;             % Concentración inicial [mol/L]
Vmax = 1;           % Velocidad máxima [min^-1]
Km = 0.5;           % Constante de Michaelis-Menten [mol/L]
Ki = 0.3;           % Constante de inhibición [mol/L]
I  = 0.2;           % Concentración de inhibidor [mol/L]

%% Definición de las velocidades para cada tipo de inhibición
v_comp   = @(S) Vmax * S ./ ( Km * (1 + I/Ki) + S );    % Competitiva
v_noncomp= @(S) (Vmax/(1+I/Ki)) * S ./ (Km + S);        % No competitiva
v_uncomp = @(S) Vmax * S ./ ( Km + S*(1 + I/Ki) );      % Uncompetitiva

%% Simulación en Reactor Batch
tspan = [0 100]; % Tiempo de simulación [min]

% Ecuaciones diferenciales para cada mecanismo:
batch_comp = @(t,S) -v_comp(S);
batch_noncomp = @(t,S) -v_noncomp(S);
batch_uncomp = @(t,S) -v_uncomp(S);

% Resolver ODEs
[t_comp, S_comp] = ode45(batch_comp, tspan, S0);
[t_noncomp, S_noncomp] = ode45(batch_noncomp, tspan, S0);
[t_uncomp, S_uncomp] = ode45(batch_uncomp, tspan, S0);
```

```
% Calcular conversión: X = 1 - S/S0
X_comp = 1 - S_comp/S0;
X_noncomp = 1 - S_noncomp/S0;
X_uncomp = 1 - S_uncomp/S0;

%% Simulación en Reactor CSTR
% Balance en estado estacionario: S = S0 - tau * v(S)
tau = linspace(0.1, 10, 100); % Tiempo de residencia [min]

X_cstr_comp = zeros(size(tau));
X_cstr_noncomp = zeros(size(tau));
X_cstr_uncomp = zeros(size(tau));

% Para cada tau se resuelve la ecuación f(S)= S0 - tau*v(S
    ) - S = 0 usando fzero
for i = 1:length(tau)
    % Competitiva
    f_comp = @(S) S0 - tau(i)*v_comp(S) - S;
    S_sol = fzero(f_comp, S0/2);
    X_cstr_comp(i) = 1 - S_sol/S0;

    % No competitiva
    f_noncomp = @(S) S0 - tau(i)*v_noncomp(S) - S;
    S_sol = fzero(f_noncomp, S0/2);
    X_cstr_noncomp(i) = 1 - S_sol/S0;

    % Uncompetitiva
    f_uncomp = @(S) S0 - tau(i)*v_uncomp(S) - S;
    S_sol = fzero(f_uncomp, S0/2);
    X_cstr_uncomp(i) = 1 - S_sol/S0;
end

%% Graficar resultados
figure;

% Reactor Batch
subplot(2,1,1);
plot(t_comp, X_comp, 'b-', 'LineWidth', 2); hold on;
plot(t_noncomp, X_noncomp, 'r--', 'LineWidth', 2);
plot(t_uncomp, X_uncomp, 'g-.', 'LineWidth', 2);
xlabel('Tiempo, t (min)');
ylabel('Conversión, X');
title('Biorreactor Batch: Evolución de la conversión');
legend('Competitiva', 'No Competitiva', 'Uncompetitiva');
grid on;

% Reactor CSTR
subplot(2,1,2);
plot(tau, X_cstr_comp, 'b-', 'LineWidth', 2); hold on;
plot(tau, X_cstr_noncomp, 'r--', 'LineWidth', 2);
plot(tau, X_cstr_uncomp, 'g-.', 'LineWidth', 2);
xlabel('Tiempo de residencia, \tau (min)');
ylabel('Conversión, X');
title('Biorreactor CSTR: Conversión a estado estacionario'
    );
legend('Competitiva', 'No Competitiva', 'Uncompetitiva');
```

```
grid on;

% Guardar gráfica
saveas(gcf, 'grafica.png');
```

Gráfica Resultante

La Figura 134 muestra, en el panel superior, la evolución temporal de la conversión en un reactor batch para inhibición competitiva, no competitiva y uncompetitiva, y en el panel inferior, la conversión a estado estacionario en un reactor CSTR en función del tiempo de residencia τ para cada mecanismo.

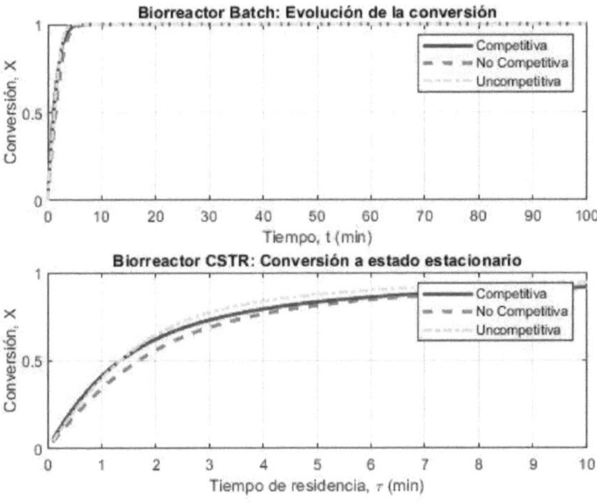

Figura 97: Conversión en biorreactores Batch (arriba) y CSTR (abajo) para los tres tipos de inhibición.

Archivo 60

64. Reactor electroquímico para la producción de hidrógeno

Equipo

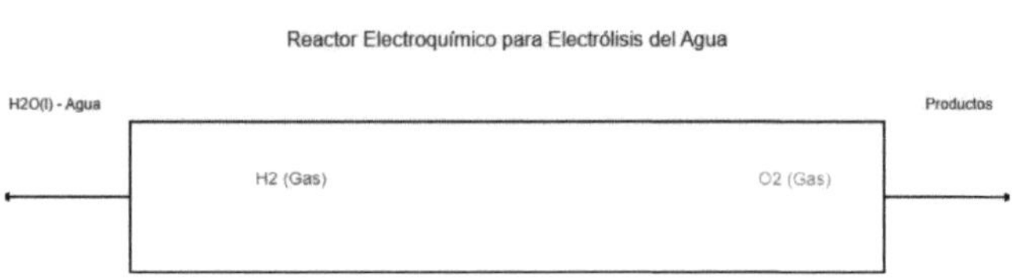

Figura 98: Diagrama equipo

Se desea diseñar un reactor electroquímico para la producción de hidrógeno mediante la electrólisis del agua. En este proceso, el agua se descompone en hidrógeno y oxígeno de acuerdo con la reacción:

$$2\,H_2O(l) \rightarrow 2\,H_2(g) + O_2(g).$$

Aplicando la ley de Faraday, la cantidad de hidrógeno producido se relaciona con la corriente eléctrica aplicada mediante:

$$n_{H_2} = \frac{I\,t}{2F},$$

donde:

- n_{H_2} es el número de moles de hidrógeno producido,
- I es la corriente total (A),
- t es el tiempo de operación (s),
- $F = 96485$ C/mol es la constante de Faraday.

El diseño del reactor se basa en determinar el área de electrodo necesaria para alcanzar una producción de hidrógeno deseada en régimen continuo. Considerando que la corriente total se puede expresar en función de la densidad de corriente j (A/m^2) y el área del electrodo A (m^2) mediante $I = j\,A$, y definiendo una eficiencia farádica η_F (que relaciona la cantidad real de hidrógeno producido con la teórica), se tiene:

$$Q_{H_2} = \frac{I\,\eta_F}{2F} = \frac{j\,A\,\eta_F}{2F},$$

donde Q_{H_2} es el flujo molar de hidrógeno producido (mol/s).

De donde se despeja el área requerida:

$$A = \frac{2F\,Q_{H_2}}{j\,\eta_F}.$$

El objetivo es diseñar el reactor determinando el área de electrodo necesaria para alcanzar un flujo deseado de hidrógeno, y analizar cómo varía A en función de Q_{H_2} para parámetros operativos dados.

Desarrollo de la Solución

A partir de la ecuación de diseño:

$$A = \frac{2F\,Q_{H_2}}{j\,\eta_F},$$

se observa que el área de electrodo es directamente proporcional al flujo molar deseado de hidrógeno Q_{H_2} y depende inversamente de la densidad de corriente j y de la eficiencia farádica η_F.

Como ejemplo, se consideren los siguientes valores representativos:

$$F = 96485\,\mathrm{C/mol}, \quad j = 2000\,\mathrm{A/m}^2 \quad (\text{equivalente a } 0{,}2\,\mathrm{A/cm}^2), \quad \eta_F = 0{,}85$$

Para un flujo deseado $Q_{H_2} = 0{,}001$ mol/s, el área requerida se calcula como:

$$A = \frac{2 \times 96485 \times 0{,}001}{2000 \times 0{,}85} \approx 0{,}1135\ \mathrm{m}^2.$$

Este diseño permite dimensionar el reactor electroquímico y evaluar la viabilidad técnica y económica del proceso.

Script en MATLAB

A continuación se presenta el script en MATLAB que calcula el área de electrodo requerida para distintos flujos deseados de hidrógeno y grafica la relación entre A y Q_{H_2}. El código se muestra en el entorno `verbatim`.

```
% MATLAB: Diseño de un reactor electroquímico para producción de H2 mediante electrólisis
clear; clc;

% Parámetros
F = 96485;                  % Constante de Faraday [C/mol]
j = 2000;                   % Densidad de corriente [A/m^2] (0.2 A/cm^2)
eta_F = 0.85;               % Eficiencia farádica (85%)

% Rango de flujo molar de hidrógeno deseado [mol/s]
Q_H2 = linspace(0.0005, 0.005, 100);

% Cálculo del área requerida (A = (2F*Q_H2) / (j*eta_F))
A_required = (2 * F .* Q_H2) ./ (j * eta_F);

% Graficar la relación A vs. Q_H2
figure;
plot(Q_H2, A_required, 'b-', 'LineWidth', 2);
xlabel('Flujo molar de H_2, Q_{H2} (mol/s)');
ylabel('Área de electrodo, A (m^2)');
title('Área requerida vs. Flujo de H_2 en electrólisis del agua');
grid on;

% Guardar la gráfica resultante
saveas(gcf, 'grafica.png');
```

Gráfica Resultante

La Figura 134 muestra la dependencia del área de electrodo requerida en función del flujo molar de hidrógeno producido. Se observa que, a mayor producción deseada, aumenta linealmente el área necesaria, de acuerdo con la relación de diseño.

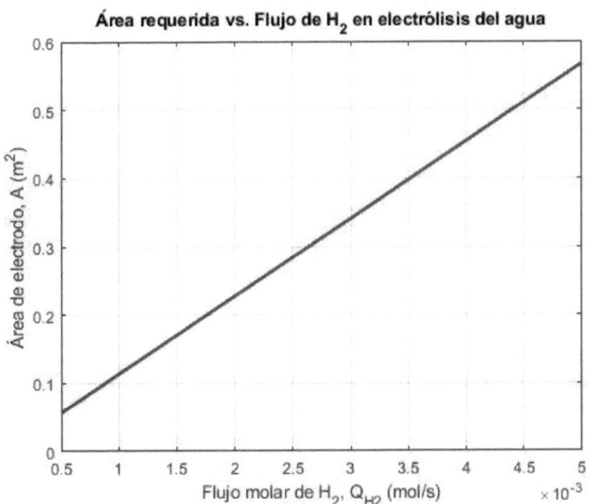

Figura 99: Relación entre el área de electrodo y el flujo molar de H_2 producido.

Archivo 61

65. Diseño y análisis de reactores químicos, la distribución de tiempos de residencia (RTD)

Equipo

Figura 100: Diagrama equipo

En el diseño y análisis de reactores químicos, la distribución de tiempos de residencia (RTD) es fundamental para evaluar el grado de idealidad del flujo. En un reactor PFR ideal, la RTD se concentra en un único tiempo de residencia, τ, lo que se modela teóricamente como un *delta de Dirac*:

$$E_{\text{PFR, ideal}}(t) = \delta(t - \tau).$$

Por otro lado, en un reactor CSTR ideal la RTD es exponencial:

$$E_{\text{CSTR, ideal}}(t) = \frac{1}{\tau} \exp\Bigl(-\frac{t}{\tau}\Bigr), \quad t \geq 0.$$

Sin embargo, en la práctica se observan desviaciones del comportamiento ideal debido a fenómenos como la dispersión axial, canalización o mezclado imperfecto. Estas desviaciones pueden evaluarse experimentalmente mediante la inyección de un trazador y el análisis de su concentración en la salida, obteniéndose una RTD real que se diferencia de la ideal.

El objetivo de este estudio es evaluar las desviaciones del comportamiento ideal en reactores PFR y CSTR utilizando la RTD. Para ello, se simularán:

- Una RTD para un reactor PFR ideal aproximada mediante una gaussiana muy estrecha centrada en τ (simulando el delta de Dirac) y una RTD para un reactor PFR no ideal, en el cual la dispersión se modela con una gaussiana de mayor ancho.
- La RTD ideal para un reactor CSTR.

Adicionalmente, se calcularán parámetros estadísticos (como la varianza adimensional) para cuantificar las desviaciones del comportamiento ideal.

Desarrollo de la Solución

Sea τ el tiempo medio de residencia. Se definen las siguientes RTD:

1. **Reactor PFR Ideal (aproximación numérica):** Para simular el comportamiento ideal se utiliza una función gaussiana muy estrecha:
$$E_{\text{PFR, ideal}}(t) = \frac{1}{\sigma_{\text{ideal}}\sqrt{2\pi}} \exp\Big[-\frac{(t-\tau)^2}{2\sigma_{\text{ideal}}^2}\Big],$$
donde σ_{ideal} es muy pequeño (por ejemplo, 0,1 s).

2. **Reactor PFR No Ideal:** La dispersión axial se puede modelar mediante una RTD gaussiana de mayor ancho:
$$E_{\text{PFR, real}}(t) = \frac{1}{\sigma_{\text{real}}\sqrt{2\pi}} \exp\Big[-\frac{(t-\tau)^2}{2\sigma_{\text{real}}^2}\Big],$$
con $\sigma_{\text{real}} > \sigma_{\text{ideal}}$ (por ejemplo, 0,5 s).

3. **Reactor CSTR Ideal:** La RTD es:
$$E_{\text{CSTR, ideal}}(t) = \frac{1}{\tau} \exp\Big(-\frac{t}{\tau}\Big), \quad t \geq 0.$$

Se pueden comparar estas funciones gráficamente y calcular la varianza adimensional
$$\sigma_\theta^2 = \frac{\langle t^2\rangle - \langle t\rangle^2}{\tau^2},$$
donde $\langle t\rangle = \tau$. Para un CSTR ideal se tiene $\sigma_\theta^2 = 1$, mientras que para un PFR ideal $\sigma_\theta^2 = 0$ (en la práctica, la RTD ideal aproximada con una gaussiana estrecha tendrá una varianza muy pequeña).

Script en MATLAB

A continuación se muestra el script en MATLAB que calcula y grafica las RTD para los reactores PFR (ideal y no ideal) y CSTR ideal. El código se presenta en el entorno `verbatim`.

```
% MATLAB: Evaluación de desviaciones del comportamiento ideal en PFR y CSTR
clear; clc;

% Parámetros
tau = 10;                 % Tiempo medio de residencia [s]
sigma_ideal = 0.1;        % Desviación estándar para PFR ideal [s]
sigma_real  = 0.5;        % Desviación estándar para PFR no ideal [s]

% Vector de tiempo
t = linspace(0, 30, 500);

% RTD para PFR ideal (aproximación con gaussiana estrecha)
E_PFR_ideal = (1/(sigma_ideal*sqrt(2*pi))) * exp(-((t-tau).^2)/(2*sigma_ideal^2));

% RTD para PFR no ideal (con dispersión mayor)
E_PFR_real = (1/(sigma_real*sqrt(2*pi))) * exp(-((t-tau).^2)/(2*sigma_real^2));

% RTD para CSTR ideal
E_CSTR = (1/tau)*exp(-t/tau);

% Normalizar las RTD (área bajo la curva = 1)
E_PFR_ideal = E_PFR_ideal / trapz(t, E_PFR_ideal);
E_PFR_real  = E_PFR_real  / trapz(t, E_PFR_real);
E_CSTR      = E_CSTR      / trapz(t, E_CSTR);

% Graficar las RTD
figure;
plot(t, E_PFR_ideal, 'b-', 'LineWidth', 2); hold on;
plot(t, E_PFR_real, 'r--', 'LineWidth', 2);
plot(t, E_CSTR, 'g-.', 'LineWidth', 2);
xlabel('Tiempo, t (s)');
ylabel('E(t)');
title('Distribución de Tiempos de Residencia (RTD)');
legend('PFR Ideal (Gaussiana estrecha)', 'PFR No Ideal (Mayor dispersión)', 'CSTR Ideal');
grid on;

% Guardar la gráfica resultante
saveas(gcf, 'grafica.png');
```

Gráfica Resultante

La Figura 134 muestra la comparación de la RTD para un reactor PFR ideal (aproximado por una gaussiana estrecha), un reactor PFR no ideal (con mayor dispersión) y un reactor CSTR ideal. Se observa que:

- El PFR ideal presenta una RTD muy concentrada alrededor de τ.
- El PFR no ideal muestra una distribución más ancha, reflejando la dispersión axial.
- El CSTR ideal presenta la típica distribución exponencial con una varianza adimensional de 1.

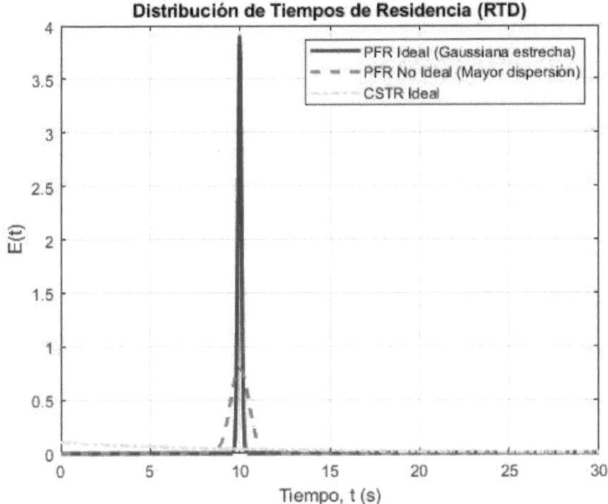

Figura 101: Comparación de las distribuciones de tiempos de residencia (RTD) para reactores PFR y CSTR.

Archivo 62

66. Reactor tubular con reacción heterogénea en las paredes recubiertas de catalizador

Equipo

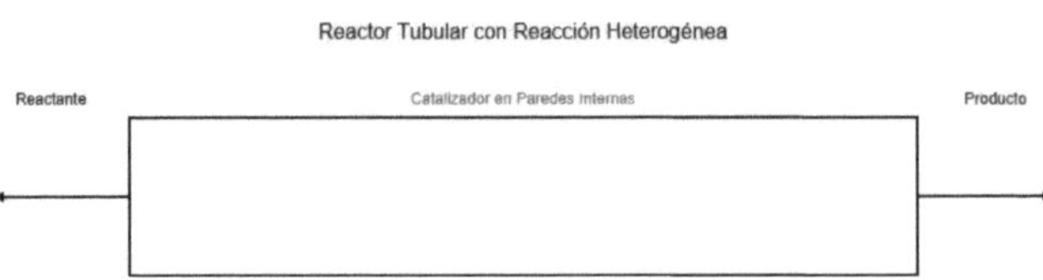

Figura 102: Diagrama equipo

Se desea calcular la conversión en un reactor tubular en el cual ocurre una reacción heterogénea en las paredes recubiertas de catalizador. En este sistema, la reacción se lleva a cabo únicamente en la superficie interna del tubo. Se asume que el reactante A, que se encuentra en fase fluida, se consume al reaccionar en la superficie catalítica de la pared según una cinética de primer orden (con respecto a la concentración en fase fluida) de la forma:

$$r' = k\, C_A,$$

donde:

- r' es la tasa de reacción por unidad de área de pared $[\,\mathrm{mol}/(\mathrm{m}^2 \cdot \mathrm{s})]$,
- k es la constante de reacción superficial con unidades $[\,\mathrm{m/s}]$,
- C_A es la concentración del reactante en la fase fluida $[\,\mathrm{mol/m^3}]$.

El reactor se modela como un tubo de longitud L y diámetro interno D, por el que circula el fluido en régimen de flujo pistón (PFR ideal). La reacción ocurre en la pared, cuya superficie disponible es el área interna $A_w = \pi DL$. El balance de materia en régimen estacionario sobre el fluido se escribe considerando que la disminución en el caudal molar de A se debe a la reacción en la pared. Si el caudal volumétrico es Q (m^3/s) y la concentración de A varía de C_{A0} en la entrada a $C_A(z)$ a lo largo del eje z (con $0 \leq z \leq L$), el balance diferencial en una longitud diferencial dz es:

$$Q\,\frac{dC_A}{dz} = -r'(C_A)\,P,$$

donde $P = \pi D$ es el perímetro interno del tubo.

Sustituyendo $r' = k\,C_A$, se tiene:

$$Q\,\frac{dC_A}{dz} = -\pi D\,k\,C_A.$$

Dividiendo entre $Q\,C_A$ y separando variables:

$$\frac{dC_A}{C_A} = -\frac{\pi D\,k}{Q}\,dz.$$

Integrando desde $z = 0$ (donde $C_A = C_{A0}$) hasta $z = L$ (donde $C_A = C_{AL}$):

$$\ln\left(\frac{C_{AL}}{C_{A0}}\right) = -\frac{\pi D\,k\,L}{Q}.$$

La conversión del reactante A se define como:

$$X = 1 - \frac{C_{AL}}{C_{A0}} = 1 - \exp\left(-\frac{\pi D\,k\,L}{Q}\right).$$

Desarrollo de la Solución

La ecuación de balance diferencial se obtuvo considerando que la única pérdida de A es debida a la reacción en la pared. La integración produce la solución:

$$C_{AL} = C_{A0}\,\exp\left(-\frac{\pi D\,k\,L}{Q}\right).$$

Por lo tanto, la conversión global en el reactor es:

$$X = 1 - \exp\left(-\frac{\pi D\,k\,L}{Q}\right).$$

Esta ecuación relaciona la conversión con los parámetros geométricos del reactor (diámetro D y longitud L), con la constante cinética k (que refleja la actividad del recubrimiento catalítico) y con el caudal volumétrico Q que determina el tiempo de residencia del reactante en el reactor.

Script en MATLAB

A continuación se presenta el script en MATLAB que calcula la conversión en función de la longitud del reactor y grafica el perfil de conversión para parámetros representativos. El código se muestra en el entorno `verbatim`.

```
% MATLAB: Cálculo de conversión en un reactor tubular con reacción heterogénea en paredes recubiertas

clear; clc;

%% Parámetros del reactor y de la reacción
D = 0.05;           % Diámetro interno del reactor [m]
L = 0:0.1:10;       % Longitud del reactor [m] (vector para evaluar la conversión)
k = 1e-4;           % Constante de reacción superficial [m/s]
Q = 1e-3;           % Caudal volumétrico [m^3/s]
C_A0 = 1;           % Concentración inicial de A [mol/m^3]

%% Cálculo de la conversión a lo largo del reactor
% La expresión analítica es:
% X = 1 - exp(- (pi*D*k*L)/Q )
X = 1 - exp(- (pi * D * k .* L) / Q);

%% Graficar la conversión vs. longitud del reactor
figure;
plot(L, X, 'b-', 'LineWidth', 2);
xlabel('Longitud del reactor, L (m)');
ylabel('Conversión, X');
title('Conversión en reactor tubular con reacción heterogénea en paredes recubiertas');
grid on;

% Guardar la gráfica
saveas(gcf, 'grafica.png');
```

Gráfica Resultante

La Figura 134 muestra la conversión X en función de la longitud L del reactor para los parámetros seleccionados. Se observa que a medida que aumenta L (o el tiempo de residencia), la conversión se incrementa de forma exponencial, acercándose a 1 para volúmenes suficientemente grandes.

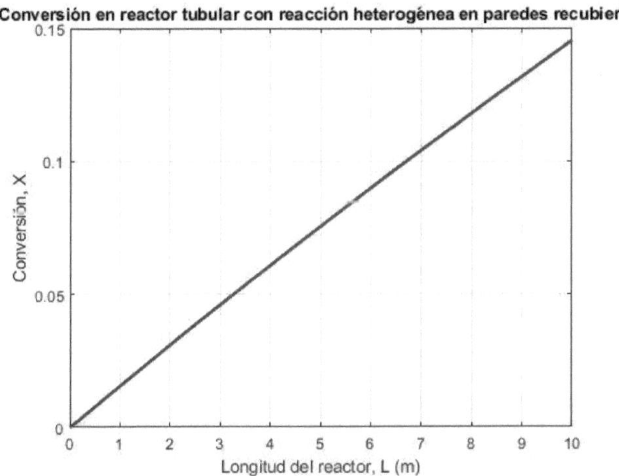

Figura 103: Conversión en función de la longitud del reactor tubular.

Archivo 63

67. Control térmico

Equipo

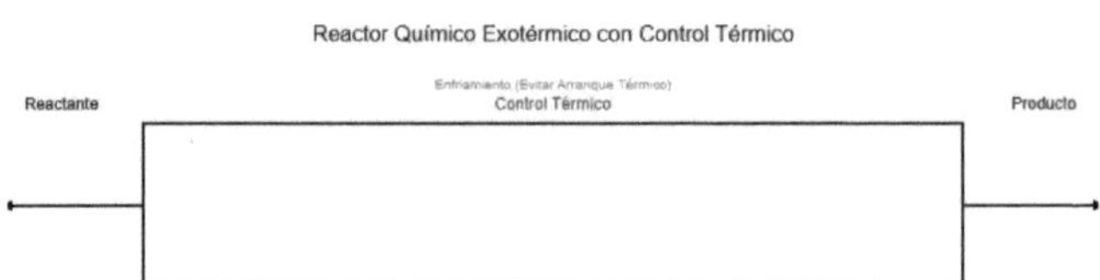

Figura 104: Diagrama equipo

En reactores químicos en los que se llevan a cabo reacciones exotérmicas, el control térmico es fundamental para evitar fenómenos de inestabilidad o incluso de arranque térmico (thermal runaway). Se requiere dimensionar adecuadamente el sistema de enfriamiento para remover el calor generado por la reacción y mantener la temperatura del reactor dentro de un rango seguro y operativo.

Consideremos un reactor continuo (CSTR) en el que ocurre una reacción exotérmica de primer orden:

$$\mathrm{A} \to \mathrm{B}, \quad r = k\, C_A,$$

con constante de reacción k (en min^{-1}) y consumo de A de concentración inicial C_{A0} (en $\mathrm{mol/m}^3$). El balance de materia para el reactante A en estado estacionario se expresa como:

$$F\,(C_{A0} - C_A) = V\,k\,C_A,$$

de donde se obtiene la concentración de A a la salida del reactor:

$$C_A = \frac{C_{A0}}{1 + \dfrac{V\,k}{F}},$$

donde F es el caudal volumétrico (en m^3/min) y V es el volumen del reactor (en m^3).

El balance energético (en estado estacionario) para el reactor, considerando un fluido con densidad y capacidad calorífica tales que el producto ρC_p tiene unidades de $J/(m^3 \cdot K)$, se puede escribir como:

$$F \rho C_p (T_{in} - T) + Q = (-\Delta H) V k C_A,$$

donde:

- T_{in} es la temperatura de entrada (K),
- T es la temperatura de operación deseada (K),
- ΔH es la entalpía de reacción (negativa para reacciones exotérmicas, en J/mol),
- Q es la cantidad de calor removido por el sistema de enfriamiento (en J/min).

Para mantener la estabilidad del reactor (es decir, fijar $T = T_{\text{set}}$) es necesario que el sistema de enfriamiento remueva la cantidad de calor generada. Despejando Q en la ecuación de balance energético se obtiene:

$$Q = (-\Delta H) V k C_A - F \rho C_p (T_{in} - T).$$

Dado que normalmente $T > T_{in}$ en un reactor exotérmico, el término $T_{in} - T$ es negativo, haciendo que Q resulte positivo (es decir, el sistema debe extraer calor).

Sustituyendo la expresión de C_A se tiene:

$$Q = (-\Delta H) V k \frac{C_{A0}}{1 + \dfrac{V k}{F}} - F \rho C_p (T_{in} - T).$$

Esta ecuación permite determinar los requerimientos térmicos (la potencia de enfriamiento) para mantener el reactor a la temperatura deseada y, por ende, su estabilidad.

Desarrollo de la Solución con Ejemplo Numérico

Supongamos los siguientes parámetros representativos:

$$
\begin{aligned}
F &= 0{,}001 \text{ m}^3/\text{min}, \\
V &= 0{,}01 \text{ m}^3, \\
C_{A0} &= 1 \text{ mol}/\text{m}^3, \\
k &= 0{,}1 \text{ min}^{-1}, \\
T_{in} &= 300 \text{ K}, \\
T &= 350 \text{ K}, \\
\Delta H &= -50\,000 \text{ J}/\text{mol}, \\
\rho C_p &= 4 \times 10^6 \text{ J}/(\text{m}^3 \cdot \text{K}).
\end{aligned}
$$

El balance de materia en el reactor da:

$$C_A = \frac{1}{1 + \dfrac{0{,}01 \times 0{,}1}{0{,}001}} = \frac{1}{1+1} = 0{,}5 \text{ mol}/\text{m}^3.$$

La generación de calor por reacción es:

$$(-\Delta H)\, V\, k\, C_A = 50\,000 \times 0{,}01 \times 0{,}1 \times 0{,}5 = 25 \text{ J}/\text{min}.$$

El término sensible (relacionado con el calentamiento del fluido) es:

$$F\,\rho C_p\,(T_{in}-T) = 0{,}001\times4\times10^6\times(300-350) = 0{,}001\times4\times10^6\times(-50) = -2$$

Por lo tanto, el requerimiento de enfriamiento es:

$$Q = 25 - (-200\,000) = 200\,025 \text{ J}/\text{min}.$$

Este valor indica la cantidad de calor que debe extraerse por minuto para mantener la temperatura del reactor en 350 K.

Script en MATLAB

A continuación se presenta el script en MATLAB que calcula Q para un conjunto de valores de V (o de otros parámetros) y grafica la dependencia de Q en función de V. El código se muestra en el entorno `verbatim`.

```
% MATLAB: Determinación de los requerimientos térmicos
    para mantener la estabilidad
% en un reactor CSTR exotérmico

```

```
clear; clc;

%% Parámetros
F = 0.001;                  % Caudal volumétrico [m^3/min]
C_A0 = 1;                   % Concentración inicial [mol/m^3]
k = 0.1;                    % Constante de reacción [min^-1]
T_in = 300;                 % Temperatura de entrada [K]
T_set = 350;                % Temperatura de operación deseada [K]
DeltaH = -50000;            % Entalpía de reacción [J/mol] (exotérmica)
rhoCp = 4e6;                % Producto de densidad y capacidad calorífica [J/(m^3*K)]

% Se varía el volumen del reactor V para ver el impacto en Q
V = linspace(0.005, 0.02, 100);  % Volumen del reactor [m^3]

% Cálculo de la concentración de A en el reactor (balance de materia en CSTR)
C_A = C_A0 ./ (1 + (V.*k)/F);

% Cálculo de la tasa de generación de calor por reacción
Q_react = (-DeltaH) .* V .* k .* C_A;   % [J/min]

% Término sensible: energía necesaria para elevar la temperatura del fluido
Q_sensible = -F * rhoCp * (T_in - T_set);  % [J/min]

% Requerimiento total de enfriamiento
Q_total = Q_react - Q_sensible;  % Nota: T_in - T_set es negativo, de modo que -Q_sensible es positivo

%% Graficar Q_total vs. V
figure;
plot(V, Q_total, 'b-', 'LineWidth', 2);
xlabel('Volumen del reactor, V (m^3)');
ylabel('Requerimiento de enfriamiento, Q (J/min)');
title('Requerimientos térmicos para mantener la estabilidad en el reactor');
grid on;

% Guardar la gráfica resultante
saveas(gcf, 'grafica.png');
```

Gráfica Resultante

La Figura 134 muestra la variación del requerimiento de enfriamiento Q en función del volumen del reactor. Se evidencia que, al aumentar el volumen (y consecuentemente el tiempo de residencia), se incrementa la cantidad de calor que debe extraerse para mantener la estabilidad térmica.

Figura 105: Requerimiento de enfriamiento Q en función del volumen del reactor.

Archivo 64

68. Hidrogenación de aceites vegetales

Equipo

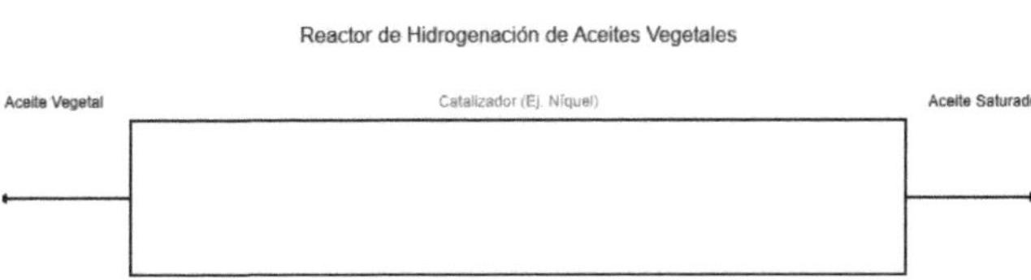

Figura 106: Diagrama equipo

En la hidrogenación de aceites vegetales se busca saturar los enlaces dobles presentes en los ácidos grasos del aceite, transformándolos en enlaces simples mediante la reacción con hidrógeno en presencia de un catalizador. Debido a la complejidad del sistema, la velocidad global de la reacción puede estar limitada tanto por la cinética intrínseca en la superficie del catalizador como por la transferencia de masa desde la fase líquida (donde se encuentra el aceite) hasta la superficie catalítica.

Suponiendo que la reacción sobre el catalizador es de primer orden con respecto al sustrato (los enlaces insaturados) y que la transferencia de masa externa se describe mediante un coeficiente k_L, se puede modelar el proceso de la siguiente manera. Sea:

$$k' \quad \text{la constante intrínseca de reacción} \quad \left[\text{s}^{-1}\right],$$

y sea k_L el coeficiente de transferencia de masa (en s^{-1}) que relaciona la concentración en el fluido en el centro ($C_{A,b}$) y en la superficie del catalizador ($C_{A,s}$). Bajo condiciones estacionarias para la transferencia de masa, se igualan la tasa de transferencia y la tasa de reacción intrínseca:

$$k_L\,(C_{A,b} - C_{A,s}) = k'\,C_{A,s}.$$

De donde se obtiene:

$$C_{A,s} = \frac{k_L}{k_L + k'}\,C_{A,b}.$$

La tasa de reacción observada (por unidad de volumen de reactor o de catalizador) es:

$$r_{\text{obs}} = k'\,C_{A,s} = \frac{k'\,k_L}{k_L + k'}\,C_{A,b} = k_{\text{eff}}\,C_{A,b},$$

donde se define la constante global efectiva:

$$k_{\text{eff}} = \frac{k'\,k_L}{k_L + k'}.$$

Con esta expresión se pueden analizar dos configuraciones de reactor:

- **Reactor Batch:** El balance de materia para el sustrato en el reactor batch es

  $$\frac{dC_{A,b}}{dt} = -k_{\text{eff}}\,C_{A,b},$$

  cuya solución, con la condición inicial $C_{A,b}(0) = C_{A0}$, es:

  $$C_{A,b}(t) = C_{A0}\,\exp\bigl(-k_{\text{eff}}\,t\bigr).$$

  La conversión en función del tiempo se define como:

  $$X(t) = 1 - \frac{C_{A,b}(t)}{C_{A0}} = 1 - \exp\bigl(-k_{\text{eff}}\,t\bigr).$$

- **Reactor CSTR:** En estado estacionario, el balance de materia para un CSTR es:

  $$F\,C_{A0} - F\,C_{A,b} - V\,k_{\text{eff}}\,C_{A,b} = 0,$$

  lo que conduce a:

  $$C_{A,b} = \frac{C_{A0}}{1 + \tau\,k_{\text{eff}}},$$

  donde $\tau = V/F$ es el tiempo de residencia. La conversión en el CSTR se expresa entonces como:

  $$X = 1 - \frac{C_{A,b}}{C_{A0}} = 1 - \frac{1}{1 + \tau\,k_{\text{eff}}}.$$

Este análisis permite evaluar cómo la interacción entre la cinética intrínseca y la transferencia de masa afecta la velocidad global de hidrogenación de aceites vegetales en diferentes configuraciones de reactor.

Script en MATLAB

A continuación se presenta el script en MATLAB que calcula y grafica la conversión en función del tiempo para un reactor batch y en función del tiempo de residencia para un reactor CSTR, usando la constante efectiva k_{eff}.

```
% MATLAB: Análisis cinético y de transferencia de masa en la hidrogenación de aceites vegetales
clear; clc;

%% Parámetros
% Parámetros cinéticos y de transferencia de masa
k_prime = 0.05;     % Constante intrínseca de reacción [s^-1]
k_L = 0.01;         % Coeficiente de transferencia de masa [s^-1]

% Cálculo de la constante global efectiva
k_eff = (k_prime * k_L) / (k_prime + k_L);

% Condición inicial de la concentración (mol/m^3)
C_A0 = 1;

%% Reactor Batch
t = linspace(0, 300, 200);  % Tiempo de simulación [s]
C_A_batch = C_A0 * exp(-k_eff * t);
X_batch = 1 - C_A_batch / C_A0;

%% Reactor CSTR
tau = linspace(0.1, 300, 200);  % Tiempo de residencia [s]
X_CSTR = 1 - 1./(1 + k_eff * tau);

%% Graficar resultados
figure;

subplot(2,1,1);
plot(t, X_batch, 'b-', 'LineWidth', 2);
xlabel('Tiempo, t (s)');
ylabel('Conversión, X');
title('Reactor Batch: Evolución de la Conversión');
grid on;

subplot(2,1,2);
plot(tau, X_CSTR, 'r-', 'LineWidth', 2);
xlabel('Tiempo de residencia, \tau (s)');
ylabel('Conversión, X');
title('Reactor CSTR: Conversión a Estado Estacionario');
grid on;

% Guardar la gráfica resultante
saveas(gcf, 'grafica.png');
```

Gráfica Resultante

La Figura 134 muestra la evolución de la conversión en un reactor batch (arriba) y la conversión en un reactor CSTR (abajo) para la hidrogenación de aceites vegetales, considerando los efectos de la cinética intrínseca y la transferencia de masa.

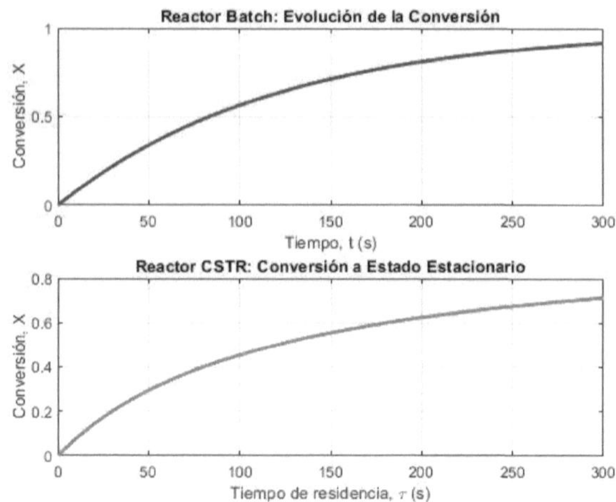

Figura 107: Conversión en reactores Batch y CSTR para la hidrogenación de aceites vegetales.

Archivo 65

69. Reactor de craqueo de hidrocarburos

Equipo

En un reactor de craqueo de hidrocarburos se pueden presentar reacciones en serie y reacciones paralelas. Por ejemplo, consideremos un sistema en el que el hidrocarburo pesado **A** se transforma por dos rutas:

1. **Reacción en serie:**

$$\mathrm{A} \xrightarrow{\mathrm{k_1}} \mathrm{B} \xrightarrow{\mathrm{k_3}} \mathrm{C},$$

   donde B es un intermedio y C es el producto deseado.

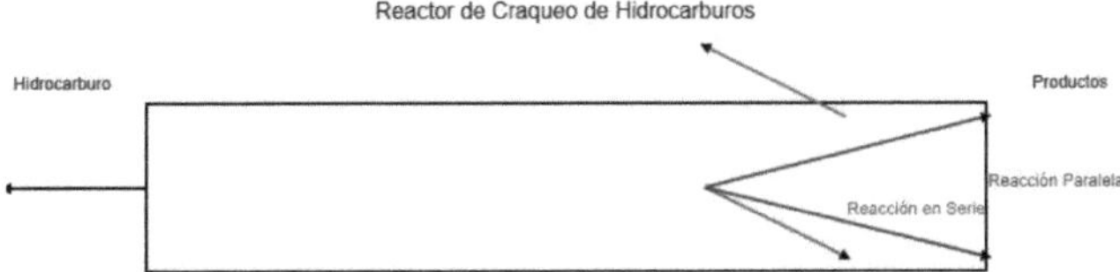

Figura 108: Diagrama equipo

2. **Reacción paralela:**

$$\mathrm{A} \xrightarrow{\mathrm{k_2}} \mathrm{D},$$

que representa una vía competidora que produce un subproducto indeseado.

Se asumen cinéticas de primer orden para cada paso, con constantes k_1, k_2 y k_3. En un reactor tubular ideal (modelo de flujo pistón, PFR), se plantean los siguientes balances diferenciales a lo largo de la longitud z del reactor:

$$\frac{dC_A}{dz} = -(k_1 + k_2)\, C_A,$$
$$\frac{dC_B}{dz} = k_1\, C_A - k_3\, C_B,$$
$$\frac{dC_C}{dz} = k_3\, C_B,$$
$$\frac{dC_D}{dz} = k_2\, C_A,$$

con las condiciones iniciales en $z = 0$:

$$C_A(0) = C_{A0}, \quad C_B(0) = 0, \quad C_C(0) = 0, \quad C_D(0) = 0.$$

En un reactor continuo de tanque agitado (CSTR) a estado estacionario, se utilizan balances globales. El balance para A es:

$$F\, C_{A0} = F\, C_A + V\,(k_1 + k_2)\, C_A,$$

de donde se obtiene:

$$C_A = \frac{C_{A0}}{1 + \tau\,(k_1 + k_2)},$$

donde $\tau = \dfrac{V}{F}$ es el tiempo de residencia. Para el intermedio B y el producto C (serie), asumiendo que B se consume en el reactor, se pueden aproximar las concentraciones mediante relaciones de balance:

$$C_B = \frac{\tau\,k_1\,C_A}{1 + \tau\,k_3}, \qquad C_C = \frac{\tau\,k_3\,C_B}{1} = \frac{\tau^2\,k_1\,k_3\,C_A}{1 + \tau\,k_3},$$

y para el producto de la reacción paralela:

$$C_D = \tau\,k_2\,C_A.$$

El rendimiento global y la selectividad se pueden definir, por ejemplo, como:

$$\text{Conversión global: } X = 1 - \frac{C_A}{C_{A0}},$$

$$\text{Selectividad hacia el producto deseado } C: \quad S_C = \frac{C_C}{C_C + C_D}.$$

El objetivo de este análisis es comparar el comportamiento de las concentraciones y la selectividad en un reactor tubular (PFR) y en un reactor CSTR, considerando las reacciones en serie y en paralelo presentes en el craqueo de hidrocarburos.

Desarrollo de la Solución

Modelo PFR

En el reactor tubular, la solución analítica del balance para C_A es:

$$C_A(z) = C_{A0}\,\exp\Big[-(k_1 + k_2)z\Big].$$

La evolución de C_B se obtiene resolviendo:

$$\frac{dC_B}{dz} = k_1\,C_A(z) - k_3\,C_B(z),$$

y utilizando la condición $C_B(0) = 0$. La solución de este EDO lineal (por ejemplo, mediante el método del factor integrante) permite obtener $C_B(z)$ y, en consecuencia, $C_C(z)$ mediante:

$$C_C(z) = \int_0^z k_3\,C_B(\xi)\,d\xi.$$

De igual forma, $C_D(z)$ se determina por:

$$C_D(z) = C_{A0}\left[1 - \exp\Big(-(k_1 + k_2)z\Big)\right]\frac{k_2}{k_1 + k_2}.$$

Modelo CSTR

En estado estacionario, para un reactor con tiempo de residencia τ:

$$C_A = \frac{C_{A0}}{1 + \tau\,(k_1 + k_2)},$$

$$C_B = \frac{\tau\, k_1\, C_A}{1 + \tau\, k_3}, \quad C_C = \frac{\tau^2\, k_1\, k_3\, C_A}{1 + \tau\, k_3}, \quad C_D = \tau\, k_2\, C_A.$$

La conversión y selectividad se calculan a partir de estas expresiones.

Script en MATLAB

A continuación se presenta el script en MATLAB que resuelve numéricamente el sistema de ODEs para el modelo PFR y calcula las expresiones para el CSTR. El código se muestra en el entorno `verbatim`.

```
% MATLAB: Modelado de reacciones paralelas y en serie en
    un reactor de craqueo
% de hidrocarburos

clear; clc;

%% Parámetros cinéticos
C_A0 = 1;          % Concentración inicial de A [mol/L]
k1 = 0.2;          % Constante de reacción para A -> B [s^-1]
k2 = 0.1;          % Constante de reacción para A -> D [s^-1]
k3 = 0.3;          % Constante de reacción para B -> C [s^-1]

%% Modelo PFR (reactor tubular)
% Se asume que el reactor tiene longitud L y flujo plug.
L = 10;            % Longitud del reactor [m]
% Definir el sistema de ODEs: [C_A; C_B; C_C; C_D]
odefun = @(z, C) [ -(k1+k2)*C(1);
                   k1*C(1) - k3*C(2);
                   k3*C(2);
                   k2*C(1) ];

% Condiciones iniciales: en z=0
C0 = [C_A0; 0; 0; 0];

% Resolver el sistema de ODEs de 0 a L
[z, C] = ode45(odefun, [0 L], C0);

% Extraer las concentraciones
C_A_PFR = C(:,1);
C_B_PFR = C(:,2);
C_C_PFR = C(:,3);
C_D_PFR = C(:,4);

% Conversión global en el PFR:
```

```
X_PFR = 1 - C_A_PFR(end)/C_A0;
% Selectividad hacia C (producto deseado):
S_C_PFR = C_C_PFR(end) / (C_C_PFR(end) + C_D_PFR(end));

%% Modelo CSTR (estado estacionario)
% Se define el tiempo de residencia, tau = V/F
tau = 10;        % Tiempo de residencia [s] (valor
    representativo)

C_A_CSTR = C_A0/(1 + tau*(k1+k2));
C_B_CSTR = (tau*k1*C_A_CSTR)/(1+tau*k3);
C_C_CSTR = tau*k3*C_B_CSTR;
C_D_CSTR = tau*k2*C_A_CSTR;

X_CSTR = 1 - C_A_CSTR/C_A0;
S_C_CSTR = C_C_CSTR/(C_C_CSTR + C_D_CSTR);

%% Graficar resultados para el PFR
figure;
subplot(2,1,1);
plot(z, C_A_PFR, 'b-', 'LineWidth', 2); hold on;
plot(z, C_B_PFR, 'r--', 'LineWidth', 2);
plot(z, C_C_PFR, 'g-.', 'LineWidth', 2);
plot(z, C_D_PFR, 'm:', 'LineWidth', 2);
xlabel('Longitud, z (m)');
ylabel('Concentración (mol/L)');
title('Perfiles de concentración en el PFR');
legend('C_A','C_B','C_C','C_D','Location','best');
grid on;

subplot(2,1,2);
bar([X_PFR, S_C_PFR]);
set(gca, 'XTickLabel', {'Conversión','Selectividad C'});
ylabel('Valor');
title('Resultados Globales en PFR');

%% Mostrar resultados para el CSTR
fprintf('--- Reactor CSTR ---\n');
fprintf('C_A = %.3f mol/L\n', C_A_CSTR);
fprintf('C_B = %.3f mol/L\n', C_B_CSTR);
fprintf('C_C = %.3f mol/L\n', C_C_CSTR);
fprintf('C_D = %.3f mol/L\n', C_D_CSTR);
fprintf('Conversión X = %.3f\n', X_CSTR);
fprintf('Selectividad hacia C, S_C = %.3f\n', S_C_CSTR);

% Guardar gráfica
saveas(gcf, 'grafica.png');
```

Gráfica Resultante

La Figura 134 muestra (en el panel superior) los perfiles de concentración de los componentes A, B, C y D a lo largo del reactor tubular (modelo PFR) y (en el panel inferior) la conversión global y selectividad hacia el producto deseado C. Los resultados del modelo CSTR se muestran en la salida de la consola.

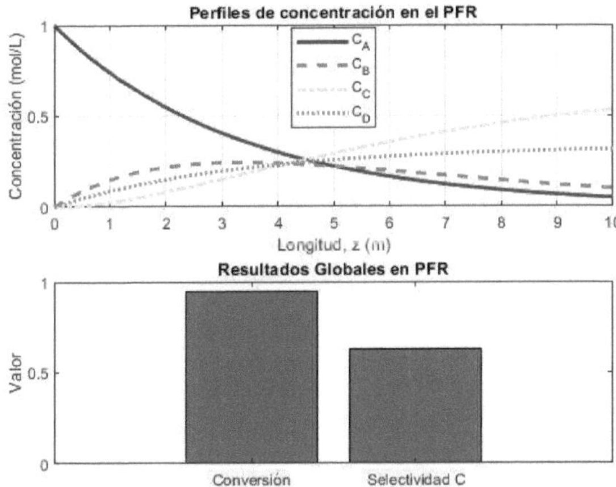

Figura 109: Perfiles de concentración y resultados globales en el PFR para el craqueo de hidrocarburos.

Archivo 66

70. Impacto de una corriente de reciclado parcial sobre la conversión y el consumo energético en un reactor químico

Equipo

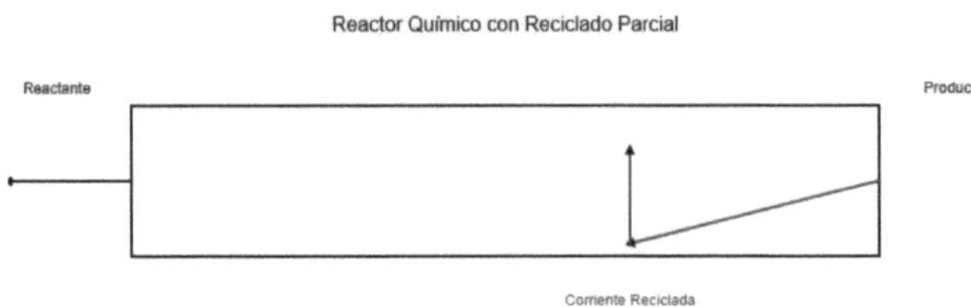

Figura 110: Diagrama equipo

Se desea analizar el impacto de una corriente de reciclado parcial sobre la conversión y el consumo energético en un reactor químico. En este sistema, una corriente de alimentación fresca, con caudal F y concentración de reactivo C_{A0}, ingresa a un reactor idealizado (por ejemplo, un reactor de tanque agitado continuo, CSTR). Además, se recicla una fracción de la corriente de salida; el *ratio de reciclado* se define como:

$$R = \frac{Q_R}{F},$$

donde Q_R es el caudal reciclado. La corriente total que alimenta al reactor es:

$$F_{\text{total}} = F + Q_R = F(1 + R).$$

Se asume una reacción de primer orden:

$$\text{A} \rightarrow \text{Productos}, \quad r = k\, C_A,$$

y que el reactor opera como un CSTR, de modo que la concentración de salida es:

$$C_A = \frac{C_{A0}}{1 + \tau k},$$

con el tiempo de residencia efectivo:

$$\tau = \frac{V}{F_{\text{total}}} = \frac{V}{F(1+R)},$$

donde V es el volumen del reactor. Por lo tanto, la concentración de salida se escribe como:

$$C_A = \frac{C_{A0}}{1 + \frac{kV}{F(1+R)}}.$$

La conversión en el reactor es:

$$X = 1 - \frac{C_A}{C_{A0}} = 1 - \frac{1}{1 + \frac{kV}{F(1+R)}}.$$

Sin embargo, al incorporar la mezcla del flujo de reciclado con el fresco, se debe tener en cuenta la composición del flujo que alimenta el reactor. Realizando un balance global en el lazo de reciclado, se llega a la siguiente relación para la concentración de salida en estado estacionario (bajo el supuesto de mezcla perfecta en el lazo de reciclado):

$$C_{\text{out}} = \frac{C_{A0}}{1 + \frac{kV}{F}},$$

por lo que la conversión global es:

$$X_{\text{global}} = 1 - \frac{C_{\text{out}}}{C_{A0}} = 1 - \frac{1}{1 + \frac{kV}{F}}.$$

Esta expresión es independiente del ratio de reciclado R, lo que indica que, bajo condiciones ideales de mezcla, la conversión global del reactivo depende únicamente del volumen del reactor, la constante cinética k y el caudal fresco F.

No obstante, la incorporación de una corriente de reciclado tiene un impacto significativo en el consumo energético, ya que se requiere energía para bombear la corriente reciclada. El consumo energético asociado al bombeo del flujo reciclado se puede estimar mediante:

$$P_{\text{pump}} = \frac{Q_R \, \Delta P}{\eta_p},$$

donde:

- $Q_R = R\,F$ es el caudal de reciclado (en m^3/s),
- ΔP es la caída de presión en el lazo de reciclado (en Pa),
- η_p es la eficiencia de la bomba.

Así, mientras que la conversión global es independiente de R, el consumo energético aumenta linealmente con el ratio de reciclado.

Desarrollo de la Solución

Bajo las hipótesis planteadas se obtiene:

Conversión Global

El balance global en un reactor con reciclado ideal conduce a:

$$X_{\text{global}} = 1 - \frac{1}{1 + \frac{kV}{F}}.$$

Esta expresión muestra que la conversión global depende únicamente de la razón $\frac{kV}{F}$ y no del ratio de reciclado R, ya que la mezcla perfecta en el lazo permite que el reciclado no altere la conversión del reactivo fresco.

Consumo Energético

El consumo energético asociado al bombeo del flujo reciclado es:

$$P_{\text{pump}} = \frac{Q_R\,\Delta P}{\eta_p} = \frac{R\,F\,\Delta P}{\eta_p}.$$

Este término aumenta linealmente con el ratio de reciclado R. Por lo tanto, a mayores valores de R, aunque la conversión global se mantenga constante, el costo energético del proceso aumenta.

Script en MATLAB

A continuación se presenta un script en MATLAB que evalúa la conversión (la cual resulta constante con respecto a R) y calcula el consumo energético en función del ratio de reciclado R. Se utilizan parámetros representativos.

```matlab
% MATLAB: Análisis de conversión y consumo energético en un reactor con corriente de reciclado parcial

clear; clc;

%% Parámetros del reactor y reacción
C_A0 = 1;           % Concentración inicial [mol/m^3]
k = 0.1;            % Constante de reacción [min^-1]
V = 1;              % Volumen del reactor [m^3]
F = 0.1;            % Caudal de alimentación fresca [m^3/min]

% Conversión global (ideal, independiente del reciclado)
X_global = 1 - 1/(1 + k*V/F);

%% Parámetros de bombeo para el reciclado
% Convertir F a m^3/s
F_m3s = F/60;       % [m^3/s]
DeltaP = 1e5;       % Caída de presión en el lazo de reciclado [Pa]
eta_p = 0.7;        % Eficiencia de la bomba

%% Evaluar el consumo energético en función del ratio de reciclado R
R_values = linspace(0, 5, 100);  % Rango de ratio de reciclado
Q_R = R_values * F_m3s;          % Caudal reciclado [m^3/s]
P_pump = (Q_R * DeltaP) / eta_p; % Potencia requerida [W]

%% Graficar resultados
figure;

% Graficar conversión (constante) vs. R
subplot(2,1,1);
plot(R_values, X_global*ones(size(R_values)), 'b-', 'LineWidth', 2);
xlabel('Ratio de reciclado, R = Q_R/F');
ylabel('Conversión global, X');
title('Conversión global en reactor con reciclado parcial');
grid on;

% Graficar consumo energético vs. R
subplot(2,1,2);
plot(R_values, P_pump, 'r-', 'LineWidth', 2);
xlabel('Ratio de reciclado, R = Q_R/F');
ylabel('Potencia de bombeo, P (W)');
title('Consumo energético en función del ratio de reciclado');
grid on;

% Guardar la gráfica resultante
saveas(gcf, 'grafica.png');
```

Gráfica Resultante

La Figura 134 muestra, en el panel superior, que la conversión global se mantiene constante a medida que varía el ratio de reciclado R, mientras que en el panel inferior se observa un incremento lineal en el consumo energético (potencia de bombeo) al aumentar R.

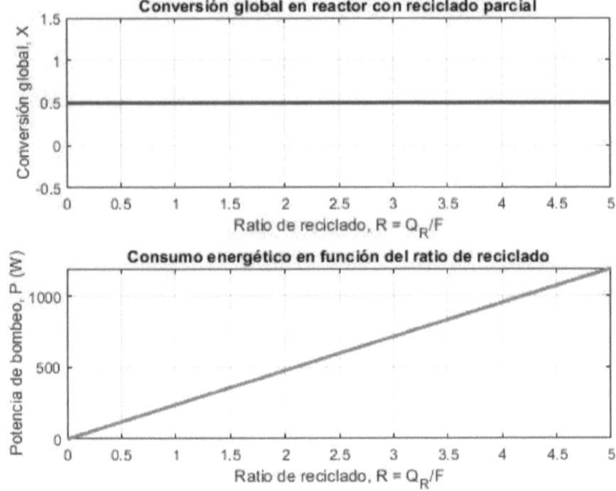

Figura 111: Conversión global y consumo energético en función del ratio de reciclado R.

Archivo 67

71. Reactores de lecho fijo para reacciones catalíticas

Equipo

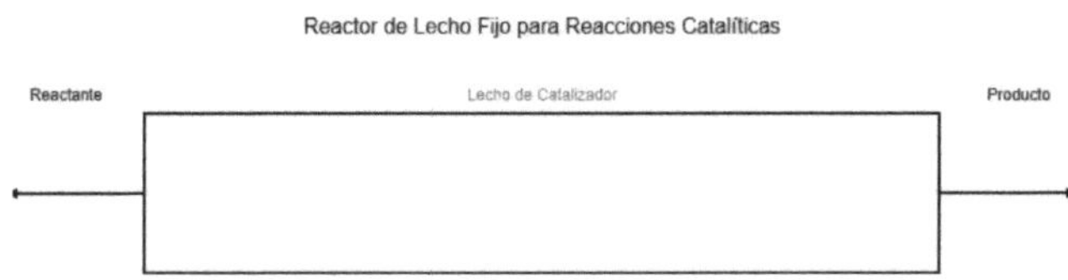

Figura 112: Diagrama equipo

En el diseño de reactores de lecho fijo para reacciones catalíticas, es crucial determinar las condiciones operativas óptimas que garanticen una alta conversión y, a la vez, un uso eficiente del catalizador. En particular, se desea evaluar el impacto de la presión, la temperatura y las propiedades del catalizador (representadas mediante un factor de actividad, A_{cat}) en la conversión del reactante.

Suponiendo que la reacción es de primer orden y que ocurre en fase gaseosa, la velocidad de reacción en la superficie catalítica se puede expresar mediante la cinética de Arrhenius. La constante de reacción efectiva, que incluye el efecto del catalizador, es:

$$k_{\text{eff}} = A_{\text{cat}}\, k_0 \exp\Big(-\frac{E_a}{RT}\Big),$$

donde

- k_0 es el factor preexponencial (en s^{-1}),
- E_a es la energía de activación (en J/mol),

- R es la constante de los gases (8.314 J/mol·K),
- T es la temperatura (K),
- A_{cat} es un factor adimensional que refleja la actividad o carga del catalizador.

Para una reacción en un reactor tubular (modelo de flujo pistón), la conversión X se aproxima por:

$$X = 1 - \exp\Big(-k_{\text{eff}}\, \tau\, C_{A0}\Big),$$

donde τ es el tiempo de residencia. En sistemas gaseosos, la concentración inicial del reactante A se relaciona con la presión mediante la ley de los gases ideales:

$$C_{A0} = \frac{P}{RT},$$

siendo P la presión absoluta (en Pa).

Por lo tanto, se puede escribir:

$$X = 1 - \exp\left(-A_{\text{cat}}\, k_0\, \exp\Big(-\frac{E_a}{RT}\Big)\, \tau\, \frac{P}{RT}\right).$$

El objetivo es analizar cómo varía la conversión en función de la presión P, la temperatura T y el factor catalítico A_{cat}, y determinar las condiciones óptimas dentro de los límites operativos (por ejemplo, P entre 1 y 10 atm y T entre 300 y 500 K).

Desarrollo de la Solución

La expresión a evaluar es:

$$X = 1 - \exp\left[-A_{\text{cat}}\, k_0\, \exp\Big(-\frac{E_a}{RT}\Big)\, \tau\, \frac{P}{RT}\right],$$

donde:

- P se expresará en atm; para usar unidades SI se convierte a Pa (1 atm = 101325 Pa).
- T varía entre 300 y 500 K.
- A_{cat} varía, por ejemplo, de 0.8 a 1.2.
- Se asume un tiempo de residencia τ fijo (por ejemplo, 100 s).
- Se toman parámetros representativos: $k_0 = 1 \times 10^6\ \text{s}^{-1}$, $E_a = 80000$ J/mol.

Esta ecuación permite evaluar la conversión para diferentes combinaciones de presión, temperatura y actividad catalítica. El análisis se puede llevar a cabo mediante gráficos de superficie o mapas de contorno, que evidencian la región óptima de operación (alta conversión sin exceder límites de presión y temperatura).

Script en MATLAB

A continuación se presenta el script en MATLAB que evalúa la conversión X en función de la presión (convertida a Pa) y la temperatura para un valor dado de A_{cat}, y permite observar el efecto de variar el catalizador mediante un lazo adicional. El código se muestra en el entorno `verbatim`.

```
% MATLAB: Evaluación de condiciones óptimas en un reactor de lecho fijo
% para hidrocatalítica, considerando presión, temperatura y actividad del catalizador

clear; clc;

%% Parámetros
k0 = 1e6;                        % Factor preexponencial [s^-1]
Ea = 80000;                      % Energía de activación [J/mol]
Rgas = 8.314;                    % Constante de gases [J/mol.K]
tau = 100;                       % Tiempo de residencia [s]
% Definir rangos:
T = linspace(300, 500, 100);          % Temperatura en K
P_atm = linspace(1, 10, 100);            % Presión en atm
% Convertir presión a Pa: 1 atm = 101325 Pa
[P_grid, T_grid] = meshgrid(P_atm, T);
P = P_grid * 101325;                  % Presión en Pa

% Factor de actividad del catalizador
A_cat = 1.0;    % Valor nominal; se puede variar (por ejemplo, 0.8 a 1.2)

%% Cálculo de la constante efectiva y conversión
% Concentración inicial de A: C_A0 = P/(Rgas*T)
C_A0 = P ./ (Rgas .* T_grid);
% Constante de reacción efectiva:
k_eff = A_cat * k0 * exp(-Ea./(Rgas .* T_grid));
% Argumento de la exponencial:
arg = k_eff .* tau .* C_A0 ./ (Rgas .* T_grid);
% Nota: en este modelo, para simplificar, incluimos la dependencia en C_A0
% de forma directa. Alternativamente, se puede usar: arg = k_eff*tau*C_A0.

% Cálculo de la conversión:
X = 1 - exp(- (k_eff .* tau .* C_A0));

```

```
%% Graficar la conversión como función de T y P
figure;
surf(P_grid/101325, T_grid, X, 'EdgeColor','none');
xlabel('Presión (atm)');
ylabel('Temperatura (K)');
zlabel('Conversión, X');
title('Conversión en función de Presión y Temperatura (A_{cat} = 1.0)');
colorbar;
view(135,30);

%% Opcional: Graficar mapas de contorno para diferentes valores de A_cat
% Por ejemplo, para A_cat = 0.8, 1.0 y 1.2
A_cat_vals = [0.8, 1.0, 1.2];
figure;
for i = 1:length(A_cat_vals)
    A_cat_i = A_cat_vals(i);
    k_eff_i = A_cat_i * k0 * exp(-Ea./(Rgas .* T_grid));
    X_i = 1 - exp(- (k_eff_i .* tau .* C_A0));
    subplot(1,3,i);
    contourf(P_grid/101325, T_grid, X_i, 20, 'LineColor','none');
    xlabel('Presión (atm)');
    ylabel('Temperatura (K)');
    title(['A_{cat} = ', num2str(A_cat_i)]);
    colorbar;
end
sgtitle('Mapas de contorno de conversión para distintos A_{cat}');

% Guardar la gráfica resultante
saveas(gcf, 'grafica_optimas.png');
```

Gráfica Resultante

La Figura 134 muestra la superficie de conversión en función de la presión (en atm) y la temperatura (en K) para un reactor de lecho fijo con un factor catalítico nominal $A_{\text{cat}} = 1{,}0$. Adicionalmente, se presentan mapas de contorno que evidencian el impacto de variar la actividad del catalizador. Estos gráficos permiten identificar las condiciones operativas óptimas que maximizan la conversión sin exceder los límites de presión y temperatura establecidos.

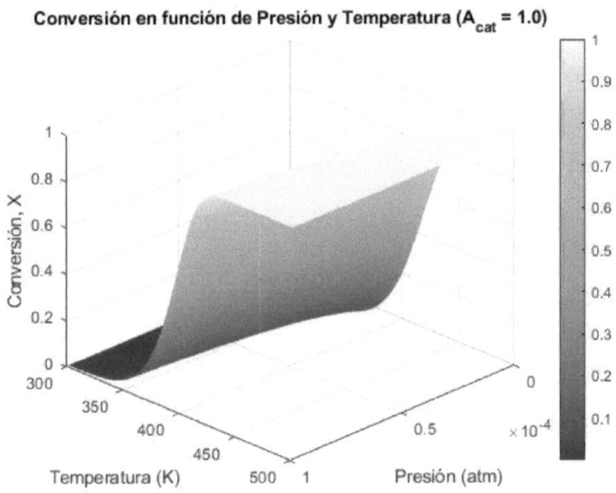

Figura 113: Superficie y mapas de contorno de conversión en función de presión y temperatura para distintos A_{cat}.

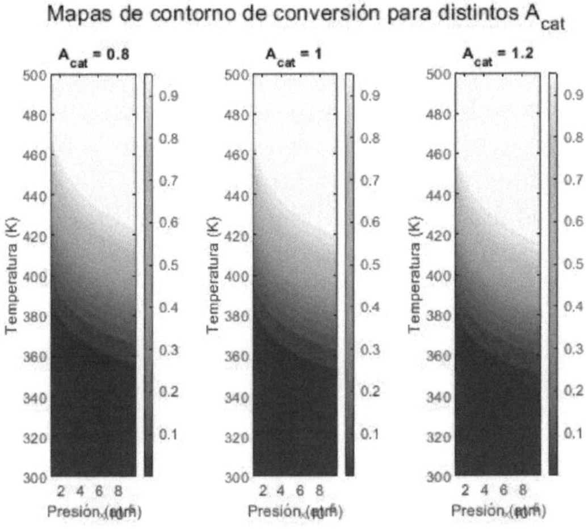

Figura 114: Superficie y mapas de contorno de conversión en función de presión y temperatura para distintos A_{cat}.

Archivo 68

72. Producción de bioaceites a partir de biomasa

Equipo

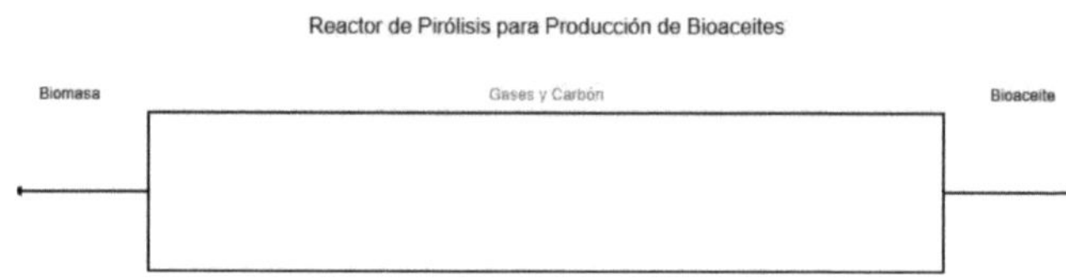

Figura 115: Diagrama equipo

La producción de bioaceites a partir de biomasa implica la degradación térmica de la materia orgánica presente en la biomasa durante la pirólisis. Se asume que la degradación térmica de la biomasa puede modelarse mediante una cinética de primer orden, en la cual la fracción convertida de biomasa a bioaceite, $X(t)$, se describe por la siguiente ecuación diferencial:

$$\frac{dX}{dt} = k\,(1 - X),$$

donde k es la constante de reacción que depende de la temperatura según la ecuación de Arrhenius:

$$k = k_0 \exp\Big(-\frac{E_a}{RT}\Big).$$

Aquí:

- $X(t)$ es la fracción de biomasa convertida en bioaceite en el tiempo t.

- k_0 es el factor preexponencial (s^{-1}).
- E_a es la energía de activación (J/mol).
- R es la constante de los gases (8.314 J/mol·K).
- T es la temperatura absoluta (K).

La solución analítica de la ecuación diferencial, con la condición inicial $X(0) = 0$, es:

$$X(t) = 1 - \exp(-k\,t) = 1 - \exp\Big[-k_0\,t\,\exp\Big(-\frac{E_a}{RT}\Big)\Big].$$

El objetivo de este estudio es modelar la cinética de degradación térmica y analizar la evolución de la conversión en función del tiempo para diferentes temperaturas, lo cual permite optimizar el proceso de producción de bioaceites a partir de biomasa.

Desarrollo de la Solución

La ecuación cinética de primer orden es:

$$\frac{dX}{dt} = k\,(1 - X).$$

Separando variables e integrando:

$$\int_0^{X(t)} \frac{dX}{1 - X} = \int_0^t k\,dt,$$

se obtiene:

$$-\ln(1 - X) = k\,t,$$

de donde se despeja:

$$X(t) = 1 - \exp(-k\,t).$$

Sustituyendo la dependencia de k en función de la temperatura:

$$X(t) = 1 - \exp\Big[-k_0\,t\,\exp\Big(-\frac{E_a}{RT}\Big)\Big].$$

Esta ecuación permite predecir la conversión en función del tiempo para distintas temperaturas de operación.

Script en MATLAB

A continuación se presenta el script en MATLAB que calcula y grafica la evolución de la conversión $X(t)$ para diferentes temperaturas. El código se muestra en el entorno `verbatim`.

```
% MATLAB: Modelado de la cinética de degradación térmica para producción de bioaceites
clear; clc;

%% Parámetros cinéticos
k0 = 1e5;             % Factor preexponencial [s^-1]
Ea = 120000;          % Energía de activación [J/mol]
R = 8.314;            % Constante de gases [J/(mol*K)]

%% Definición del tiempo de simulación
t = linspace(0, 300, 200);  % Tiempo en segundos

%% Definir diferentes temperaturas (en K)
T_values = [500, 600, 700];  % Temperaturas en Kelvin

%% Calcular la conversión para cada temperatura
X = zeros(length(T_values), length(t));
for i = 1:length(T_values)
    T = T_values(i);
    k = k0 * exp(-Ea/(R*T));  % Constante de reacción a la temperatura T
    X(i,:) = 1 - exp(-k .* t);
end

%% Graficar la evolución de la conversión
figure;
plot(t, X(1,:), 'b-', 'LineWidth', 2); hold on;
plot(t, X(2,:), 'r--', 'LineWidth', 2);
plot(t, X(3,:), 'g-.', 'LineWidth', 2);
xlabel('Tiempo (s)');
ylabel('Conversión, X');
title('Evolución de la Conversión en la Degradación Térmica de Biomasa');
legend('T = 500 K', 'T = 600 K', 'T = 700 K');
grid on;

% Guardar la gráfica resultante
saveas(gcf, 'grafica.png');
```

Gráfica Resultante

La Figura 134 muestra la evolución de la conversión $X(t)$ para diferentes temperaturas. Se observa que a temperaturas mayores la constante de reacción es mayor, lo que conduce a una conversión más rápida de la biomasa en bioaceite.

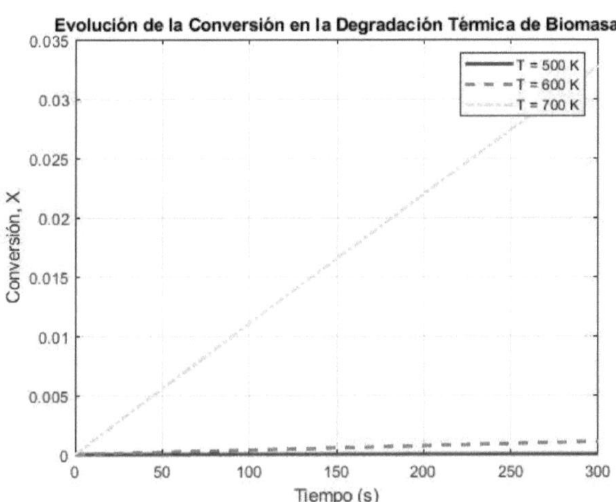

Figura 116: Evolución de la conversión en función del tiempo para distintas temperaturas.

Archivo 69

73. Síntesis de hidrocarburos mediante el proceso Fischer-Tropsch

Equipo

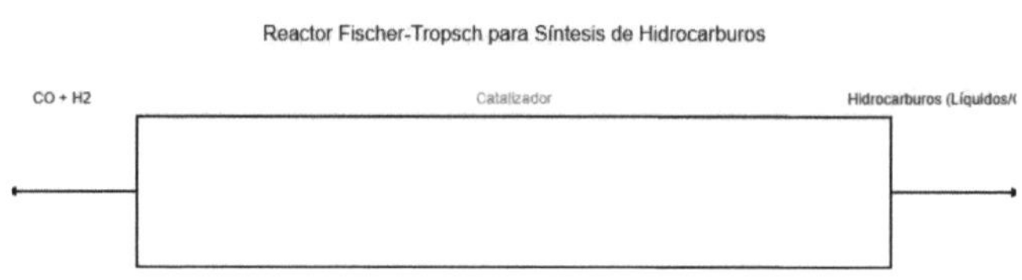

Figura 117: Diagrama equipo

En la síntesis de hidrocarburos mediante el proceso Fischer-Tropsch se utiliza un reactor catalítico en el cual se convierte monóxido de carbono (CO) y hidrógeno (H_2) en productos líquidos o gaseosos. La conversión de CO es fuertemente dependiente de las condiciones operativas, en particular de la presión. Bajo el supuesto de que la reacción es de primer orden respecto a la concentración de CO y utilizando la ley de los gases ideales, se puede plantear la siguiente cinética simplificada.

Sea la reacción:

$$\mathrm{CO} \rightarrow \text{Productos},$$

con velocidad de reacción:

$$r = k\, C_{\mathrm{CO}},$$

donde k es la constante de reacción (s^{-1}) y C_{CO} es la concentración de CO en la fase gaseosa ($\mathrm{mol/m^3}$). Utilizando la ley de los gases ideales, se tiene:

$$C_{\mathrm{CO}} = \frac{P_{\mathrm{CO}}}{RT},$$

donde P_{CO} es la presión parcial de CO (Pa), $R = 8{,}314$ J/(mol·K) es la constante de los gases y T es la temperatura absoluta (K).

Considerando un reactor de flujo pistón (PFR) y un tiempo de residencia τ, el balance diferencial para CO es:

$$\frac{dC_{\mathrm{CO}}}{dz} = -\frac{k}{u} C_{\mathrm{CO}},$$

o, integrando en función del tiempo, la conversión se puede aproximar mediante:

$$X = 1 - \exp\Big(-k\,\tau\,\frac{P_{\mathrm{CO}}}{RT}\Big).$$

Esta ecuación indica que, manteniendo constantes k, τ y T, la conversión aumenta al incrementar la presión parcial de CO.

El objetivo de este estudio es evaluar la conversión en un reactor de Fischer-Tropsch bajo diferentes condiciones de presión. Se analizará la variación de la conversión X en función de la presión, utilizando parámetros representativos.

Desarrollo de la Solución

Bajo los supuestos planteados, la conversión de CO en el reactor se expresa como:

$$X = 1 - \exp\left(-\frac{k\,\tau}{RT} P_{\mathrm{CO}}\right).$$

Para ilustrar el efecto de la presión, se consideran los siguientes parámetros:

- Temperatura: $T = 473$ K.
- Tiempo de residencia: $\tau = 50$ s.
- Constante de reacción: $k = 0{,}001\ \mathrm{s}^{-1}$.
- La presión se variará de 1 atm hasta 10 atm (1 atm = 101325 Pa).

La constante del gas es $R = 8{,}314$ J/(mol·K).

De esta forma, la conversión queda:

$$X = 1 - \exp\left(-\frac{0{,}001 \times 50}{8{,}314 \times 473} P_{\mathrm{CO}}\right),$$

con P_{CO} expresado en Pascales. Este modelo permite evaluar cómo varía la conversión al modificar la presión operativa.

Script en MATLAB

A continuación se presenta el script en MATLAB que evalúa la conversión X en función de la presión parcial de CO y grafica los resultados. El código se muestra en el entorno **verbatim**.

```
% MATLAB: Evaluación de la conversión en un reactor Fischer-Tropsch
% bajo diferentes condiciones de presión

clear; clc;

%% Parámetros
T = 473;                % Temperatura en K
tau = 50;               % Tiempo de residencia en s
k = 0.001;              % Constante de reacción en s^-1
R = 8.314;              % Constante de gases en J/(mol*K)

% Definir el rango de presión: de 1 atm a 10 atm
P_atm = linspace(1, 10, 100);   % Presión en atm
P = P_atm * 101325;             % Convertir atm a Pa

% Calcular la conversión
X = 1 - exp(- (k * tau / (R * T)) .* P);

%% Graficar la conversión en función de la presión
figure;
plot(P_atm, X, 'b-', 'LineWidth', 2);
xlabel('Presión de CO (atm)');
ylabel('Conversión, X');
title('Conversión en reactor de Fischer-Tropsch vs. Presión');
grid on;

% Guardar la gráfica resultante
saveas(gcf, 'grafica.png');
```

Gráfica Resultante

La Figura 134 muestra la conversión de CO en el reactor en función de la presión (en atm). Se observa que, a medida que aumenta la presión, la conversión se incrementa, de acuerdo con la relación exponencial establecida.

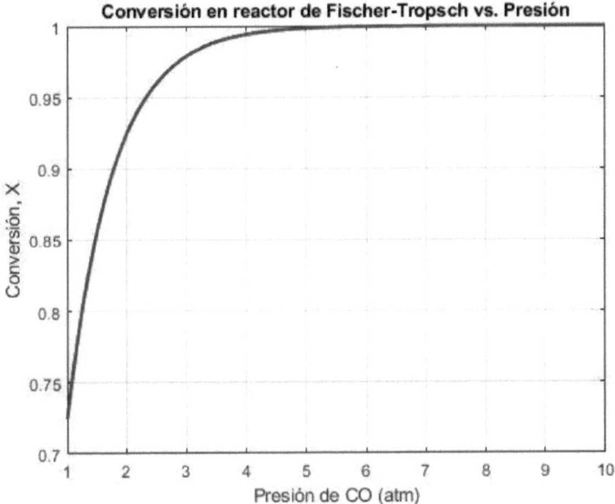

Figura 118: Conversión en función de la presión en un reactor de Fischer-Tropsch.

Archivo 70

74. Reactor de flujo pistón (PFR)

Equipo

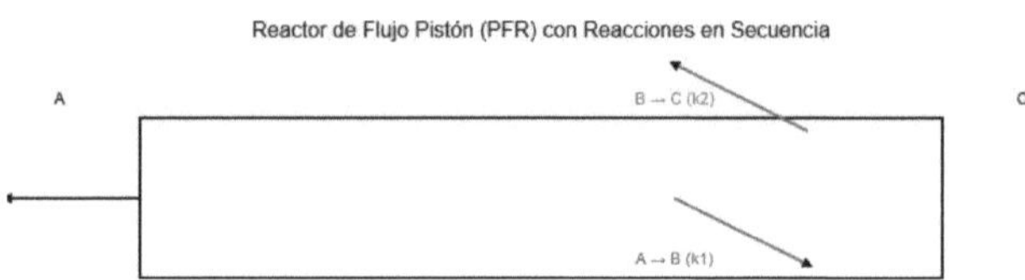

Figura 119: Diagrama equipo

En un reactor de flujo pistón (PFR) se lleva a cabo la siguiente secuencia de reacciones:

$$\mathrm{A} \xrightarrow{k_1} \mathrm{B} \xrightarrow{k_2} \mathrm{C},$$

donde:

- La conversión de A en B es deseable, con constante de reacción k_1.
- La conversión de B en C representa la sobre-reacción (indeseada) y se rige por la constante k_2.

Se conoce la concentración inicial de A, C_{A0}. El objetivo es determinar el tiempo de residencia óptimo, τ_{opt}, que maximiza la concentración del producto deseado B sin que ocurra excesiva sobre-reacción a C.

Desarrollo de la Solución

Balance de Masa y Solución Analítica

Para un PFR, el balance de masa para el reactante A es:

$$\frac{dC_A}{d\tau} = -k_1\,C_A, \quad C_A(0) = C_{A0},$$

cuya solución es:

$$C_A(\tau) = C_{A0}\,\exp(-k_1\,\tau).$$

El balance para el intermedio B es:

$$\frac{dC_B}{d\tau} = k_1\,C_A - k_2\,C_B, \quad C_B(0) = 0.$$

Sustituyendo $C_A(\tau)$, la solución analítica (utilizando el método del factor integrante) es:

$$C_B(\tau) = \frac{k_1\,C_{A0}}{k_2 - k_1}\left[\exp(-k_1\,\tau) - \exp(-k_2\,\tau)\right],$$

asumiendo que $k_2 \neq k_1$.

Para encontrar el tiempo de residencia óptimo que maximiza C_B, se deriva $C_B(\tau)$ respecto a τ y se iguala a cero:

$$\frac{dC_B}{d\tau} = \frac{k_1\,C_{A0}}{k_2 - k_1}\left[-k_1\,\exp(-k_1\,\tau) + k_2\,\exp(-k_2\,\tau)\right] = 0.$$

De aquí se tiene:

$$-k_1\,\exp(-k_1\,\tau) + k_2\,\exp(-k_2\,\tau) = 0 \quad \Longrightarrow \quad k_2\,\exp(-k_2\,\tau) = k_1\,\exp(-k_1\,\tau).$$

Dividiendo ambos lados por $\exp(-k_1\,\tau)$:

$$k_2\,\exp\Big[-(k_2 - k_1)\tau\Big] = k_1.$$

Resolviendo para τ:

$$\exp\Big[-(k_2 - k_1)\tau\Big] = \frac{k_1}{k_2} \quad \Longrightarrow \quad -(k_2 - k_1)\tau = \ln\Big(\frac{k_1}{k_2}\Big),$$

$$\boxed{\tau_{\text{opt}} = \frac{1}{k_2 - k_1}\,\ln\Big(\frac{k_2}{k_1}\Big).}$$

Esta expresión es válida para $k_2 > k_1$, de modo que $\ln(k_2/k_1) > 0$ y $\tau_{\text{opt}} > 0$.

Script en MATLAB

A continuación se muestra el script en MATLAB que calcula y grafica la concentración de B en función del tiempo de residencia τ, determinando el tiempo óptimo.

```
% MATLAB: Determinación del tiempo de residencia óptimo en un PFR
clear; clc;

% Parámetros
C_A0 = 1;            % Concentración inicial de A [mol/L]
k1 = 0.1;            % Constante para A -> B [s^-1]
k2 = 0.3;            % Constante para B -> C [s^-1]

% Vector de tiempos de residencia (s)
tau = linspace(0, 100, 500);

% Concentración de A
C_A = C_A0 * exp(-k1*tau);

% Concentración de B
C_B = (k1 * C_A0 / (k2 - k1)) * (exp(-k1*tau) - exp(-k2*tau));

% Encontrar el máximo de C_B y el tiempo óptimo
[C_B_max, idx] = max(C_B);
tau_opt = tau(idx);

fprintf('Tiempo de residencia óptimo: %.2f s\n', tau_opt);
fprintf('Concentración máxima de B: %.3f mol/L\n', C_B_max);

% Graficar la concentración de B vs. tiempo de residencia
figure;
plot(tau, C_B, 'b-', 'LineWidth', 2);
hold on;
plot(tau_opt, C_B_max, 'ro', 'MarkerSize', 8, 'MarkerFaceColor', 'r');
xlabel('Tiempo de residencia, \tau (s)');
ylabel('Concentración de B, C_B (mol/L)');
title('Optimización de la producción de B en un PFR');
legend('C_B(\tau)', '\tau_{opt}', 'Location', 'Best');
grid on;

% Guardar la gráfica resultante
saveas(gcf, 'grafica.png');
```

Gráfica Resultante

La Figura 134 muestra la variación de la concentración de B en función del tiempo de residencia τ. Se observa que C_B alcanza un máximo en el tiempo óptimo τ_{opt}, determinado analíticamente como:

$$\tau_{\text{opt}} = \frac{1}{k_2 - k_1} \ln\left(\frac{k_2}{k_1}\right).$$

En este ejemplo, con $k_1 = 0{,}1\,\text{s}^{-1}$ y $k_2 = 0{,}3\,\text{s}^{-1}$, se obtiene un valor numérico de τ_{opt} que maximiza la producción del producto deseado B sin favorecer la conversión a C.

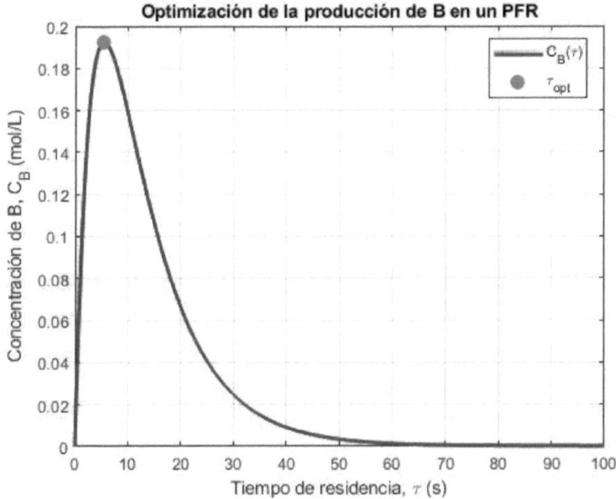

Figura 120: Concentración de B vs. tiempo de residencia τ en un PFR.

Archivo 71

75. sistemas catalíticos heterogéneos

Equipo

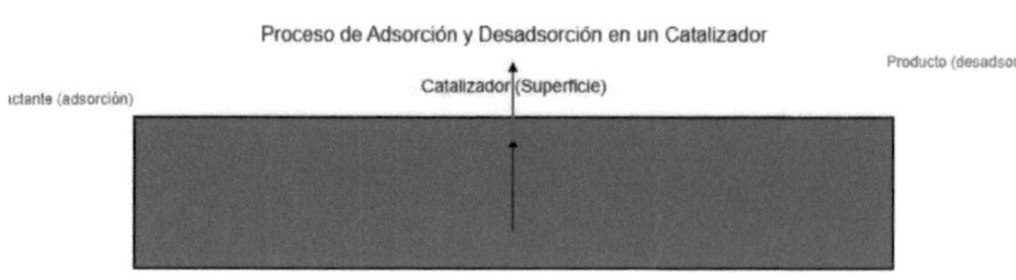

Figura 121: Diagrama equipo

En sistemas catalíticos heterogéneos, la adsorción del reactante en la superficie del catalizador es un paso previo esencial para la reacción. Esta adsorción puede influir notablemente en la cinética global del proceso. Un modelo comúnmente utilizado para describir esta influencia es el mecanismo Langmuir-Hinshelwood, que asume que el reactante se adsorbe en la superficie del catalizador siguiendo una isoterma de Langmuir y que la reacción ocurre sobre los sitios ocupados.

Consideremos la reacción:

$$\text{A} \rightarrow \text{Productos},$$

cuyos estudios cinéticos se pueden describir mediante la siguiente expresión de velocidad:

$$r = k\,\frac{K_A\,C_A}{1 + K_A\,C_A},$$

donde:

- r es la velocidad de reacción (mol/(L·s)),

- k es la constante intrínseca de reacción (s^{-1}),
- K_A es la constante de adsorción (L/mol),
- C_A es la concentración del reactante A en fase líquida (mol/L).

Este modelo implica que:

- Para concentraciones bajas ($K_A C_A \ll 1$), la velocidad es aproximadamente proporcional a C_A:

$$r \approx k K_A C_A.$$

- Para concentraciones altas ($K_A C_A \gg 1$), la velocidad se aproxima a un valor máximo:

$$r \approx k.$$

El objetivo de este estudio es evaluar la influencia de la adsorción (a través del parámetro K_A) sobre la cinética de reacción, analizando cómo varía la velocidad de reacción r en función de la concentración C_A para diferentes valores de K_A. Esto permite observar el efecto de la saturación de los sitios activos del catalizador en el rendimiento global del proceso.

Desarrollo de la Solución

La expresión cinética considerada es:

$$r = k \frac{K_A C_A}{1 + K_A C_A}.$$

Para evaluar la influencia de la adsorción, se analizará la dependencia de r respecto a C_A para distintos valores de K_A. Se espera que:

- Con un K_A menor, la adsorción es débil y la reacción exhibe un comportamiento casi lineal en un rango amplio de C_A.
- Con un K_A mayor, la adsorción es más fuerte y la velocidad se saturará a valores altos de C_A, alcanzando el límite de $r \approx k$ a concentraciones menores.

Este análisis permite determinar las condiciones óptimas de operación en las cuales la adsorción favorece una alta actividad catalítica sin limitar la cinética por saturación.

Script en MATLAB

A continuación se muestra el script en MATLAB que calcula y grafica la velocidad de reacción r en función de la concentración C_A para diferentes valores de la constante de adsorción K_A. El código se presenta en el entorno `verbatim`.

```
% MATLAB: Evaluación de la influencia de la adsorción sobre la cinética de reacción
% en sistemas catalíticos heterogéneos

clear; clc;

% Parámetros cinéticos
k = 1;  % Constante de reacción [s^-1]

% Definir un rango de concentraciones para A
C_A = linspace(0, 10, 200);  % Concentración de A [mol/L]

% Valores representativos de la constante de adsorción K_A [L/mol]
K_A_values = [0.5, 1, 2];

% Inicializar matriz para almacenar las velocidades
r = zeros(length(K_A_values), length(C_A));

% Calcular la velocidad para cada valor de K_A
for i = 1:length(K_A_values)
    K_A = K_A_values(i);
    r(i,:) = k * (K_A * C_A) ./ (1 + K_A * C_A);
end

% Graficar r vs. C_A para cada K_A
figure;
plot(C_A, r(1,:), 'b-', 'LineWidth', 2); hold on;
plot(C_A, r(2,:), 'r--', 'LineWidth', 2);
plot(C_A, r(3,:), 'g-.', 'LineWidth', 2);
xlabel('Concentración de A, C_A (mol/L)');
ylabel('Velocidad de reacción, r (s^{-1})');
title('Influencia de la adsorción en la cinética de reacción');
legend('K_A = 0.5 L/mol', 'K_A = 1 L/mol', 'K_A = 2 L/mol', ...
       'Location', 'Best');
grid on;

% Guardar la gráfica
saveas(gcf, 'grafica.png');
```

Gráfica Resultante

La Figura 134 muestra la velocidad de reacción r en función de la concentración C_A para tres valores de la constante de adsorción K_A.

Se observa que:

- Para $K_A = 0{,}5$ L/mol, la dependencia de r con C_A es casi lineal en un rango amplio, y la saturación se alcanza a concentraciones elevadas.
- Para $K_A = 2$ L/mol, la velocidad se satura a concentraciones más bajas, evidenciando una mayor influencia de la adsorción.

Estos resultados permiten ajustar las condiciones operativas para optimizar la eficiencia del catalizador.

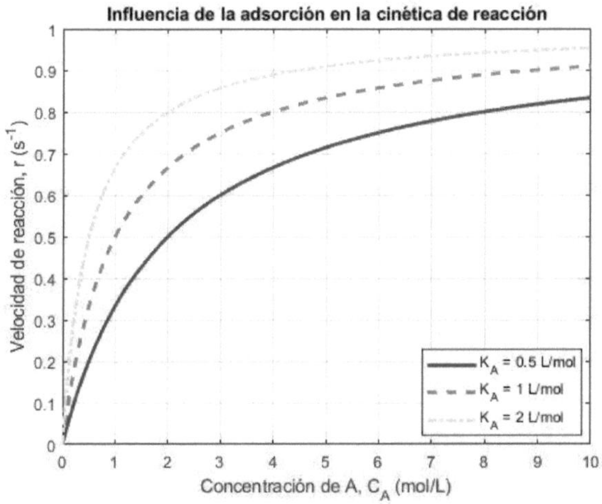

Figura 122: Velocidad de reacción r vs. concentración C_A para diferentes constantes de adsorción K_A.

Archivo 72

76. Tratamiento de aguas contaminadas

Equipo

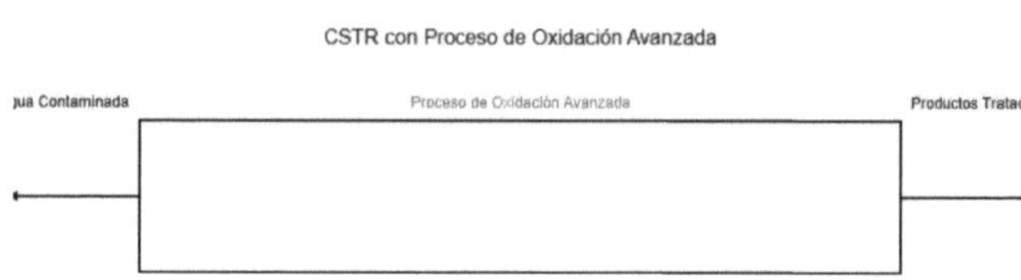

Figura 123: Diagrama equipo

En el tratamiento de aguas contaminadas, la degradación de compuestos tóxicos o recalcitrantes es un desafío importante. La combinación de procesos biológicos con técnicas de oxidación avanzada (por ejemplo, ozonización, fotocatálisis o uso de peróxido de hidrógeno en presencia de radiación UV) permite obtener una degradación más completa y rápida de los contaminantes.

Se desea evaluar un reactor biológico (por ejemplo, un reactor de tanque agitado continuo, CSTR) en el que se integra un proceso de oxidación avanzada para la degradación de un contaminante presente en el agua. Se asume que la degradación global se rige por una cinética de primer orden, de forma que la velocidad de degradación es:

$$r = -k_{\text{eff}}\,C,$$

donde:

- C es la concentración del contaminante (mol/m^3),
- k_{eff} es la constante de degradación efectiva (s^{-1}), que incorpora tanto la acción biológica como la oxidación avanzada.

Bajo condiciones de estado estacionario en un CSTR, el balance de materia se expresa como:

$$F\,C_{\text{in}} = F\,C + V\,k_{\text{eff}}\,C,$$

donde:

- F es el caudal volumétrico (m^3/s),
- C_{in} es la concentración de entrada,
- V es el volumen del reactor.

Definiendo el tiempo de residencia $\tau = V/F$, se obtiene la concentración de salida:

$$C = \frac{C_{\text{in}}}{1 + k_{\text{eff}}\tau}.$$

La conversión del contaminante es:

$$X = 1 - \frac{C}{C_{\text{in}}} = 1 - \frac{1}{1 + k_{\text{eff}}\tau}.$$

El objetivo de este estudio es evaluar la conversión en el reactor en función del tiempo de residencia, analizando la influencia de diferentes valores de k_{eff} (que pueden variar al modificar la intensidad del proceso de oxidación avanzada) para optimizar la degradación de contaminantes.

Desarrollo de la Solución

El modelo cinético del reactor se basa en la ecuación de balance para un CSTR:

$$C = \frac{C_{\text{in}}}{1 + k_{\text{eff}}\tau},$$
$$X = 1 - \frac{1}{1 + k_{\text{eff}}\tau}.$$

Donde:

- Un valor mayor de k_{eff} (debido a una mayor intensidad de oxidación avanzada o mayor actividad biológica) incrementa la tasa de degradación y, para un mismo τ, eleva la conversión.
- El tiempo de residencia τ es un parámetro de diseño crítico: tiempos de residencia muy bajos darán conversiones insuficientes, mientras que tiempos excesivos podrían no ser económicamente viables.

Se procederá a evaluar la conversión X para diferentes tiempos de residencia y para distintos valores de k_{eff} (por ejemplo, representativos de condiciones moderadas y intensificadas de oxidación avanzada).

Script en MATLAB

A continuación se presenta el script en MATLAB que calcula y grafica la conversión X en función del tiempo de residencia τ para diferentes valores de la constante efectiva k_{eff}. El código se muestra en el entorno `verbatim`.

```
% MATLAB: Evaluación de la conversión en un reactor biológico con oxidación avanzada
clear; clc;

%% Parámetros del sistema
C_in = 1;              % Concentración de entrada [mol/m^3] (normalizada)
F = 0.001;             % Caudal volumétrico [m^3/s] (valor representativo)
V = 1;                 % Volumen del reactor [m^3]
tau = V / F;           % Tiempo de residencia [s]
% Nota: Para el análisis, se usará tau variable en función de diseño

%% Definir un rango de tiempos de residencia (s)
tau_values = linspace(10, 500, 200); % en segundos

%% Definir diferentes valores de k_eff (s^-1)
% k_eff incorpora la acción biológica y el proceso de oxidación avanzada.
k_eff_values = [1e-4, 5e-4, 1e-3];  % Ejemplo: condiciones de baja, media y alta intensidad

%% Calcular la conversión para cada combinación
X = zeros(length(k_eff_values), length(tau_values));

for i = 1:length(k_eff_values)
    k_eff = k_eff_values(i);
    X(i,:) = 1 - 1./(1 + k_eff*tau_values);
end

%% Graficar los resultados
figure;
plot(tau_values, X(1,:), 'b-', 'LineWidth', 2); hold on;
plot(tau_values, X(2,:), 'r--', 'LineWidth', 2);
plot(tau_values, X(3,:), 'g-.', 'LineWidth', 2);
xlabel('Tiempo de residencia, \tau (s)');
ylabel('Conversión, X');
title('Conversión en un reactor biológico con oxidación avanzada');
```

```
legend('k_{eff} = 1e-4 s^{-1}', 'k_{eff} = 5e-4 s^{-1}', 'k_{eff} = 1e-3 s^{-1}', ...
       'Location', 'Best');
grid on;

% Guardar la gráfica resultante
saveas(gcf, 'grafica.png');
```

Gráfica Resultante

La Figura 134 muestra la evolución de la conversión X en función del tiempo de residencia τ para tres condiciones de k_{eff}. Se observa que para valores mayores de k_{eff} (mayor intensidad de oxidación avanzada) se alcanza una conversión elevada en tiempos de residencia más cortos, lo cual es deseable para optimizar la operación del reactor.

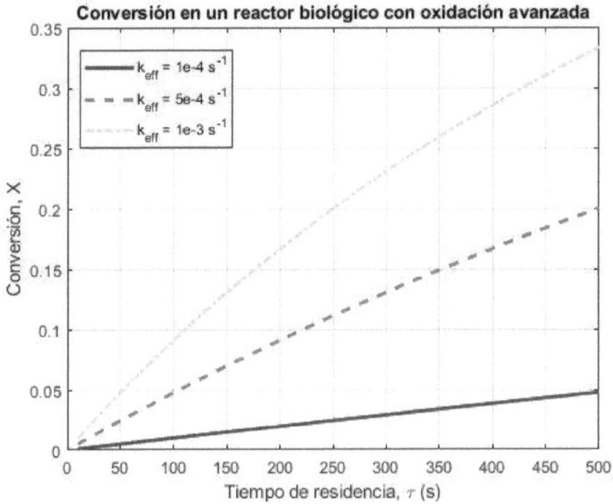

Figura 124: Conversión vs. tiempo de residencia para distintos valores de k_{eff}.

Archivo 73

77. Transesterificación

Equipo

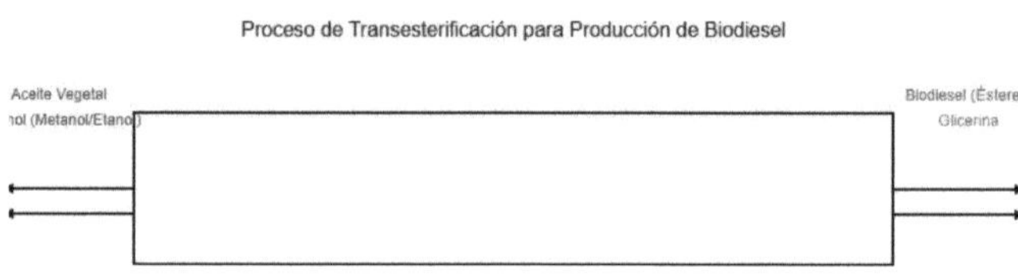

Figura 125: Diagrama equipo

La transesterificación es el proceso fundamental en la producción de biodiesel a partir de aceites vegetales. En este proceso, los triglicéridos presentes en el aceite reaccionan con metanol para formar ésteres metílicos (biodiesel) y glicerol, generalmente en presencia de un catalizador. La reacción global se puede representar como:

$$\text{Triglicérido} + 3\,\text{MeOH} \rightleftharpoons 3\,\text{Éster metílico} + \text{Glicerol}.$$

Para simplificar el análisis cinético, se puede considerar la reacción como irreversible y modelarla mediante una cinética de orden uno respecto al triglicérido (TG) cuando el metanol se encuentra en gran exceso. Bajo estas condiciones, la velocidad de reacción es:

$$r = -\frac{dC_{TG}}{dt} = k_{\text{eff}}\, C_{TG},$$

donde:

- C_{TG} es la concentración de triglicérido (mol/L),

- k_{eff} es la constante de reacción efectiva (s^{-1}), que varía según el tipo de catálisis (homogénea o heterogénea).

En un reactor batch, el balance de materia es:

$$\frac{dC_{TG}}{dt} = -k_{\text{eff}} C_{TG}, \quad C_{TG}(0) = C_{TG0}.$$

La solución analítica es:

$$C_{TG}(t) = C_{TG0} \exp\big(-k_{\text{eff}} t\big),$$

y la conversión del triglicérido se define como:

$$X(t) = 1 - \frac{C_{TG}(t)}{C_{TG0}} = 1 - \exp\big(-k_{\text{eff}} t\big).$$

El valor de k_{eff} dependerá del sistema catalítico:

- En catálisis homogénea (por ejemplo, catalizadores alcalinos disueltos), se tiende a obtener valores elevados de k_{eff}.
- En catálisis heterogénea (por ejemplo, catalizadores sólidos), pueden existir limitaciones de transferencia de masa, lo que generalmente conduce a valores de k_{eff} más bajos.

El objetivo de este modelado es comparar la evolución de la conversión en un reactor batch para ambos tipos de catalizadores, evaluando la influencia del valor de k_{eff} en la cinética de transesterificación.

Desarrollo de la Solución

Asumiendo que el metanol está en exceso, la cinética se simplifica a una reacción de primer orden:

$$\frac{dC_{TG}}{dt} = -k_{\text{eff}} C_{TG}.$$

Integrando y aplicando la condición inicial $C_{TG}(0) = C_{TG0}$, obtenemos:

$$C_{TG}(t) = C_{TG0} \exp(-k_{\text{eff}} t),$$

$$X(t) = 1 - \exp(-k_{\text{eff}} t).$$

De esta forma, para un valor dado de k_{eff}, se puede predecir la evolución temporal de la conversión. Por ejemplo, si se asume:

- Para catálisis homogénea: $k_{\text{eff}} = 0{,}01\ s^{-1}$.

- Para catálisis heterogénea: $k_{\text{eff}} = 0{,}005\ \text{s}^{-1}$.

se observará que, en el caso homogéneo, la conversión alcanza valores elevados más rápidamente que en el caso heterogéneo.

Script en MATLAB

A continuación se presenta un script en MATLAB que simula la evolución de la conversión $X(t)$ en un reactor batch para ambos sistemas catalíticos.

```
% MATLAB: Modelado de la reacción de transesterificación en un reactor batch
% con catálisis homogénea y heterogénea

clear; clc;

%% Parámetros
% Concentración inicial de triglicérido (mol/L)
C_TG0 = 1;

% Valores de k_eff para catálisis homogénea y heterogénea (s^-1)
k_eff_homog = 0.01;   % Mayor actividad catalítica
k_eff_hetero = 0.005; % Menor actividad, posiblemente debido a limitaciones de transferencia

% Vector de tiempo (s)
t = linspace(0, 500, 300);

%% Cálculo de la conversión para ambos sistemas
X_homog = 1 - exp(-k_eff_homog .* t);
X_hetero = 1 - exp(-k_eff_hetero .* t);

%% Graficar la evolución de la conversión
figure;
plot(t, X_homog, 'b-', 'LineWidth', 2); hold on;
plot(t, X_hetero, 'r--', 'LineWidth', 2);
xlabel('Tiempo, t (s)');
ylabel('Conversión, X');
title('Evolución de la conversión en transesterificación');
legend('Catálisis Homogénea', 'Catálisis Heterogénea', 'Location', 'Best');
grid on;

% Guardar la gráfica resultante
saveas(gcf, 'grafica.png');
```

Gráfica Resultante

La Figura 134 muestra la evolución de la conversión $X(t)$ en función del tiempo para catálisis homogénea y heterogénea. Se observa que, para un k_{eff} mayor (catálisis homogénea), la conversión aumenta más rápidamente, alcanzando valores elevados en tiempos menores, mientras que para la catálisis heterogénea la conversión se incrementa de forma más lenta debido a un menor k_{eff}.

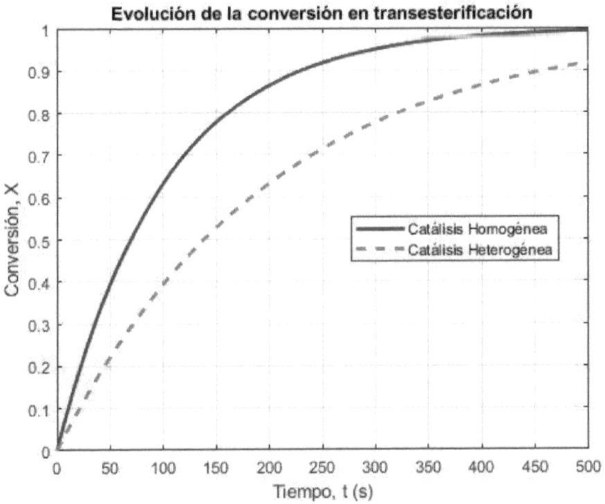

Figura 126: Evolución de la conversión en un reactor batch para transesterificación con catalizadores homogéneo y heterogéneo.

Archivo 74

78. Reactor tubular real

Equipo

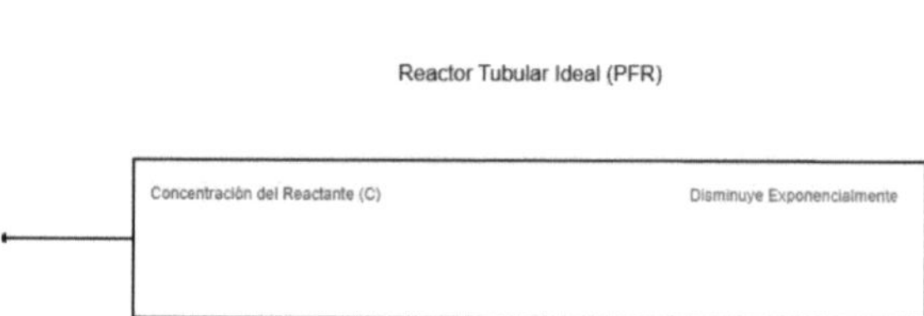

Figura 127: Diagrama equipo

En un reactor tubular ideal, se asume flujo pistón (plug flow) y se predice que la concentración del reactante a lo largo del reactor disminuye de forma exponencial. Sin embargo, en un reactor tubular real se observa una dispersión axial que provoca desviaciones respecto del comportamiento ideal. La **dispersión axial** se modela mediante la siguiente ecuación diferencial de estado estacionario:

$$D\,\frac{d^2C}{dz^2} - u\,\frac{dC}{dz} - k\,C = 0, \quad 0 < z < L,$$

donde:

- $C(z)$ es la concentración del reactante a lo largo del reactor (mol/m^3),
- D es el coeficiente de dispersión axial (m^2/s),
- u es la velocidad superficial del fluido (m/s),
- k es la constante de reacción (s^{-1}),
- L es la longitud del reactor (m).

Las condiciones de contorno de Danckwerts para un reactor tubular se suelen establecer como:

$$u\,C(0) - D\,\frac{dC}{dz}\bigg|_{z=0} = u\,C_0, \quad \text{(entrada)},$$

$$\frac{dC}{dz}\bigg|_{z=L} = 0, \quad \text{(salida, sin gradiente)}.$$

El objetivo es aplicar el modelo de dispersión axial para evaluar la eficiencia del reactor comparando la conversión real (obtenida con dispersión) con la conversión ideal de un reactor de flujo pistón. La eficiencia del reactor se puede definir, por ejemplo, como:

$$\eta = \frac{X_{\text{real}}}{X_{\text{ideal}}},$$

donde la conversión ideal en un PFR se estima como:

$$X_{\text{ideal}} = 1 - \exp\Big(-\frac{k\,L}{u}\Big).$$

Desarrollo de la Solución

Para evaluar el impacto de la dispersión axial se procede de la siguiente manera:

1. Se modela el reactor real mediante la ecuación:

   $$D\,\frac{d^2C}{dz^2} - u\,\frac{dC}{dz} - k\,C = 0,$$

   con las condiciones de Danckwerts:

   $$u\,C(0) - D\,\frac{dC}{dz}\bigg|_{z=0} = u\,C_0, \qquad \frac{dC}{dz}\bigg|_{z=L} = 0.$$

2. Se resuelve numéricamente esta ecuación (por ejemplo, mediante un esquema de diferencias finitas) para obtener el perfil de concentración $C(z)$.

3. Se calcula la conversión real como:

   $$X_{\text{real}} = 1 - \frac{C(L)}{C_0}.$$

4. Se compara con la conversión ideal:

   $$X_{\text{ideal}} = 1 - \exp\Big(-\frac{k\,L}{u}\Big),$$

   y se define la eficiencia del reactor mediante:

   $$\eta = \frac{X_{\text{real}}}{X_{\text{ideal}}}.$$

Este análisis permite cuantificar la desviación del comportamiento ideal debido a la dispersión axial, lo que es fundamental para el diseño y optimización de reactores reales.

Script en MATLAB

A continuación se presenta el script en MATLAB que implementa el modelo de dispersión axial usando un esquema de diferencias finitas para evaluar el perfil de concentración y la conversión real en un reactor tubular real.

```
% MATLAB: Evaluación del modelo de dispersión axial en un reactor tubular real
clear; clc;

%% Parámetros del reactor y de la reacción
L = 1;              % Longitud del reactor [m]
u = 1;              % Velocidad del fluido [m/s]
k = 0.5;            % Constante de reacción [s^-1]
D = 0.01;           % Coeficiente de dispersión axial [m^2/s]
C0 = 1;             % Concentración de entrada [mol/m^3]

%% Discretización del dominio axial
N = 100;                    % Número de nodos
dz = L/(N-1);
z = linspace(0,L,N)';

%% Construir la matriz de diferencias finitas
A = zeros(N,N);
b = zeros(N,1);

% Condición de contorno en z = 0 (entrada - Danckwerts):
% u*C(1) - D*(C(2)-C(1))/dz = u*C0  ->
A(1,1) = - (u + D/dz);
A(1,2) = D/dz;
b(1) = -u * C0;

% Nodos interiores (usamos diferencias centrales)
for i = 2:N-1
    A(i,i-1) = D/dz^2 + u/(2*dz);
    A(i,i)   = -2*D/dz^2 - k;
    A(i,i+1) = D/dz^2 - u/(2*dz);
end

% Condición de frontera en z = L: dC/dz = 0 -> (C(N)-C(N-1))/dz = 0  =>  C(N) = C(N-1)
A(N,N-1) = -1/dz;
A(N,N)   = 1/dz;
b(N) = 0;

%% Resolver el sistema lineal A*C = b
C = A\b;
```

```
%% Calcular la conversión real
X_real = 1 - C(end)/C0;

%% Calcular la conversión ideal (PFR)
X_ideal = 1 - exp(-k*L/u);

%% Eficiencia del reactor
efficiency = X_real / X_ideal;

fprintf('Conversión real: %.3f\n', X_real);
fprintf('Conversión ideal: %.3f\n', X_ideal);
fprintf('Eficiencia del reactor: %.3f\n', efficiency);

%% Graficar el perfil de concentración
figure;
plot(z, C, 'b-', 'LineWidth',2);
xlabel('Longitud, z (m)');
ylabel('Concentración, C (mol/m^3)');
title('Perfil de concentración en un reactor tubular con
    dispersión axial');
grid on;

% Guardar la gráfica resultante
saveas(gcf, 'grafica.png');
```

Gráfica Resultante

La Figura 134 muestra el perfil de concentración del reactante a lo largo del reactor tubular obtenido con el modelo de dispersión axial. La conversión real, calculada como $X_{\text{real}} = 1 - C(L)/C_0$, se compara con la conversión ideal para evaluar la eficiencia del reactor.

Archivo 75

79. Conversión de biomasa en gas de síntesis (syngas)

Equipo

La conversión de biomasa en gas de síntesis (syngas) mediante procesos de gasificación es un proceso complejo que involucra reacciones térmicas y heterogéneas. En un reactor diseñado para este fin, la biomasa se descompone en productos tales como monóxido de carbono (CO), hidrógeno (H_2), dióxido de carbono (CO_2) y, en menor

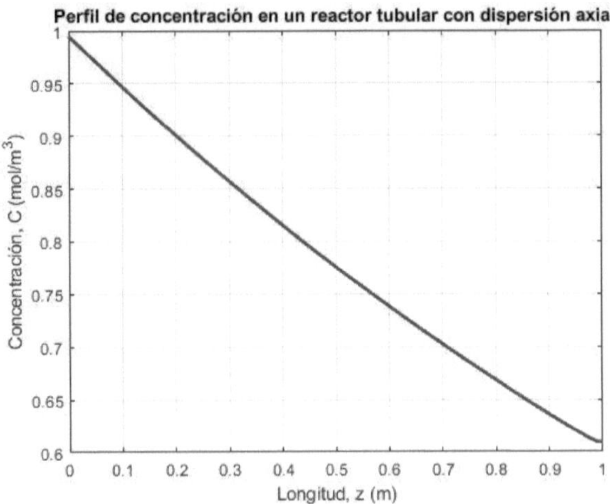

Figura 128: Perfil de concentración en el reactor tubular con dispersión axial.

medida, metano (CH_4). Para efectos de diseño y modelado, se puede simplificar el proceso asumiendo una reacción global de gasificación:

$$\text{Biomasa} \rightarrow \text{Syngas},$$

la cual se modela con una cinética de primer orden respecto a la fracción de biomasa convertida, X. Bajo la hipótesis de que el metanol (o cualquier reactivo gasificante) está en exceso, se puede describir la cinética global mediante:

$$\frac{dX}{dt} = k\,(1 - X),$$

donde:

- X es la fracción de biomasa convertida,
- k es la constante de reacción, que depende de la temperatura a través de la ecuación de Arrhenius:

$$k = k_0 \exp\Big(-\frac{E_a}{RT}\Big).$$

La solución analítica de la ecuación diferencial es:

$$X(t) = 1 - \exp(-k\,t),$$

donde t es el tiempo de residencia en el reactor. En un reactor tubular (PFR ideal) el tiempo de residencia está relacionado con el volumen del reactor V y el caudal volumétrico F por:

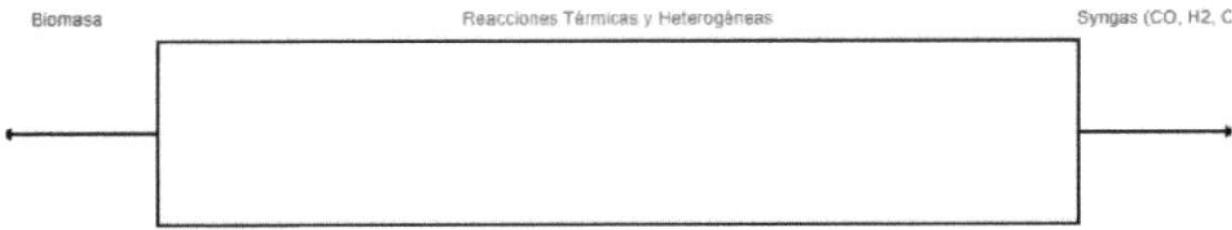

Figura 129: Diagrama equipo

$$\tau = \frac{V}{F}.$$

El objetivo del presente estudio es diseñar y modelar un reactor para la conversión de biomasa en syngas, evaluando la influencia de la temperatura (a través de k) y el tiempo de residencia sobre la conversión. Este análisis permite determinar el tamaño óptimo del reactor para alcanzar una conversión deseada sin sobrecostos operativos.

Desarrollo de la Solución

Partiendo de la cinética de primer orden:

$$\frac{dX}{dt} = k\,(1 - X),$$

la solución es:

$$X(t) = 1 - \exp(-k\,t),$$

donde la constante de reacción es:

$$k = k_0\,\exp\Bigl(-\frac{E_a}{R\,T}\Bigr).$$

De esta forma, para un tiempo de residencia τ (en un PFR) se tiene:

$$X = 1 - \exp\Big[-k_0\,\tau\,\exp\Big(-\frac{E_a}{RT}\Big)\Big].$$

Mediante este modelo se puede:

- Evaluar la conversión X en función del tiempo de residencia τ para diferentes temperaturas.
- Dimensionar el reactor calculando el volumen requerido $V = \tau\,F$, donde F es el caudal volumétrico.

Parámetros representativos (ejemplo):

- $k_0 = 1 \times 10^4$ s^{-1},
- $E_a = 200\,000$ J/mol,
- $R = 8{,}314$ J/mol·K,
- Temperaturas en el rango de 900 K a 1100 K.

Script en MATLAB

A continuación se presenta el script en MATLAB que calcula y grafica la conversión X en función del tiempo de residencia para distintos valores de temperatura.

```
% MATLAB: Modelado de la conversión de biomasa en syngas en un reactor tubular
clear; clc;

%% Parámetros
k0 = 1e4;                 % Factor preexponencial [s^-1]
Ea = 200000;              % Energía de activación [J/mol]
R = 8.314;                % Constante de gases [J/mol*K]

% Definir un vector de tiempos de residencia (tau) en segundos
tau = linspace(0, 50, 300);

% Definir diferentes temperaturas (K)
T_values = [900, 1000, 1100];

% Inicializar matriz para almacenar la conversión
X = zeros(length(T_values), length(tau));

% Calcular la conversión para cada temperatura
for i = 1:length(T_values)
    T = T_values(i);
    k = k0 * exp(-Ea/(R*T));  % Constante de reacción a la temperatura T
```

```
    X(i,:) = 1 - exp(-k * tau);
end

%% Graficar la conversión vs. tiempo de residencia para distintas temperaturas
figure;
plot(tau, X(1,:), 'b-', 'LineWidth', 2); hold on;
plot(tau, X(2,:), 'r--', 'LineWidth', 2);
plot(tau, X(3,:), 'g-.', 'LineWidth', 2);
xlabel('Tiempo de residencia, \tau (s)');
ylabel('Conversión, X');
title('Conversión de biomasa en syngas vs. Tiempo de Residencia');
legend('T = 900 K', 'T = 1000 K', 'T = 1100 K', 'Location', 'Best');
grid on;

% Guardar la gráfica resultante
saveas(gcf, 'grafica.png');
```

Gráfica Resultante

La Figura 134 muestra la evolución de la conversión X en función del tiempo de residencia para tres temperaturas diferentes. Se observa que a mayor temperatura (mayor k) se alcanza una conversión más alta en menos tiempo, lo que permite optimizar el diseño del reactor y minimizar el tamaño requerido para lograr la conversión deseada.

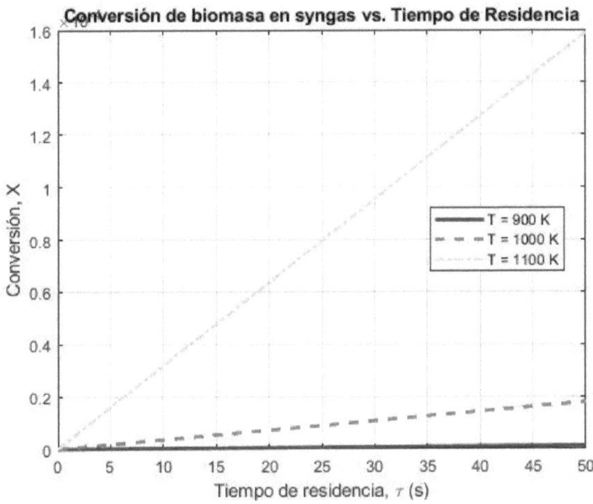

Figura 130: Conversión de biomasa en syngas en función del tiempo de residencia para distintos T.

Archivo 76

80. Reactores trifásicos

Equipo

Figura 131: Diagrama equipo

En reactores trifásicos (que involucran fases gaseosa, líquida y sólida), la eficiencia de contacto entre las fases es crítica para optimizar la transferencia de masa y, por ende, el rendimiento de procesos catalíticos o de reacción. En particular, el flujo de gas afecta la dispersión, la retención y la formación del área interfacial entre la fase gaseosa y la líquida.

Se ha observado experimentalmente que el coeficiente global de transferencia de masa, K_{La}, puede correlacionarse empíricamente con el caudal superficial del gas, u_G, mediante una relación del tipo

$$K_{La} = A\, u_G^n,$$

donde A y n son parámetros determinados experimentalmente.

La **eficiencia de contacto**, η, se puede definir como la razón entre el coeficiente de transferencia de masa obtenido en condiciones operativas y el valor máximo alcanzable (por ejemplo, a un caudal de gas muy elevado), es decir,

$$\eta = \frac{K_{La}}{K_{La,\max}}.$$

El objetivo de este estudio es evaluar el impacto del flujo de gas sobre la eficiencia de contacto en un reactor trifásico, analizando cómo varía K_{La} (y, por ende, η) al variar el caudal superficial del gas u_G. Esto permite identificar el rango óptimo de u_G que maximiza el contacto entre las fases sin incurrir en sobrecostos energéticos o problemas operativos (por ejemplo, excesiva caída de presión).

Desarrollo de la Solución

Se asume que la relación entre el coeficiente global de transferencia de masa y el caudal superficial del gas es:

$$K_{La} = A\, u_G^n,$$

donde:

- A es una constante empírica (con unidades de $\mathrm{s}^{-1}/(\mathrm{m/s})^n$),
- n es el exponente característico del sistema (típicamente, $0{,}5 \leq n \leq 1$).

Para evaluar la eficiencia de contacto, definimos:

$$\eta(u_G) = \frac{K_{La}(u_G)}{K_{La}(u_{G,\max})} = \frac{A\, u_G^n}{A\, u_{G,\max}^n} = \left(\frac{u_G}{u_{G,\max}}\right)^n.$$

Con esta relación, al variar u_G en el rango de operación (por ejemplo, de 0.1 a 2 m/s) y tomando como $u_{G,\max}$ el valor máximo considerado (2 m/s en este caso), se puede evaluar la eficiencia de contacto η en función del flujo de gas.

Además, la variación de K_{La} influye en la tasa de transferencia de masa entre la fase gaseosa y la líquida, lo que a su vez afecta la conversión o el rendimiento global del reactor. Un flujo de gas muy bajo puede conducir a una inadecuada dispersión y un área interfacial reducida, mientras que un flujo excesivamente alto podría generar turbulencias y pérdidas energéticas.

Script en MATLAB

A continuación se presenta un script en MATLAB que calcula y grafica la eficiencia de contacto η y el coeficiente de transferencia de masa K_{La} en función del caudal superficial del gas u_G. El código se muestra en el entorno `verbatim`.

```
% MATLAB: Evaluación del impacto del flujo de gas sobre la eficiencia de contacto
% en reactores trifásicos

clear; clc;

%% Parámetros
A = 0.05;          % Constante empírica [s^-1/(m/s)^n]
n = 0.8;           % Exponente característico (valor típico)
uG_max = 2;        % Caudal superficial máximo [m/s]

% Definir el rango de caudal superficial del gas
uG = linspace(0.1, uG_max, 100);  % [m/s]

% Calcular el coeficiente de transferencia de masa para cada uG
K_La = A * uG.^n;    % [s^-1]

% Calcular la eficiencia de contacto: eta = (uG/uG_max)^n
eta = (uG / uG_max).^n;

%% Graficar los resultados
figure;

% Graficar K_La vs. uG
subplot(2,1,1);
plot(uG, K_La, 'b-', 'LineWidth', 2);
xlabel('Caudal superficial del gas, u_G (m/s)');
ylabel('K_{La} (s^{-1})');
title('Coeficiente global de transferencia de masa vs. u_G');
grid on;

% Graficar eficiencia de contacto eta vs. uG
subplot(2,1,2);
plot(uG, eta, 'r-', 'LineWidth', 2);
xlabel('Caudal superficial del gas, u_G (m/s)');
ylabel('\eta (Eficiencia de contacto)');
title('Eficiencia de contacto vs. u_G');
grid on;

% Guardar la gráfica resultante
saveas(gcf, 'grafica.png');
```

Gráfica Resultante

La Figura 134 muestra, en el panel superior, la relación entre el coeficiente de transferencia de masa K_{La} y el caudal superficial del gas u_G, y en el panel inferior, la eficiencia de contacto η en función de u_G. Se observa que, conforme aumenta u_G, tanto K_{La} como η aumentan siguiendo una ley de potencia, lo que ilustra la mejora en la eficiencia de contacto hasta alcanzar un límite operativo definido por $u_{G,\max}$.

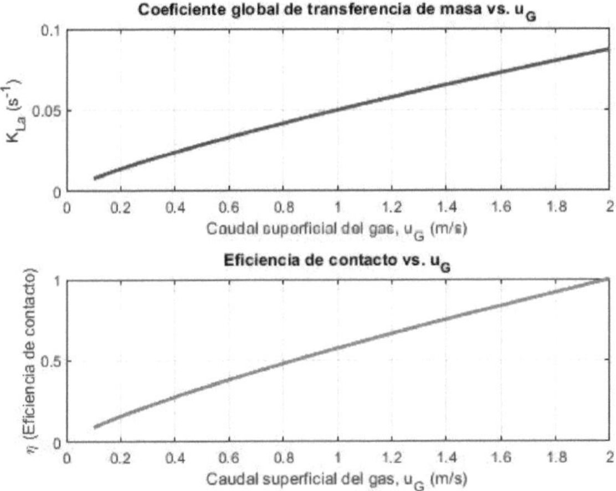

Figura 132: Relación de K_{La} y eficiencia de contacto η vs. caudal superficial del gas u_G.

Archivo 77

81. Regeneración térmica mediante intercambiadores

Equipo

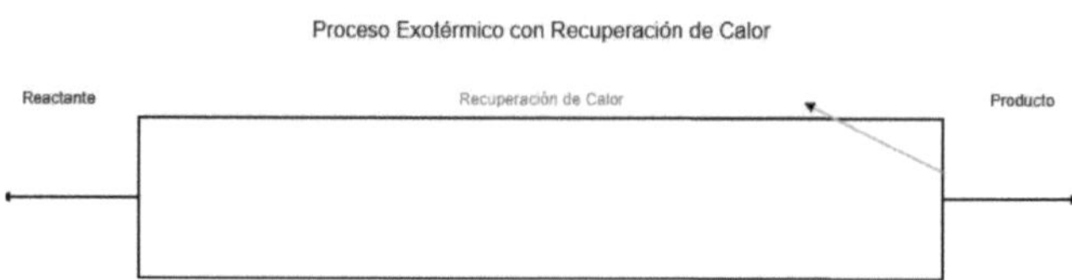

Figura 133: Diagrama equipo

En procesos exotérmicos, como ocurre en algunos reactores químicos, es fundamental recuperar el calor generado para mejorar la eficiencia energética y reducir el consumo de energía externa. Un esquema común consiste en utilizar un intercambiador de calor en un sistema de regeneración térmica, que aprovecha el calor del efluente caliente del reactor para precalentar la corriente de alimentación fría.

En este contexto, se desea diseñar y modelar un reactor que incluya regeneración térmica mediante intercambiadores. El objetivo es evaluar la cantidad de calor recuperado y analizar la eficiencia de recuperación, definida como la fracción del calor disponible en el efluente del reactor que se transfiere a la corriente de alimentación.

Asumamos que:

- La corriente de alimentación fría tiene una temperatura $T_{\text{feed,in}}$.
- La corriente caliente proveniente del reactor sale a una temperatura $T_{\text{reactor,out}}$.

- El intercambiador posee una efectividad ϵ, que determina el incremento de temperatura de la corriente de alimentación, de acuerdo con:

$$T_{\text{preheat}} = T_{\text{feed,in}} + \epsilon \left(T_{\text{reactor,out}} - T_{\text{feed,in}} \right).$$

- El caudal másico de la corriente es $\dot{m}$ y la capacidad calorífica es C_p.

La cantidad de calor recuperado por el intercambiador es:

$$Q_{\text{rec}} = \dot{m}\, C_p \left(T_{\text{preheat}} - T_{\text{feed,in}} \right) = \dot{m}\, C_p\, \epsilon \left(T_{\text{reactor,out}} - T_{\text{feed,in}} \right).$$

Si se conoce la cantidad de calor generado por la reacción en el reactor, Q_{react}, se puede definir la eficiencia de recuperación de calor como:

$$\eta_{\text{heat}} = \frac{Q_{\text{rec}}}{Q_{\text{react}}}.$$

El objetivo es analizar cómo varía la recuperación de calor y, por ende, la eficiencia de regeneración, al modificar parámetros operativos (por ejemplo, la efectividad ϵ y la diferencia de temperatura) y evaluar su impacto en el balance energético del reactor.

Desarrollo de la Solución

Consideremos los siguientes parámetros representativos:

- Caudal másico: $\dot{m} = 1$ kg/s.
- Capacidad calorífica: $C_p = 4200$ J/(kg·K).
- Temperatura de la corriente de alimentación: $T_{\text{feed,in}} = 300$ K.
- Temperatura del efluente del reactor: $T_{\text{reactor,out}} = 600$ K.
- Calor generado en el reactor: $Q_{\text{react}} = 2\,000\,000$ J/s.

Con estos datos, la diferencia de temperatura disponible es:

$$\Delta T = T_{\text{reactor,out}} - T_{\text{feed,in}} = 600 - 300 = 300 \text{ K}.$$

La cantidad de calor recuperado se expresa como:

$$Q_{\text{rec}} = \dot{m}\, C_p\, \epsilon\, \Delta T = 1 \times 4200 \times \epsilon \times 300 = 1\,260\,000\, \epsilon \quad (\text{J/s}).$$

La eficiencia de recuperación de calor es, por tanto:

$$\eta_{\text{heat}} = \frac{1\,260\,000\, \epsilon}{2\,000\,000} = 0{,}63\, \epsilon.$$

Esta relación permite evaluar cómo varía la eficiencia de recuperación en función de la efectividad del intercambiador ϵ. Además, se puede analizar el impacto de variaciones en ΔT o en $\dot{m}$ sobre el rendimiento energético del sistema.

Script en MATLAB

A continuación se muestra el script en MATLAB que evalúa y grafica la cantidad de calor recuperado y la eficiencia de recuperación en función de la efectividad ϵ.

```
% MATLAB: Análisis de la recuperación de calor en un reactor con regeneración térmica
% mediante intercambiadores

clear; clc;

%% Parámetros del sistema
m_dot = 1;                  % Caudal másico [kg/s]
Cp = 4200;                  % Capacidad calorífica [J/(kg*K)]
T_feed_in = 300;            % Temperatura de la alimentación [K]
T_reactor_out = 600;        % Temperatura del efluente del reactor [K]
DeltaT = T_reactor_out - T_feed_in;  % Diferencia de temperatura [K]
Q_react = 2e6;              % Calor generado en el reactor [J/s]

%% Evaluación de la efectividad del intercambiador
epsilon = linspace(0.5, 0.95, 100);  % Rango de efectividad (valores típicos)
Q_rec = m_dot * Cp * epsilon * DeltaT;  % Calor recuperado [J/s]
eta_heat = Q_rec / Q_react;             % Eficiencia de recuperación

%% Graficar los resultados
figure;
subplot(2,1,1);
plot(epsilon, Q_rec, 'b-', 'LineWidth', 2);
xlabel('Efectividad, \epsilon');
ylabel('Calor Recuperado, Q_{rec} (J/s)');
title('Calor Recuperado vs. Efectividad del Intercambiador');
grid on;

subplot(2,1,2);
plot(epsilon, eta_heat, 'r-', 'LineWidth', 2);
xlabel('Efectividad, \epsilon');
ylabel('Eficiencia de Recuperación, \eta_{heat}');
```

```
title('Eficiencia de Recuperación vs. Efectividad del
    Intercambiador');
grid on;

% Guardar la gráfica resultante
saveas(gcf, 'grafica.png');
```

Gráfica Resultante

La Figura 134 muestra la dependencia del calor recuperado y de la eficiencia de recuperación en función de la efectividad ϵ del intercambiador. Se observa que a medida que ϵ aumenta, el calor recuperado crece linealmente, lo que se traduce en una mayor eficiencia de recuperación, según la relación $\eta_{\text{heat}} = 0{,}63\,\epsilon$.

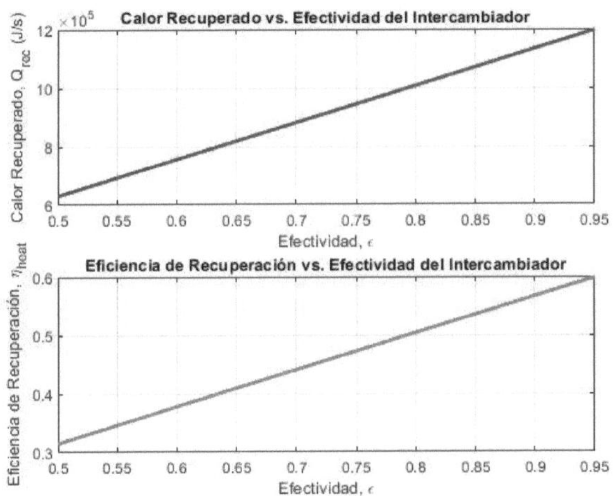

Figura 134: Calor recuperado y eficiencia de recuperación vs. efectividad ϵ.

Archivo 78

82. Reactores catalíticos

Equipo

En reactores catalíticos, el tamaño de las partículas de catalizador (o de la biomasa en procesos de conversión) es un parámetro crítico

Tamaño de Partículas de Catalizador en un Reactor

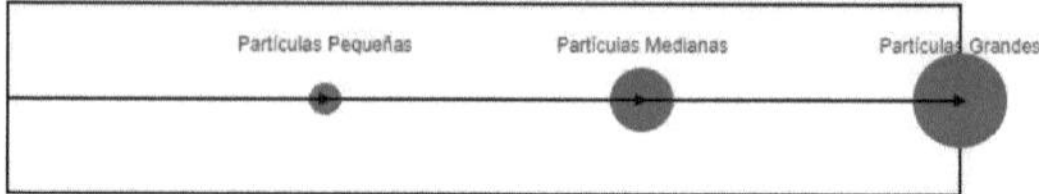

Figura 135: Diagrama equipo

que influye en el rendimiento del proceso. Por un lado, la reducción del tamaño de las partículas incrementa el área superficial específica, lo que mejora la tasa de reacción y, en consecuencia, la conversión. Por otro lado, partículas demasiado pequeñas pueden ser arrastradas por el fluido (arrastre de sólidos), lo que reduce la eficiencia del proceso y puede generar pérdidas operativas.

El objetivo de este estudio es determinar el tamaño óptimo de partículas, d_{opt}, que maximice la conversión X y, al mismo tiempo, minimice el arrastre de sólidos. Se propone modelar:

- La conversión, $X(d)$, como función inversamente proporcional al tamaño de partícula, ya que una disminución de d incrementa el área superficial específica. Se modela mediante:

$$X(d) = 1 - \exp\left(-\frac{k}{d}\right),$$

donde $k > 0$ es una constante que agrupa parámetros cinéticos y de diseño.

- La probabilidad (o índice) de arrastre de sólidos, $E(d)$, mediante una función sigmoidal que refleja que partículas pequeñas (con $d < d_{\text{crit}}$) se arrastran fácilmente y que para tamaños superiores al valor crítico, el arrastre es mínimo:

$$E(d) = \frac{1}{1 + \exp\left(\alpha\,(d - d_{\text{crit}})\right)},$$

donde $\alpha > 0$ es un parámetro de pendiente y d_{crit} es el diámetro crítico.

La eficiencia global del proceso se puede expresar a través de una función objetivo que combine ambas consideraciones. Una opción es definir una función compuesta:

$$J(d) = X(d)\left[1 - E(d)\right],$$

la cual se desea maximizar. De esta forma, se favorecen los tamaños de partícula que proporcionen alta conversión (alta $X(d)$) y baja pérdida por arrastre (alta fracción de retención, $1 - E(d)$).

Desarrollo de la Solución

Para partículas esféricas, el área superficial específica es inversamente proporcional al diámetro, por lo que se asume que la conversión aumenta al disminuir d, según la función:

$$X(d) = 1 - \exp\left(-\frac{k}{d}\right),$$

con $k > 0$ (en las mismas unidades que d).

Asimismo, el riesgo de arrastre se modela con una función sigmoidal:

$$E(d) = \frac{1}{1 + \exp\left(\alpha\,(d - d_{\text{crit}})\right)},$$

donde:

- Para $d \ll d_{\text{crit}}$, $\alpha\,(d - d_{\text{crit}}) \ll 0$, de modo que $\exp(\alpha\,(d - d_{\text{crit}})) \ll 1$ y $E(d) \approx 1$, indicando alto arrastre.
- Para $d \gg d_{\text{crit}}$, $\alpha\,(d - d_{\text{crit}}) \gg 0$, y $\exp(\alpha\,(d - d_{\text{crit}})) \gg 1$, de modo que $E(d) \approx 0$, indicando bajo arrastre.

La función objetivo que se desea maximizar es:

$$J(d) = X(d)\left[1 - E(d)\right] = \left[1 - \exp\left(-\frac{k}{d}\right)\right]\left[1 - \frac{1}{1 + \exp\left(\alpha\,(d - d_{\text{crit}})\right)}\right].$$

El valor de d que maximice $J(d)$ será el tamaño óptimo de partículas, d_{opt}, que equilibra la alta conversión con el bajo arrastre de sólidos.

Script en MATLAB

A continuación se presenta un script en MATLAB que evalúa $X(d)$, $E(d)$ y la función objetivo $J(d)$ en función del diámetro d y determina el tamaño óptimo de partículas.

```
% MATLAB: Determinación del tamaño óptimo de partículas para maximizar
% conversión y minimizar arrastre de sólidos

clear; clc;

%% Parámetros del modelo
% Se asumen unidades de mm para el diámetro
k = 0.5;              % Constante para la conversión (mm), ajustable
alpha = 10;           % Parámetro de pendiente para la función sigmoidal
d_crit = 1;           % Diámetro crítico (mm) para arrastre

%% Rango de tamaños de partículas (mm)
d = linspace(0.1, 5, 300);

%% Modelo de conversión: X(d) = 1 - exp(-k/d)
X = 1 - exp(-k ./ d);

%% Modelo de arrastre: E(d) = 1/(1+exp(alpha*(d-d_crit)))
E = 1 ./ (1 + exp(alpha*(d - d_crit)));

%% Fracción retenida (no arrastrada): 1 - E(d)
R = 1 - E;

%% Función objetivo: J(d) = X(d) * (1 - E(d))
J = X .* R;

%% Determinación del tamaño óptimo: máximo de J(d)
[maxJ, idx_opt] = max(J);
d_opt = d(idx_opt);

fprintf('El tamaño óptimo de partículas es: %.3f mm\n', d_opt);
fprintf('Máximo valor de la función objetivo J: %.3f\n', maxJ);

%% Graficar resultados
figure;
subplot(2,1,1);
plot(d, X, 'b-', 'LineWidth', 2); hold on;
plot(d, R, 'r--', 'LineWidth', 2);
xlabel('Diámetro de partículas, d (mm)');
ylabel('Fracción');
legend('Conversión, X(d)', 'Retención (1-E(d))', 'Location', 'Best');
title('Conversión y retención vs. tamaño de partículas');
grid on;

subplot(2,1,2);
```

```
plot(d, J, 'k-', 'LineWidth', 2); hold on;
plot(d_opt, maxJ, 'ro', 'MarkerSize', 8, 'MarkerFaceColor'
    , 'r');
xlabel('Diámetro de partículas, d (mm)');
ylabel('Función objetivo, J(d)');
title('Función objetivo vs. tamaño de partículas');
legend('J(d)', sprintf('Óptimo: d = %.2f mm', d_opt), '
    Location', 'Best');
grid on;

% Guardar la gráfica resultante
saveas(gcf, 'grafica_optimo.png');
```

Gráfica Resultante

La Figura 136 muestra (a) la evolución de la conversión $X(d)$ y de la fracción retenida $(1 - E(d))$ en función del diámetro de las partículas, y (b) la función objetivo $J(d)$ que combina ambos efectos. El valor máximo de $J(d)$ indica el tamaño óptimo de partículas, d_{opt}, que equilibra una alta conversión con un bajo arrastre de sólidos.

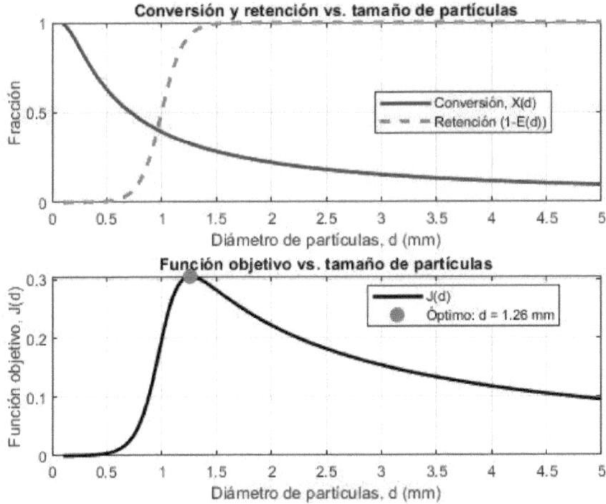

Figura 136: Evaluación de la función objetivo $J(d)$ vs. tamaño de partículas.

Archivo 79

83. Producción de hidrógeno a partir de la descomposición del agua mediante catálisis solar

Equipo

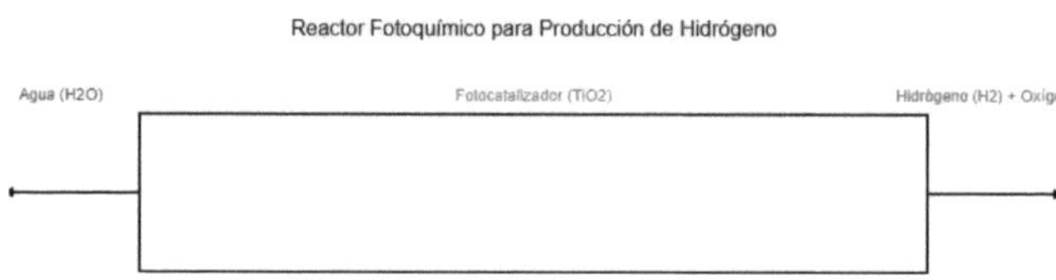

Figura 137: Diagrama equipo

La producción de hidrógeno a partir de la descomposición del agua mediante catálisis solar es una vía prometedora para obtener energía limpia. En un reactor fotoquímico, la luz solar activa un fotocatalizador (por ejemplo, TiO_2 dopado o similar) que facilita la reacción:

$$H_2O \xrightarrow{\text{fotocatálisis}} H_2 + \frac{1}{2}\,O_2.$$

Para modelar este proceso, se asume que la cinética de la reacción fotoquímica se puede aproximar mediante un modelo de primer orden, en el cual la fracción de agua convertida a hidrógeno, X, sigue la expresión:

$$X = 1 - \exp(-k\,\tau),$$

donde:

- τ es el tiempo de residencia en el reactor (s).

- k es la constante cinética efectiva (s^{-1}), que depende de la intensidad de la radiación solar I. En general, se puede expresar como:
$$k = k_0 \, I,$$
donde k_0 es un parámetro cinético característico.

Adicionalmente, el diseño del reactor debe considerar la captación de la radiación solar. La cantidad de fotones incidentes por unidad de área, ϕ, se puede aproximar mediante:

$$\phi = \frac{I}{E_{\text{photon}}},$$

donde $E_{\text{photon}} = \frac{hc}{\lambda}$ es la energía de un fotón (usando una longitud de onda representativa λ). Si se define la eficiencia cuántica del proceso, η_q, la tasa de producción de hidrógeno por unidad de área es:

$$r_{H_2} = \eta_q \, \phi.$$

Para obtener un caudal deseado de hidrógeno, Q_{H_2} (mol/s), el área efectiva iluminada del reactor debe satisfacer:

$$A_{\text{eff}} = \frac{Q_{H_2}}{r_{H_2}} = \frac{Q_{H_2} \, E_{\text{photon}}}{\eta_q \, I}.$$

El objetivo de este diseño es determinar:

1. La evolución de la conversión X en función del tiempo de residencia τ para diferentes intensidades de luz (a través de k).
2. El área efectiva requerida del reactor para alcanzar un caudal deseado de hidrógeno, considerando la eficiencia cuántica y la radiación solar disponible.

Desarrollo de la Solución

1. Modelo cinético y conversión

Bajo la hipótesis de reacción de primer orden, la conversión de agua a hidrógeno en un reactor tipo flujo pistón (PFR) se modela por:

$$X = 1 - \exp(-k\,\tau) = 1 - \exp\Big(-k_0\, I\, \tau\Big).$$

Para un valor dado de I y un parámetro k_0, se puede evaluar la conversión en función del tiempo de residencia.

2. Dimensionamiento del área efectiva del reactor

El número de fotones incidentes por unidad de área se calcula como:

$$\phi = \frac{I}{E_{\text{photon}}},$$

donde, por ejemplo, para una longitud de onda representativa $\lambda = 400$ nm, se tiene:

$$E_{\text{photon}} = \frac{6{,}626 \times 10^{-34} \times 3 \times 10^{8}}{400 \times 10^{-9}} \approx 5 \times 10^{-19}\,\text{J}.$$

La tasa de producción de hidrógeno por unidad de área, considerando la eficiencia cuántica η_q, es:

$$r_{H_2} = \eta_q\,\phi = \eta_q\,\frac{I}{E_{\text{photon}}}.$$

Para producir un caudal Q_{H_2} (mol/s), el área requerida es:

$$A_{\text{eff}} = \frac{Q_{H_2}}{r_{H_2}} = \frac{Q_{H_2}\,E_{\text{photon}}}{\eta_q\,I}.$$

Script en MATLAB

A continuación se presenta el script en MATLAB que simula la conversión en función del tiempo de residencia para distintos valores de intensidad solar, y que calcula el área efectiva requerida para un caudal deseado de hidrógeno.

```
% MATLAB: Diseño de un reactor fotoquímico para la producción de H2
% a partir de agua mediante catálisis solar

clear; clc;

%% Parámetros cinéticos y de radiación
k0 = 1e-8;             % Parámetro cinético [m^2/(W s)], ajustable
I_values = [500, 1000, 1500]; % Intensidad solar [W/m^2]
tau = linspace(0, 500, 300);   % Tiempo de residencia [s]

%% Evaluar conversión para diferentes intensidades
figure;
for i = 1:length(I_values)
    I = I_values(i);
    k = k0 * I;  % k en s^-1
    X = 1 - exp(-k * tau);
    plot(tau, X, 'LineWidth', 2); hold on;
end
```

```
xlabel('Tiempo de residencia, \tau (s)');
ylabel('Conversión, X');
title('Conversión vs. Tiempo de Residencia para distintas
    intensidades');
legend('I = 500 W/m^2','I = 1000 W/m^2','I = 1500 W/m^2','
    Location','Best');
grid on;
saveas(gcf, 'conversion.png');

%% Dimensionamiento del área efectiva
% Parámetros para dimensionamiento
eta_q = 0.10;               % Eficiencia cuántica (10%)
lambda = 400e-9;            % Longitud de onda representativa [m]
h = 6.626e-34;              % Constante de Planck [J s]
c = 3e8;                    % Velocidad de la luz [m/s]
E_photon = h * c / lambda;  % Energía de un fotón [J]
I = 1000;                   % Intensidad solar [W/m^2] (ejemplo)
Q_H2 = 1e-3;                % Caudal deseado de H2 [mol/s]

% Calcular número de fotones incidentes por unidad de área
phi = I / E_photon;  % [photons/(m^2 s )]
% Tasa de producción de H2 por unidad de área (mol/(m^2 s
    ))
% Convertir fotones a moles (1 mol = 6.022e23 fotones)
r_H2 = eta_q * phi / 6.022e23;

% Área efectiva requerida
A_eff = Q_H2 / r_H2;  % [m^2]

fprintf('Área efectiva requerida: %.3f m^2\n', A_eff);
```

Gráfica Resultante

La Figura 138 muestra la evolución de la conversión X en función del tiempo de residencia τ para intensidades solares de 500, 1000 y 1500 W/m^2. Se observa que a mayor intensidad solar (mayor k) se alcanza una conversión elevada en tiempos de residencia menores.

El cálculo del área efectiva demuestra que, para producir un caudal de hidrógeno de 1×10^{-3} mol/s, se requiere un área de aproximadamente el valor obtenido en el script, lo cual permite dimensionar el reactor.

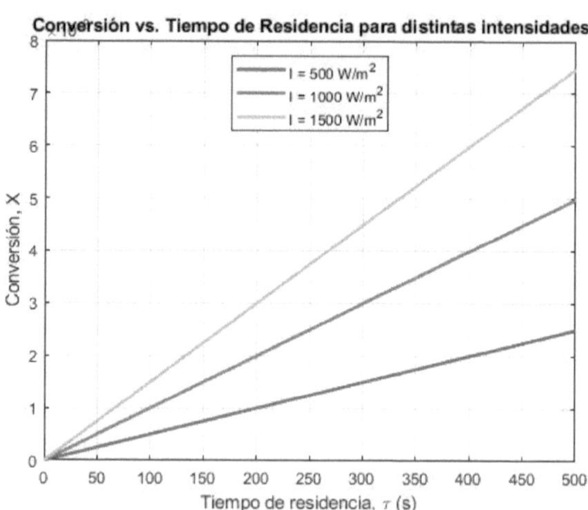

Figura 138: Conversión vs. Tiempo de Residencia para distintas intensidades solares.

Referencias

[1] Octave Levenspiel, *El omnilibro de los reactores químicos*, Editorial Reverté, 1999.

[2] Octave Levenspiel, *El minilibro de los reactores químicos*, Editorial Reverté, 2010.

[3] Antonio Barba Juan y Carolina Clausell Terol, *Reactores químicos y bioquímicos*, Universitat Jaume I, 2014.

[4] J.M. Coulson y J.F. Richardson, *Ingeniería química. Diseño de reactores químicos*, Volumen 3, Butterworth-Heinemann, 1999.

[5] José Luis Bea Sánchez, *Reactores químicos*, Editorial Síntesis, 2016.

[6] Rutherford Aris, *Elementary Chemical Reactor Analysis*, Prentice Hall, 1969.

[7] James E. Bailey y David F. Ollis, *Biochemical Engineering Fundamentals*, McGraw-Hill, 1977.

[8] Michel Boudart, *Kinetics of Chemical Processes*, Prentice Hall, 1968.

[9] John B. Butt, *Reaction Kinetics and Reactor Design*, Prentice Hall, 1980.

[10] James J. Carberry, *Ingeniería de las Reacciones Químicas y Catalíticas*, Géminis, 1980.

[11] Robert E. Cunningham y John L. Lombardi, *Fundamentos del Diseño de Reactores*, EUDEBA, 1972.

[12] Ismael H. Farina, Oscar A. Ferretti y Guillermo F. Barreto, *Introducción al Diseño de Reactores Químicos*, EUDEBA, 1986.

[13] H. Scott Fogler, *Elements of Chemical Reaction Engineering*, Prentice Hall, 1999.

[14] Gilbert F. Froment y Kenneth B. Bischoff, *Chemical Reactor Analysis and Design*, John Wiley Sons, 1979.

[15] Charles G. Hill, *An Introduction to Chemical Engineering Kinetics and Reactor Design*, John Wiley Sons, 1977.

[16] Charles D. Holland y Robert G. Anthony, *Fundamentals of Chemical Reaction Engineering*, Prentice Hall, 1979.

[17] Olaf A. Hougen y Kenneth M. Watson, *Principios de los Procesos Químicos. Cinética y Catálisis*, Géminis, 1977.

[18] Keith J. Laidler, *Chemical Kinetics*, McGraw-Hill, 1965.

[19] Octave Levenspiel, *Ingeniería de las Reacciones Químicas*, Editorial Reverté, 1976.

[20] Eric E. Petersen, *Chemical Reaction Analysis*, Prentice Hall, 1965.

[21] Michael L. Shuler y Fikret Kargi, *Bioprocess Engineering. Basic Concepts*, Prentice Hall, 2002.

[22] J.M. Smith, *Chemical Engineering Kinetics*, 3ra. Edición, McGraw-Hill, 1981.

[23] Sidney M. Walas, *Reaction Kinetics for Chemical Engineers*, McGraw-Hill, 1959.

[24] K. R. Westerterp, W. P. M. van Swaaij y A. A. C. M. Beenackers, *Chemical Reactor Design and Operation*, John Wiley Sons, 1984.

[25] Jacques Villermaux, *Génie de la Réaction Chimique: Conception et Fonctionnement des Réacteurs*, Tec Doc Lavoisier, 1982.